Excel 公式与函数从入门到精通

罗 亮 编著

电子工业出版社
Publishing House of Electronics Industry
北京·BEIJING

内 容 简 介

本书全面细致地介绍了 Excel 中公式和函数的使用方法、实际应用和操作技巧，全书对 Excel 中的 10 个大类共 350 多个函数进行了详细讲解，包括逻辑函数、文本函数、财务函数、日期和时间函数、查找和引用函数、数学和三角函数、统计函数、工程函数、信息函数和数据库函数。本书不但介绍了函数的功能和使用方法，还将函数与各个领域中的典型实例相结合，使读者不仅能学习到函数的操作方法，而且能利用函数提高数据处理、分析和管理的能力。

本书包含 350 多个函数应用范例，每个范例均提供同步视频讲解，帮助读者轻松学习函数的使用方法。本书适合各层次的 Excel 用户学习和使用，行政管理、财务、市场营销、人力资源管理、统计分析等行业人员均可将本书作为案头速查参考手册。

未经许可，不得以任何方式复制或抄袭本书之部分或全部内容。
版权所有，侵权必究。

图书在版编目（CIP）数据

Excel 公式与函数从入门到精通 / 罗亮编著. —北京：电子工业出版社，2022.4
ISBN 978-7-121-42813-5

Ⅰ. ①E… Ⅱ. ①罗… Ⅲ. ①表处理软件 Ⅳ. ①TP391.13

中国版本图书馆 CIP 数据核字（2022）第 018354 号

责任编辑：雷洪勤　　文字编辑：徐　萍
印　　刷：北京捷迅佳彩印刷有限公司
装　　订：北京捷迅佳彩印刷有限公司
出版发行：电子工业出版社
　　　　　北京市海淀区万寿路 173 信箱　邮编：100036
开　　本：720×1 000　1/16　印张：22.75　字数：459 千字
版　　次：2022 年 4 月第 1 版
印　　次：2023 年 9 月第 2 次印刷
定　　价：89.00 元

凡所购买电子工业出版社图书有缺损问题，请向购买书店调换。若书店售缺，请与本社发行部联系，联系及邮购电话：(010) 88254888，88258888。
质量投诉请发邮件至 zlts@phei.com.cn，盗版侵权举报请发邮件至 dbqq@phei.com.cn。
本书咨询联系方式：leihq@phei.com.cn。

PREFACE 前 言

关于本书

Excel 是办公应用中使用最为广泛的数据处理软件,然而大多数用户对 Excel 的应用仅仅停留在基础编辑和运算上,对 Excel 的一些高级功能还比较陌生。特别是对于 Excel 中的函数,面对数量众多的函数名称,以及晦涩难懂的理论知识,常常是望而却步。

因此,我们编写了这本《Excel 公式与函数从入门到精通》,通过理论和案例相结合的方式,介绍了办公中常用的函数的功能和应用技巧,遇到问题,随查随用,方便快捷。

想成为 Excel 办公高手,要把数据处理与分析工作及时、高效地做好,不懂 Excel 与函数应用技巧怎么能行。工作方法有讲究,提高效率有捷径。懂一些函数使用技巧,可以让你节约不少时间;懂一些函数使用技巧,可解除你工作中的烦恼;懂一些函数使用技巧,可以让你少走许多弯路。

本书内容

本书适合有一定 Excel 基础的读者,目的在于帮助职场人士进一步提高 Excel 的应用水平,高效解决工作中数据计算处理与分析等难题,真正实现早做完不加班!

全书分为 11 章,内容包括公式与函数使用基础、公式的审核、错误分析与处理、逻辑函数使用技巧、文本函数使用技巧、财务函数使用技巧、日期与时间函数使用技巧、查找与引用函数使用技巧、数学与三角函数使用技巧、统计函数使用技巧、工程函数使用技巧、信息函数和数据库函数使用技巧等。

本书内容系统全面,案例丰富,可操作性强。书中不但介绍了每个函数的功能和使用方法,还将函数与各个领域中的典型实例相结合,使读者不仅能学习到函数的操作方法,而且能利用函数提高数据处理、分析和管理的能力。

📁 目标读者

- **财务管理人员**：作为财务管理人员，对于财务相关的各类函数需要熟练掌握，通过对大量数据的计算分析，辅助公司领导层对公司的经营状况有一个清晰的判断，并对公司的销售和经营策略提供有效的参考。
- **人力资源管理人员**：人力资源管理人员工作中经常需要对各类数据进行整理、计算、汇总、查询和分析处理。熟练掌握并应用本书中的知识进行数据分析，可以自动得出所期望的结果，轻松解决工作中的许多难题。
- **行政管理人员**：公司行政人员经常需要使用各类数据管理与分析表格，通过本书可以轻松、快捷地掌握 Excel 函数的相关知识，提升数据处理与分析能力，提高工作效率。
- **市场营销人员**：作为营销人员，经常需要面对各类数据，因此对销售数据进行统计和分析显得尤为重要。Excel 中用于数据处理和分析的函数众多，所以将本书作为案头手册，可以在需要时随查随用，非常方便。

📁 本书特点

- **内容详尽**：本书介绍了 Excel 中几乎所有常用函数的使用方法和技巧，介绍过程中结合实例辅助理解，科学合理，好学好用。
- **实例丰富**：一本书若只讲理论，难免会让人昏昏欲睡；若只讲实例，又会让人陷入"知其然而不知其所以然"的困境。所以本书在对函数功能和使用方法进行详细解析的同时设置了大量的实例，对每个函数的应用进行了展示，读者可以举一反三，活学活用。
- **视频讲解**：本书中每个函数都录制了讲解视频，其中包括常用函数的功能讲解及案例分析，用手机扫描书中二维码，即可随时随地观看视频。
- **配套素材**：书中所有实例均提供了素材文件和最终效果文件，读者可以对照书本和视频进行操作，边学边练，事半功倍。登录 http://www.hxedu.com.cn，可以免费获取配套资源。

编著者

第 1 章 公式与函数基础

- 1.1 公式的基本应用 ················ 2
  - 1.1.1 公式的组成 ················ 2
  - 1.1.2 运算符的优先级 ············ 2
  - 1.1.3 输入公式 ··················· 4
  - 1.1.4 修改公式 ··················· 5
  - 1.1.5 移动和复制公式 ············ 6
- 1.2 单元格的引用 ················· 7
  - 1.2.1 A1 格式引用数据 ············ 7
  - 1.2.2 R1C1 格式引用数据 ·········· 7
  - 1.2.3 相对引用 ··················· 8
  - 1.2.4 绝对引用 ··················· 8
  - 1.2.5 混合引用 ··················· 9
  - 1.2.6 快速切换引用模式 ·········· 9
  - 1.2.7 引用同一工作簿中的数据 ···· 10
  - 1.2.8 跨工作簿引用数据 ·········· 11
- 1.3 深入了解公式 ················· 11
  - 1.3.1 使用通配符 ················ 11
  - 1.3.2 利用填充功能快速实现统计计算 ···· 12
  - 1.3.3 认识数组公式 ·············· 13
  - 1.3.4 保护公式 ·················· 13
- 1.4 使用函数 ····················· 15
  - 1.4.1 手动输入函数 ·············· 15

- 1.4.2 通过功能区按钮快速输入函数 ······ 15
- 1.4.3 通过"函数库"输入函数 ······ 16
- 1.4.4 通过提示功能快速输入函数 ······ 16
- 1.4.5 查找函数 ······ 17
- 1.4.6 使用"插入函数"对话框输入函数 ······ 18
- 1.4.7 输入嵌套函数 ······ 18
- 1.5 使用数组公式 ······ 19
  - 1.5.1 输入数组公式 ······ 19
  - 1.5.2 修改数组公式 ······ 19
  - 1.5.3 数组维数 ······ 19
  - 1.5.4 数组常量 ······ 21
  - 1.5.5 创建多单元格数组公式 ······ 22
  - 1.5.6 扩展或缩小多单元格数组公式 ······ 22
- 1.6 使用定义名称 ······ 22
  - 1.6.1 名称的作用范围 ······ 23
  - 1.6.2 命名区域 ······ 23
  - 1.6.3 命名数值、常量和公式 ······ 24
  - 1.6.4 将名称应用到公式中 ······ 24
  - 1.6.5 编辑与删除定义的名称 ······ 25
- 1.7 审核公式 ······ 26
  - 1.7.1 使用"公式求值"检查计算公式 ······ 26
  - 1.7.2 使用"错误检查"功能检查公式 ······ 26
  - 1.7.3 追踪引用单元格 ······ 27
  - 1.7.4 追踪从属单元格 ······ 27
  - 1.7.5 移去追踪箭头 ······ 28
- 1.8 错误分析与处理 ······ 28
  - 1.8.1 解决"####"错误 ······ 28
  - 1.8.2 解决"#DIV/0!"错误 ······ 29
  - 1.8.3 解决"#VALUE!"错误 ······ 29
  - 1.8.4 解决"#NUM!"错误 ······ 29
  - 1.8.5 解决"#NULL!"错误 ······ 30
  - 1.8.6 解决"#NAME?"错误 ······ 30
  - 1.8.7 解决"#REF!"错误 ······ 31
  - 1.8.8 解决"#N/A"错误 ······ 31
  - 1.8.9 通过"Excel 帮助"获取错误解决办法 ······ 33

第 2 章 逻辑函数

2.1 返回逻辑值 ·· 35
2.2 条件判断函数 ······································ 36

第 3 章 文本函数

3.1 返回字符或字符编码 ···························· 42
3.2 返回文本内容 ······································ 43
3.3 合并文本 ·· 52
3.4 转换文本格式 ······································ 53
3.5 查找与替换文本 ·································· 64
3.6 删除文本中的字符 ······························· 70

第 4 章 财务函数

4.1 计算本金和利息 ·································· 73
4.2 计算投资预算 ······································ 81
4.3 计算收益率 ··· 86
4.4 计算证券与国库券 ······························· 89
4.5 计算折旧值 ··· 112
4.6 转换美元价格的格式 ···························· 120

第 5 章 日期和时间函数

5.1 了解 Excel 日期系统 ···························· 123
5.2 返回当前的日期和时间 ························· 124

5.3 返回日期和时间的某个部分 129
5.4 文本与日期格式间的转换 135
5.5 其他日期函数 137

— 第 6 章 —

查找和引用函数

6.1 查找数据 149
6.2 引用表中数据 158

— 第 7 章 —

数学和三角函数

7.1 常规计算 171
7.2 零数处理 183
7.3 指数与对数函数 194
7.4 阶乘、矩阵与随机数 197
7.5 三角函数计算 205
7.6 其他计算 215

— 第 8 章 —

统 计 函 数

8.1 基础统计量 222
8.2 统计数据的散布度 251
8.3 概率分布 258
8.4 协方差、相关与回归 275
8.5 数据的倾向性 287

第 9 章 工程函数

9.1 数据的换算 …… 301
9.2 数据比较 …… 310
9.3 数据计算 …… 312
9.4 其他工程函数 …… 321

第 10 章 信息函数

10.1 返回信息 …… 328
10.2 数据的变换 …… 333
10.3 使用 IS 函数 …… 334

第 11 章 数据库函数

11.1 数据库的计算 …… 343
11.2 数据库的统计 …… 345
11.3 对数据库中的数据进行散布度统计 …… 350

第1章 公式与函数基础

在 Excel 中，利用公式和函数可以进行数据的运算和分析。一旦熟练掌握了公式和函数的使用，就可以大大提高办公效率。但在此之前，掌握公式与函数的基础也是非常有必要的。

本章导读

- 公式的基本应用
- 单元格的引用
- 深入了解公式
- 使用函数
- 使用数组公式
- 使用定义名称
- 审核公式
- 错误分析与处理

1.1 公式的基本应用

在 Excel 中,利用公式可以对表格中的各种数据进行快速计算。下面将简单介绍公式的组成、运算符、通配符和数组公式等,以便为熟练掌握公式的使用打下基础。

1.1.1 公式的组成

公式由一系列单元格的引用、函数及运算符等组成,是对数据进行计算和分析的等式。例如公式"=B3+SUM(A1:A3)",其中"="和"+"是运算符,"B3"是单元格引用,"SUM(A1:A3)"是函数。

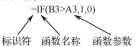

- 标识符:在 Excel 表格中输入函数式时,必须先输入"=","="通常被称为函数式的标识符。
- 函数名称:函数要执行的运算,位于标识符的后面,通常是其对应功能的英文单词缩写。
- 函数参数:紧跟在函数名称后面的是一对半角圆括号"()",被括起来的内容是函数的处理对象,即函数参数。

而进一步,来看看函数参数,我们会发现,函数参数既可以是常量(如"1")或公式(如"B3>A3"),也可以是其他函数。常见的函数参数类型有以下几种。

- 常量参数:主要包括文本(如"苹果")、数值(如"1")及日期(如"2020-3-14")等内容。
- 逻辑值参数:主要包括逻辑真(如"TRUE")、逻辑假(如"FALSE")及逻辑判断表达式等。
- 单元格引用参数:主要包括引用单个单元格(如"A1")和引用单元格区域(如"A1:C2")等。
- 函数式:在 Excel 中可以使用一个函数式的返回结果作为另一个函数式的参数,这种方式称为函数嵌套,如"=IF(A1>8,"优", IF(A1>6,"合格","不合格"))"。
- 数组参数:函数参数既可以是一组常量,也可以为单元格区域的引用。

> **提示**
> 当一个函数式中有多个参数时,需要用英文状态的逗号将其隔开。

1.1.2 运算符的优先级

在使用公式计算数据时,运算符用于连接公式中的操作符,是工作表处理数据的指令。在 Excel 中,运算符的类型分为 4 种:算术运算符、比较运算符、文本运算符和引用运算符。

- 常用的算术运算符：加号"+"、减号"–"、乘号"*"、除号"/"、百分号"%"及乘方"^"。
- 常用的比较运算符：等号"="、大于号">"、小于号"<"、小于或等于号"<="、大于或等于号">="及不等号"<>"。
- 文本运算符：只有与号"&"，该符号用于将两个文本值连接或串起来产生一个连续的文本值。
- 常用的引用运算符：区域运算符":"、联合运算符","及交叉运算符" "（空格）。

在公式的应用中，应注意每个运算符的优先级都是不同的。在一个混合运算的公式中，对于不同优先级的运算，按照从高到低的顺序进行计算；对于相同优先级的运算，按照从左到右的顺序进行计算。运算符优先级如表1-1所示。

表1-1 运算符优先级

运算符	优先级
负值"–"	1
百分号"%"	2
乘方"^"	3
乘和除"*""/"	4
加和减"+""–"	5
连字符"&"	6
比较"=""<"">""<="">=""<>"	7

此外，在Excel中，逗号和空格是比较特殊的两个运算符。使用逗号分隔两个单元格区域时，说明在一个公式中需要同时使用这两个区域，如COUNT(A2:B7,A4:B9)表示统计A2:B7和A4:B9单元格区域中包含数字的单元格总数。若为COUNT(A2:B7 A4:B9)，即中间为空格，则表示要得到这两个区域的交集，也就是A2:B7和A4:B9的交叉部分，包含A4、A5、A6、A7、B4、B5、B6、B7这8个单元格。

通常情况下，系统并不会按照Excel限定的默认运算符对公式进行计算，而是通过特定的方向改变计算公式来得到所需结果，此时就需要强制改变公式运算符的优先顺序。例如公式：

=A1+A2*A3+A4

上面的公式遵循的计算顺序为：先计算乘法运算A2*A3，然后再执行加法运算，即上一步运算结果加上A1和A4的结果。但是，如果希望上面的公式A3先与A4相加，再进行其他运算，就需要用圆括号将A3和A4括起来，即

=A1+A2*(A3+A4)

此时公式将按照新的运算顺序计算：先计算 A3 与 A4 的和，然后再将所得结果乘以 A2，最后的计算结果与 A1 相加。与之前所得结果不同，通过使用圆括号改变了运算符的优先级顺序，从而改变了公式运算所得的结果。

> **提示**
> 在使用圆括号改变运算符优先级顺序时，圆括号可以嵌套使用，当有多个圆括号时，最内层的圆括号优先运算。

1.1.3 输入公式

选择好需要输入公式的单元格，就可以输入公式了，公式可以在单元格或编辑栏中输入。首先需要输入一个"="，告知 Excel 这是一个公式的开始，然后输入运算项和运算符，输入完毕按"Enter"键后计算结果就会显示在单元格内。手动输入和使用鼠标辅助输入为输入公式的两种常用方法，下面分别进行介绍。

1．手动输入

以在"职工工资统计表"中计算"应发工资"为例，手动输入公式的方法为：打开"职工工资统计表"工作簿，在 F4 单元格内输入公式"=C4+D4+E4"，按"Enter"键，即可在 F4 单元格中显示计算结果。

2．使用鼠标辅助输入

在引用单元格较多的情况下，比起手动输入公式，有些用户更习惯使用鼠标辅助输入公式，方法如下。

步骤 1　打开"职工工资统计表"工作簿，在 F5 单元格内输入等号"="，然后单击 C5 单元格，此时该单元格周围出现闪动的虚线边框，可以看到 C5 单元格被引用到了公式中。

步骤 2　在 F5 单元格中输入运算符"+"，然后单击 D5 单元格，此时 D5 单元格也被引用到了公式中。用同样的方法引用 E5 单元格。操作完毕后按"Enter"键确认公式的输入，此时即可得到计算结果。

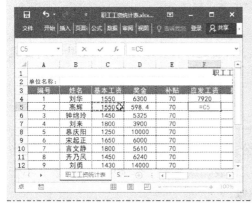

此外，还可以以非"="符号开头输入公式。一般情况下，我们使用"="符号开头输入公式。其实，使用"+"和"-"符号开头，也可以输入公式。

- 在要输入公式的单元格中，先输入"+"符号，再输入相关运算符和函数，然后按"Enter"键，程序会自动在公式前加上"="符号。
- 在要输入公式的单元格中，先输入"-"符号，再输入相关运算符和函数，然后按"Enter"键，程序会自动在公式前加上"="符号，并将第一个数据当作负值来计算。

1.1.4　修改公式

在 Excel 中创建了公式后，如果发现公式有误，需要对公式进行修改，可以按照修改单元格数据的方法进行。方法为：选中要修改公式的单元格，将光标定位到编辑栏中，根据需要修改公式，然后按"Enter"键确认即可。

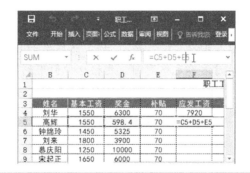

> **提示**
> 如果需要输入新的公式替换原有公式，只要选择目标单元格，然后输入新公式即可。

1.1.5 移动和复制公式

在 Excel 表格中可以任意移动和复制公式到其他单元格中，目标位置可以是当前工作表，也可以是当前工作簿中的其他工作表，或其他工作簿中的工作表。不管是哪一种情况，移动与复制方式都基本类似。

1. 移动公式

将公式从一个单元格移动到另一个单元格的方法有以下两种。

- 将光标移动到公式所在单元格边上，当光标变为十字箭头时，按住鼠标左键拖动，到达目标单元格后释放鼠标即可。
- 右击公式所在单元格，在弹出的快捷菜单中选择"剪切"命令（或按"Ctrl+X"组合键），然后右击目标单元格，在弹出的快捷菜单中单击"粘贴"命令（或按"Ctrl+V"组合键）。

移动公式时 Excel 不会改变公式中单元格的引用类型。

2. 复制公式

在 Excel 中创建了公式后，如果想将公式复制到其他单元格中，可以参照复制单元格数据的方法进行。操作如下。

- 将公式复制到一个单元格中：选中需要复制的公式所在的单元格，按"Ctrl+C"组合键，然后选中需要粘贴公式的单元格，按"Ctrl+V"组合键即可完成公式的复制，并显示出计算结果。
- 将公式复制到多个单元格中：选中需要复制的公式所在的单元格，将光标指向该单元格的右下角，当光标变为+形状时按住鼠标左键向下拖动，拖至目标单元格时释放鼠标，即可将公式复制到光标所经过的单元格中，并显示出计算结果。

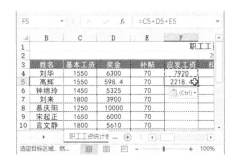

1.2 单元格的引用

单元格的引用是指在 Excel 公式中使用单元格的地址来代替单元格及其数据。下面将介绍单元格引用样式、相对引用、绝对引用和混合引用的相关知识，以及在同一工作簿中和跨工作簿引用单元格的方法。

1.2.1 A1 格式引用数据

A1 引用样式是用地址来表示单元格引用的一种方式，是 Excel 默认的引用样式。在 A1 引用样式中，用列号（大写英文字母，如 A、B、C 等）和行号（阿拉伯数字，如 1、2、3 等）表示单元格的位置。

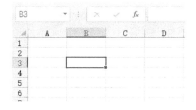

1.2.2 R1C1 格式引用数据

R1C1 引用样式是用地址来表示单元格引用的另一种方式。在 R1C1 引用样式中，用 R 加行数字和 C 加列数字表示单元格的位置。

R1C1 引用样式不是 Excel 默认的引用样式，要在工作表中使用 R1C1 样式，需要进行如下设置：在工作表中切换到"文件"选项卡，单击"选项"命令，打开"Excel 选项"对话框，切换到"公式"选项卡，在"使用公式"栏中勾选"R1C1 引用样式"复选框，单击"确定"按钮，返回工作表，选中包含了引用的单元格或区域，即可看到使用 R1C1 引用样式后的效果。

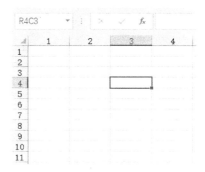

1.2.3 相对引用

单元格引用的作用是标识工作表上的单元格或单元格区域，并指明公式中所用的数据在工作表中的位置。单元格的引用通常分为相对引用、绝对引用和混合引用。默认情况下，Excel 2016 使用的是相对引用。

使用相对引用，单元格引用会随公式所在单元格的位置变更而改变。如在相对引用中复制公式时，公式中引用的单元格地址将被更新，指向与当前公式位置相对应的单元格。

以"学生成绩表"为例：将 F3 单元格中的公式"=B3+C3+D3+E3"通过"Ctrl+C"和"Ctrl+V"组合键复制到 F4 单元格中，可以看到，复制到 F4 单元格中的公式更新为"=B4+C4+D4+E4"，其引用指向了与当前公式位置相对应的单元格。

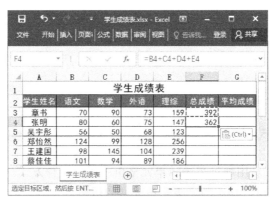

1.2.4 绝对引用

对于使用了绝对引用的公式，被复制或移动到新位置后，公式中引用的单元格地址保持不变。需要注意，在使用绝对引用时，应在被引用单元格的行号和列标之前分别加入符号"$"。

以"学生成绩表"为例：在 F3 单元格中输入公式"=$B$3+$C$3+$D$3+$E$3"，

此时再将F3单元格中的公式复制到F4单元格中,可以发现两个单元格中的公式一致,并未发生任何改变。

1.2.5 混合引用

混合引用是指相对引用与绝对引用同时存在于一个单元格的地址引用中。如果公式所在单元格的位置改变,相对引用部分会改变,而绝对引用部分不变。混合引用的使用方法与绝对引用的使用方法相似,通过在行号和列标前加入符号"$"来实现。

以"学生成绩表"为例:在 F3 单元格中输入公式"=$B3+$C3+$D3+$E3",此时再将 F3 单元格中的公式复制到 G4 单元格中,可以发现两个公式中使用相对引用的单元格地址改变了,而使用绝对引用的单元格地址不变。

1.2.6 快速切换引用模式

按"F4"键可使单元格地址在相对引用、绝对引用与混合引用之间进行切换。

以"学生成绩表"为例:选中 F5 单元格,在编辑栏中将光标定位到"B3"后,按"F4"键,即在其行号和列标前加入符号"$",用同样的方法在"C3"

"D3""E3"的行号和列标前插入符号"$",公式就转换为"=$B$3+$C$3+$D$3+$E$3"。

> **提示**
> 逐次按"F4"键,可以使该单元格引用在$B$3、B$3、$B3、B3之间快速切换。

1.2.7 引用同一工作簿中的数据

Excel 不仅可在同一工作表中引用单元格或单元格区域中的数据,还可引用同一工作簿中多张工作表上的单元格或单元格区域中的数据。在同一工作簿不同工作表中引用单元格的格式为"工作表名称!单元格地址",如"Sheet1!F5"即为"Sheet1"工作表中的F5单元格。

以在"职工工资统计表"工作簿的"Sheet2"工作表中引用"Sheet1"工作表中的单元格为例,方法如下。

步骤1 打开"职工工资统计表"工作簿,在"Sheet2"工作表的E3单元格中输入"="。

步骤2 切换到"Sheet1"工作表,选中F4单元格,按"Enter"键,即可将"Sheet1"工作表F4单元格中的数据引用到"Sheet2"工作表的E3单元格中。

1.2.8 跨工作簿引用数据

跨工作簿引用数据，即引用其他工作簿中工作表的单元格数据的方法，与引用同一工作簿不同工作表中单元格数据的方法类似。一般格式为：工作簿存储地址[工作簿名称]工作表名称！单元格地址。

以在"工作簿 1"的"Sheet1"工作表中引用"职工工资统计表"工作簿的"Sheet1"工作表中的单元格为例，方法如下。

步骤 1 同时打开"职工工资统计表"和"工作簿 1"工作簿，在"工作簿 1"的"Sheet1"工作表中选中 F3 单元格，输入"="。

步骤 2 切换到"职工工资统计表"工作簿的"Sheet1"工作表，选中 F4 单元格，按"Enter"键，即可将"职工工资统计表"工作簿的 Sheet1 工作表中 F4 单元格内的数据引用到"工作簿 1"的 Sheet1 工作表的 F3 单元格中。

1.3 深入了解公式

公式是对数据进行计算和分析的等式，在 Excel 中要对数据进行快速计算就离不开公式。前面已经对公式的基本应用进行了一些简单的介绍，下面将更深入地介绍公式的相关知识与操作。

1.3.1 使用通配符

在 Excel 中，通配符"?""*"可以代表任意或一定范围的字符，利用通配符不仅可以进行模糊查询替换，而且还可以通过与函数的配合进行模糊计算。在日常操作过程中，统计以某些字符开头、结尾或者包含某些文本的数量时，需要在公式中使用通配符"*"。

例如，某商场要对一星期内各个品牌的电动车销售情况进行统计。这家商场的电动车主要有喜德盛、红兔子、捷安特、雅迪4个品牌，要求一个星期的流水账按这4个品牌进行分类统计。

按通常的做法会先对数据进行分类汇总，然后再把得到的结果添加到相应的单元格中，但是当我们按商品进行分类时，会发现这些品牌都有两种型号，一个品牌的两种型号就分成了两类，这显然是不行的。所以此时可以使用通配符，以便一次性地对这些品牌的销售进行统计。

因为 SUMIF 函数中允许使用通配符，所以能够很好地解决分类问题。我们可以在 F4 单元格中输入"=SUMIF($B$3:$B$22,E5&"*",$C$3:$C$22)"，整个公式就表示在 B3:B22 中查找品牌是"喜德盛"的商品，找到后计算它的总销量。

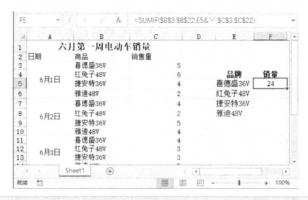

💡提示

关于 SUMIF 函数的相关使用将在之后的函数章节进行详解。

1.3.2 利用填充功能快速实现统计计算

在实际操作中 Excel 的填充功能非常实用，将鼠标指针移动到计算后数据的右下角，当鼠标指针变为+形状时，按住鼠标左键拖动到合适的单元格，然后释放鼠标即可。

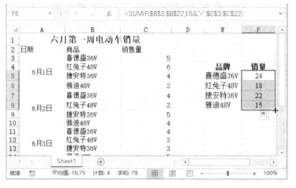

1.3.3 认识数组公式

所谓数组就是单元的集合或一组处理的值的集合。而数组公式就是对两组或多组名为数组参数的值进行多项运算，然后返回一个或多个结果的一种计算公式。

简单地说，可以把数组公式看成有多重数值的公式。与单值公式最大的不同之处在于，数组公式可以产生一个以上的结果。此外，一个数组公式可以占用一个或多个单元，数组的元素多达 6500 个。

Excel 中数组公式非常有用，尤其是在不能使用工作表函数直接得到结果时，数组公式显得特别重要，它可以建立产生多值或对一组值而不是单个值进行操作的公式。

以求合计发放工资金额为例，使用数组公式{=SUM(B2:F2-B3:F3)}，意为将 B2:F2 单元格区域中的每个单元格，与 B3:F3 单元格区域中的每个对应的单元格相减，然后将每个结果加起来求和。

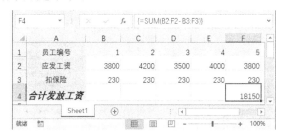

需要注意，在数组公式中，每个数组参数都要求必须有相同数量的行和列。同时，按"Ctrl+Shift+Enter"组合键而不是"Enter"键进行确认，输入的才是数组公式。

> **提示**
> 输入公式后按"Ctrl+Shift+Enter"组合键，即可确认输入数组公式，完成后可以看到公式的两端出现一对大括号"{}"，这是数组公式的标志。

1.3.4 保护公式

完成单元格中公式的输入后，仍可以对计算结果进行更改。要实现保护工作表中的所有公式不被更改，可以采用下面的方法。

步骤 1 在工作表中选中包含公式的单元格或区域，单击"开始"选项卡"字体"组右下角的功能扩展按钮。

步骤 2 弹出"设置单元格格式"对话框，切换到"保护"选项卡，勾选"锁定"复选框，单击"确定"按钮。

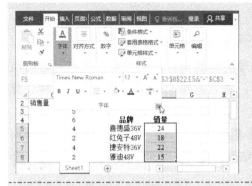

步骤 3 在"审阅"选项卡的"更改"组中,单击"保护工作表"命令。

步骤 4 弹出"保护工作表"对话框,确认已选中"保护工作表及锁定的单元格内容"复选框,在文本框中输入密码,单击"确定"按钮。

步骤 5 弹出"确认密码"对话框,在其中再次输入密码,单击"确定"按钮即可。

　　进行上述操作后,修改执行了保护操作的单元格中的公式时,将会弹出提示信息,保护公式不会被修改。

1.4 使用函数

在 Excel 中利用函数可以轻松完成各种复杂数据的处理工作，并简化公式的使用。下面将介绍函数的使用方法。

1.4.1 手动输入函数

如果知道函数名称及语法，可直接在编辑栏内按照函数表达式输入。

方法：选择要输入函数的单元格，输入等号"="，然后输入函数名和左括号，紧跟着输入函数参数，最后输入右括号，函数输入完成后单击编辑栏上的"输入"按钮或按"Enter"键即可。

例如，在单元格内输入"=SUM(F2:F5)"，意为对 F2 到 F5 单元格区域中的数值求和。

1.4.2 通过功能区按钮快速输入函数

对于一些常用的函数式，如求和（SUM）、平均值（AVERAGE）、计数（COUNT）等，可以利用"开始"或"公式"选项卡中的快捷按钮来实现输入。下面以求和函数为例，介绍通过快捷按钮插入函数的方法。

◆ 利用"开始"选项卡中的快捷按钮：选中需要求和的单元格区域，单击"开始"选项卡"编辑"组中的"自动求和"下拉按钮，在弹出的下拉菜单中选择"求和"命令。

◆ 利用"公式"选项卡中的快捷按钮：选中需要显示求和结果的单元格，然后切换到"公式"选项卡。在"函数库"组中单击"自动求和"下拉按钮，在弹出的下拉菜单中单击"求和"命令，然后拖动鼠标选中作为参数的单元格区域，按"Enter"键即可将计算结果显示到该单元格中。

1.4.3 通过"函数库"输入函数

对于大多数常用的函数,都可以在功能区中的"公式"选项卡中找到,便捷地输入。下面以输入一个财务类函数为例,方法如下。

步骤1 选中需要输入函数的单元格,输入等号"=",切换到"公式"选项卡,在"函数库"组中单击需要的函数类型,本例单击"日期和时间"下拉按钮,在弹出的下拉列表中单击需要的函数。

步骤2 弹出"函数参数"对话框,在其中设置好参数或参数所在单元格,然后单击"确定"按钮即可。

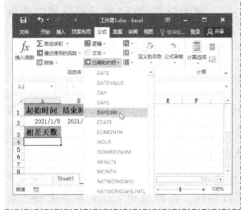

1.4.4 通过提示功能快速输入函数

如果用户对函数不是一无所知,能记住不少的常用函数名,那么就可以利用函数提示功能快速输入函数。

具体方法:选中需要输入函数的单元格,输入"=",然后输入函数的首字母,此时会得到系统提供的函数提示,在推荐函数中选中需要的那个并双击,即可将其输入单元格中;输入函数后可以看到进一步的函数语法提示,里面有函数的参数信息,根据提示输入公式和参数,输入完成后,按"Enter"键,就可以得到计算结果了。

> **提示**
> 在输入函数公式的过程中,如果需要在其中输入单元格地址,只需单击该单元格,就可以将单元格地址引用到公式中。

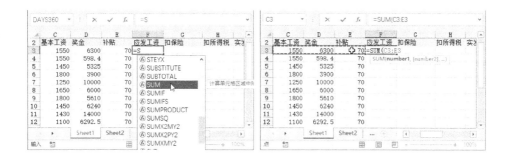

1.4.5 查找函数

只知道某个函数的类别或者功能，不知道函数名，可以通过"插入函数"对话框快速查找函数。切换到"公式"选项卡，然后单击"插入函数"按钮，会弹出"插入函数"对话框，在其中查找函数主要有以下两种方法。

◆ 方法一：单击下拉按钮打开"或选择类别"下拉列表框，按类别查找。
◆ 方法二：在"搜索函数"文本框中输入所需函数的函数功能，然后单击"转到"按钮，在"选择函数"列表框中就会出现系统推荐的函数。

提示

在"选择函数"列表框中选中某个函数，该函数的相关信息就会出现在下方的说明栏里。

如果说明栏里的函数信息不够详细、难以理解，在计算机连接了 Internet 的情况下，我们可以利用帮助功能：在"选择函数"列表框中选中某个函数后，单击"插入函数"对话框左下方的"有关该函数的帮助"链接，打开"Excel 帮助"网页，其中对函数进行了十分详细的介绍并提供了示例，可以满足大部分人的需求。直接在该网页的"检索联机帮助"文本框中输入函数名或函数功能，然后单击"搜索"按钮，也可以获得相应的帮助。

1.4.6 使用"插入函数"对话框输入函数

使用"插入函数"对话框输入函数的方法很简单：选中需要输入函数的单元格，切换到"公式"选项卡，然后单击"插入函数"按钮，弹出"插入函数"对话框，在其中选择需要的函数，单击"确定"按钮即可将函数插入表格中。

1.4.7 输入嵌套函数

使用一个函数或者多个函数表达式的返回结果作为另一个函数的某个或多个参数，这种应用方式的函数称为嵌套函数。

例如，函数式"=IF(AVERAGE(A1:A3) >20,SUM(B1:B3),0)"是一个简单的嵌套函数表达式。该函数表达式的意义为：在"A1:A3"单元格区域中数字的平均值大于20时，返回单元格区域"B1:B3"的求和结果，否则将返回"0"。

嵌套函数一般通过手动输入，输入时可以利用鼠标辅助引用单元格。以上面的函数式为例，输入方法为：选中目标单元格，输入"=IF("，然后输入作为参数插入的函数的首字母"A"，在出现的相关函数列表中双击函数"AVERAGE"，此时将自动插入该函数及前括号，函数式变为"=IF(AVERAGE("，手动输入字符"A1:A3) >20,"，然后仿照前面的方法输入函数"SUM"，最后输入字符"B1:B3),0)"，按"Enter"键即可。

1.5 使用数组公式

数组公式与普通公式不同，它是对两组或多组名为数组参数的值进行多项运算，然后返回一个或多个结果的一种计算公式。在 Excel 中数组公式非常有用，下面将介绍数组公式的使用方法。

1.5.1 输入数组公式

公式和函数的输入都是从"="开始的，输入完成后按"Enter"键，计算结果就会显示在单元格里。而要使用数组公式，在输入完成后，需要按"Ctrl+Shift+Enter"组合键才能确认输入的是数组公式。正确输入数组公式后，才可以看到公式的两端出现数组公式标志性的一对大括号"{}"。

以求合计发放工资金额为例，使用数组公式计算，可以省略计算每个员工的实发工资这一步，直接得到合计发放工资金额。方法为：在 F5 单元格中输入数组公式"=SUM(B2:B6-C2:C6)"（意为将 B2:B6 单元格区域中的每个单元格，与 C2:C6 单元格区域中的每个对应的单元格相减，然后将每个结果加起来求和），然后按"Ctrl+Shift+Enter"组合键确认输入数组公式即可。

1.5.2 修改数组公式

在 Excel 中，对于创建完成的数组公式，如果需要进行修改，方法为：选中数组公式所在的单元格，此时数组公式将显示在编辑栏中，单击编辑栏的任意位置，数组公式将处于编辑状态，可对其进行修改，修改完成后按"Ctrl+Shift+Enter"组合键即可。

如果需要将输入的数组公式删除，只需选中数组公式所在的单元格，然后按"Delete"键即可。

1.5.3 数组维数

数组是指按一行、一列或多行多列排列的一组数据元素的集合。数组的维度是指数据的行列方向，一行多列的数组为横向数组，一列多行的数组为纵向数组。多行多列的数组则同时拥有纵向和横向两个维度。

1. 一维水平数组

一维是指位于一行或一列的方向上，水平是指横向，一维水平数组就是在一行中的内容，一维水平数组中每个数组元素之间都用逗号分隔。例如，某个数组包含5个数组元素，分别为1、2、3、4、5，但这5个数字位于同一行的5列中。

要在工作表中输入一维水平数组，需要先根据数组元素的个数选择一行中的多个单元格，然后再输入数组公式。

例如，上面的数组包含5个数组元素，那么可以在一行中选择包含5个单元格的区域（A1:E1），然后输入"={1,2,3,4,5}"，并按"Ctrl+Shift+Enter"组合键结束输入，得到如图所示的结果。

2. 一维垂直数组

与水平数组不同，一维垂直数组是在一列中的内容，且数组中每个元素之间都以分号（;）分隔。例如，以下形式的数组，包含5个数组元素，分别为1、2、3、4、5，这5个数字位于同一列的5行中。

要在工作表中输入一维垂直数组，需要先根据数组元素的个数选择一列中的多个单元格，然后再输入数组公式。

例如，上面的数组包含5个数组元素，那么可以在一列中选择包含5个单元格的区域（A1:A5），然后输入"={1;2;3;4;5}"，并按"Ctrl+Shift+Enter"组合键结束输入，得到如图所示的结果。

3. 二维数组

二维数组是指包含了行和列的矩形区域，在二维数组中水平方向的数组元素和垂直方向的数组元素分别用逗号和分号分隔。例如，某二维数组由 2 行 6 列组成，其中包含 12 个数组元素。

例如，上面的数组包含 12 个数组元素，那么可以在两行中选择包含 12 个单元格的区域（A1:F2），然后输入公式"={1,2,3,4,5,6;7,8,9,10,11,12}"，并按"Ctrl+Shift+Enter"组合键结束输入，得到如图所示的结果。

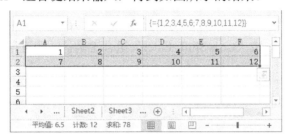

> **提示**
> 如果用于输入数组的单元格个数比数组元素的个数多，那么多出的单元格将显示错误值"#N/A"。

1.5.4 数组常量

在普通公式中，可输入包含数值的单元格引用，或者数值本身，其中该数值与单元格引用被称为常量。同样，在数组公式中也可输入数组引用，或者包含在单元格中的数值数组，其中该数值数组和数组引用被称为数组常量。数组公式可以按与非数组公式相同的方式使用常量，但是必须按特定格式输入数组常量。

数组常量可包含数字、文本、逻辑值（如 TRUE、FALSE 或错误值 #N/A）。数字可以是整数型、小数型或科学计数法形式，文本则必须使用引号引起来，如"星期一"。在同一个常量数组中可以使用不同类型的值，如{1,3,4；TRUE,FALSE,TRUE}。

数组常量不包含单元格引用、长度不等的行或列、公式或特殊字符 $（美元符号）、括号或 %（百分号）。

在使用数组常量或者设置数组常量的格式时，需要注意以下几个问题。

- ◆ 数组常量应置于大括号（{ }）中。
- ◆ 不同列的数值用逗号(,)分开。例如，要表示数值 10、20、30 和 40，必须输入{10,20,30,40}。这个数组常量是一个 1 行 4 列数组，相当于一个 1 行 4 列的引用。

◆ 不同行的数值用分号（;）隔开。例如，要表示一行中的 10、20、30、40 和下一行中的 50、60、70、80，应该输入一个 2 行 4 列的数组常量：{10,20,30,40;50,60,70,80}。

1.5.5 创建多单元格数组公式

数组公式与普通公式一样，如果需要计算多个结果，只要将数组公式输入与数组参数相同的列数和行数的单元格区域，再使用数组公式进行计算即可。下面举例说明。

选中需要计算结果的 E2:E5 单元格区域，在编辑栏中输入数组公式"=B2:B5*C2:C5"，按"Ctrl+Shift+Enter"组合键确认，即可得到计算结果。

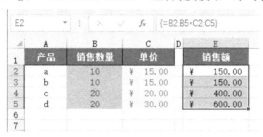

1.5.6 扩展或缩小多单元格数组公式

由于在数组公式中，每个数组参数都要求必须有相同数量的行和列，因此要扩展或缩小多单元格数组公式，就必须同时修改每个数组参数和计算结果显示区域，否则 Excel 将出现错误提示，无法进行修改。

1.6 使用定义名称

在 Excel 2013 中，可以定义名称来代替单元格地址，并将其应用到公式计算中，以便提高工作效率，方便公式审核，减少计算错误。

1.6.1 名称的作用范围

通过 Excel 的定义名称功能，可以为单元格、数值、公式和常量等命名。需要注意的是，定义的名称不能是任意的字符，必须遵守以下规则。

- 名称的第一个字符必须是字母、汉字、下画线或反斜杠（\），其他字符可以是字母、汉字、半角句号或下画线。
- 名称不能与单元格名称（如 A1、R1C1 等）相同。
- 定义名称时，不能用空格符来分隔名称，可以使用"."或短横线，如 1.1 或 1-1 等。
- 名称的长度不能超过 255 个字符，字符不区分大小写。
- 同一个工作簿中不能定义相同的名称。
- 不能把单独的字母"r"或"c"定义为名称，这两个字母会被 Excel 认为是行（row）或列（column）的简写。

1.6.2 命名区域

在 Excel 中命名单元格区域的方法很简单，主要可以通过以下三种方法实现。

- 选中要命名的单元格区域，在编辑栏左侧的名称框中输入要创建的名称，然后按"Enter"键确认即可。

- 选中要命名的单元格区域，切换到"公式"选项卡，单击"定义名称"命令，在打开的"新建名称"对话框中，设置名称、可用范围及说明信息，单击"确定"按钮即可。

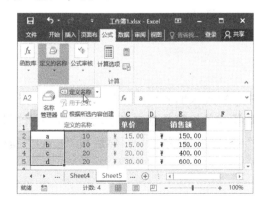

◆ 在工作表中选中要命名的单元格区域，其中必须包含要作为名称的单元格，切换到"公式"选项卡，单击"定义的名称"组中的"根据所选内容创建"按钮，在打开的"以选定区域创建名称"对话框中，根据需要勾选相应复选框，单击"确定"按钮即可。

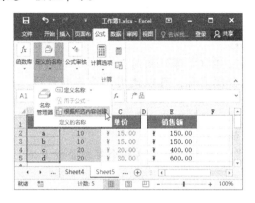

1.6.3 命名数值、常量和公式

在公式计算中经常用到的数值，如圆周率数值 3.14159265，如果每次使用都在公式中输入这一长串数字，难免降低工作效率，因此可以为这样的常量定义一个名词，以便将其应用到公式中，提高输入效率。

方法为：打开工作簿，切换到"公式"选项卡，在"定义的名称"组中单击"定义名称"命令，打开"新建名称"对话框，设置名称，然后在"引用位置"文本框中输入一个"="和常量值。

1.6.4 将名称应用到公式中

在工作簿中定义名称之后，就可以将定义的名称应用到公式和函数中了。例如，在工作簿中为产品名称、销售数量和单价等数据定义了名称后，要计算销售额，只需在相应单元格中输入公式"=销售数量*单价"，然后按"Enter"键确认即可。

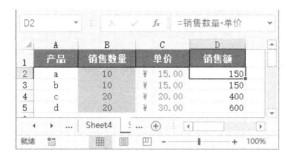

如果先输入了使用单元格引用的公式，然后定义了名称，可以切换到"公式"选项卡，在"定义的名称"组中单击"定义名称"→"应用名称"命令，打开"应用名称"对话框，选择需要应用到公式中的名称，然后单击"确定"按钮，将名称应用到公式中。

1.6.5　编辑与删除定义的名称

在 Excel 中定义名称之后，还可以根据需要对定义的名称进行编辑和删除操作，方法如下。

切换到"公式"选项卡，在"定义的名称"组中单击"名称管理器"按钮，弹出"名称管理器"对话框，选中需要编辑的名称，单击"编辑"按钮，在弹出的"编辑名称"对话框中根据需要进行设置，完成后单击"确定"按钮，即可修改定义的名称。

切换到"公式"选项卡，在"定义的名称"组中单击"名称管理器"按钮，弹出"名称管理器"对话框，选中需要删除的名称，单击"删除"按钮，即可将其删除。

1.7 审核公式

在使用公式和函数计算数据的过程中，难免出现错误，Excel 提供了"公式审核"工具，可以帮助我们快速"纠错"。下面将介绍在 Excel 中审核公式的方法。

1.7.1 使用"公式求值"检查计算公式

要在 Excel 中进行公式审核，有一个方法就是公式分步求值，即分步求出公式的计算结果（根据优先级求取）。如果公式没有错误，使用该功能可以便于对公式的理解；如果公式有错误，则可以快速地找出导致错误的发生具体是在哪一步。

选中要分步求值的单元格，切换到"公式"选项卡，单击"公式审核"组中的"公式求值"按钮，即可打开"公式求值"对话框，连续单击"求值"按钮，即可对公式逐一求值，完成后单击"关闭"按钮即可。

1.7.2 使用"错误检查"功能检查公式

当使用的公式和函数出现错误时，选中出现错误的单元格，切换到"公式"选项卡，单击"公式审核"组中的"错误检查"按钮，即可打开"错误检查"对话框，在其中可以看到提示信息，指出单元格出现的错误及错误原因，辅助我们查找与修改公式错误。

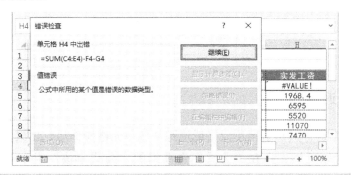

💡提示

在"错误检查"对话框中单击"下一个"按钮，将根据向导逐一检查错误值，并获取错误值产生的原因。

1.7.3 追踪引用单元格

在公式出现错误的时候，光让数据表格中的公式显示出来还不够，我们还需要对错误原因追根究底。Excel 提供了"追踪引用单元格"功能，帮助我们查看当前公式是引用哪些单元格进行计算的，辅助我们对公式的错误原因进行查找。

选中要查看的单元格，在"公式"选项卡的"公式审核"组中单击"追踪引用单元格"按钮，即可使用箭头显示数据源引用指向。

1.7.4 追踪从属单元格

Excel 还提供了"追踪从属单元格"功能，帮助我们查看受当前所选单元格影响的单元格，辅助我们对公式的错误原因进行查找。

选中要查看的单元格，在"公式"选项卡的"公式审核"组中单击"追踪从属单元格"按钮，即可使用箭头显示受当前所选单元格影响的单元格数据从属指向。

1.7.5 移去追踪箭头

在Excel中进行追踪引用单元格或追踪从属单元格操作后,如果需要移去追踪箭头,可进行以下操作:在"公式"选项卡的"公式审核"组中单击"移去箭头"下拉按钮,在打开的下拉菜单中,根据需要单击相应命令,即可取消显示相应的追踪箭头。

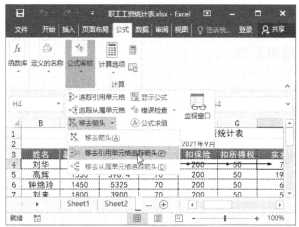

1.8 错误分析与处理

如果工作表中的公式不能计算出正确的结果,系统会自动显示一个错误值,如"####""#VALUE!"等。下面列出一些常见的错误字符的含义和解决方法,方便大家解决公式和函数使用中遇到的问题。

1.8.1 解决"####"错误

错误原因:日期运算结果为负值、日期序列超过系统允许的范围或在显示数据时,单元格的宽度不够。

解决办法:出现以上错误,可尝试以下操作。

- 更正日期运算函数式，使其结果为正值。
- 使输入的日期序列在系统的允许范围之内（1～2958465）。
- 调整单元格到合适的宽度。

1.8.2 解决"#DIV/0!"错误

错误原因：当数字除以零（0）时，会出现此错误。如用户在某个单元格中输入函数式"=A1/B1"，如果 B1 单元格为"0"或为空，确认后函数式将返回上述错误。

解决办法：修改引用的空白单元格或在作为除数的单元格中输入不为零的值。

1.8.3 解决"#VALUE!"错误

错误原因：出现"#VALUE!"错误的主要原因如下。

- 为需要单个值（而不是区域）的运算符或函数提供了区域引用。
- 当函数式需要数字或逻辑值时，输入了文本。
- 输入和编辑的是数组函数式，但却用回车键进行确认等。

例如，在某个单元格中输入函数式"=A1+A2"，而 A1 或 A2 中有一个单元格内容是文本，确认后函数将会返回上述错误。

解决办法：更正相关的函数类型，如果输入的是数组函数式，则在输入完成后使用"Ctrl+Shift+Enter"组合键进行确认。

1.8.4 解决"#NUM!"错误

错误原因：公式或函数中使用了无效的数值，会出现此错误。

解决办法：根据实际情况尝试下面的解决方案。

（1）在需要数字参数的函数中使用了无法接收的参数。

解决方案：请确保函数中使用的参数是数字，而不是文本、货币及时间等其他格式。例如，即使要输入的值是¥1000，也应在公式中输入 1000。

（2）使用了进行迭代的工作表函数，且函数无法得到结果。

解决方案：为工作表函数使用不同的起始值，或者更改 Excel 迭代公式的次数。

> **提示**
> 迭代次数越高，Excel 计算工作表所需的时间就越长；最大误差值数值越小，结果就越精确，Excel 计算工作表所需的时间也越长。

（3）输入的公式得出的数字太大或太小，无法在 Excel 中表示。

解决方案：更改公式，使运算结果介于"-1*10307"～"1*10307"。

1.8.5 解决"#NULL!"错误

错误原因：函数表达式中使用了不正确的区域运算符、不正确的单元格引用或指定两个并不相交的区域的交点等。

解决办法：出现上述错误，可尝试以下解决方法。

如果使用了不正确的区域运算符，则需要将其进行更正，才能正确返回函数值。

若要引用连续的单元格区域，可使用冒号分隔对区域中第一个单元格的引用和对最后一个单元格的引用，如 SUM(A1:E1)引用的区域为从单元格 A1 到单元格 E1。

若要引用不相交的两个区域，可使用联合运算符，即逗号","。若对两个区域求和，可确保用逗号分隔这两个区域，函数表达式为 SUM(A1:A5,D1:D5)。

> **提示**
> 如果是因为指定了两个不相交的区域的交点，则更改引用使其相交即可。

1.8.6 解决"#NAME?"错误

错误原因：当 Excel 无法识别公式中的文本时，将出现此错误。例如，使用了错误的自定义名称或名称已删除、函数名称拼写错误、引用文本时没有加引号("")、用了中文状态下的引号（""）等；或者使用"分析工具库"等加载宏部分的函数，而没有加载相应的宏。

解决办法：首先针对具体的公式，逐一检查错误的对象，然后加以更正。例如，重新指定正确的名称、输入正确的函数名称、修改引号，以及加载相应的宏等，具体操作如下。

（1）使用了不存在的名称。

解决方案：用户可以通过以下操作查看所使用的名称是否存在。

切换到"公式"选项卡，在"定义的名称"组中单击"名称管理器"按钮，查看名称是否列出，若名称在对话框中未列出，可以单击"新建"按钮添加名称。

> **提示**
> 如果函数名称拼写错误，也不能返回正确的函数值，因此在输入时应仔细。

（2）在公式中引用文本时没有使用（英文）双引号。

解决方案：虽然用户的本意是将输入的内容作为文本使用，但 Excel 会将其解释为名称，此时只需将公式中的文本用英文状态下的双引号括起来即可。

（3）区域引用中漏掉了冒号":"。

解决方案：请用户确保公式中的所有区域引用都使用了冒号":"。

(4)引用的另一张工作表未使用单引号引起。

解决方案:如果公式中引用了其他工作表或其他工作簿中的值或单元格,且这些工作簿或工作表的名字中包含非字母字符或空格,那么必须用单引号"'"将名称引起。例如,='预报表　1月'!A1。

(5)使用了加载宏的函数,而没有加载相应的宏。

解决方案:加载相应的宏即可,具体操作方法如下。

切换到"文件"选项卡,单击"选项"命令,打开"Excel 选项"对话框,切换到"加载项"选项卡,在右侧窗口的"管理"下拉列表中选择"Excel 加载项"选项,然后单击"转到"按钮,在打开的"加载宏"对话框中勾选需要加载的宏,单击"确定"按钮,返回"Excel 选项"对话框,单击"确定"按钮即可。

1.8.7 解决"#REF!"错误

错误原因:当单元格引用无效时,会出现此错误,如函数引用的单元格(区域)被删除、链接的数据不可用等。

解决办法:出现上述错误时,可尝试以下操作。

◆ 修改函数式中无效的引用单元格。
◆ 调整链接的数据,使其处于可用的状态。

1.8.8 解决"#N/A"错误

错误原因:错误值"#N/A"表示"无法得到有效值",即当数值对函数或公式不可用时,会出现此错误。

解决办法:可以根据需要,选中显示错误的单元格,执行"公式"选项卡"公式审核"组中的"错误检查"命令,检查下列可能的原因并予以解决。

(1) 缺少数据，在其位置输入了#N/A 或 NA()。

解决方案：遇到这种情况，用新的数据代替"#N/A"即可。

(2) 为 MATCH、HLOOKUP、LOOKUP 或 VLOOKUP 等工作表函数的 lookup_value 参数赋予了不正确的值。

解决方案：确保 lookup_value 参数值的类型正确。

(3) 在未排序的工作表中使用 VLOOKUP、HLOOKUP 或 MATCH 工作表函数来查找值。

解决方案：默认情况下，在工作表中查找信息的函数必须按升序排序。但 VLOOKUP 函数和 HLOOKUP 函数包含一个 range_lookup 参数，该参数允许函数在未进行排序的表中查找完全匹配的值。若用户需要查找完全匹配的值，可以将 range_lookup 参数设置为"FALSE"。

此外，MATCH 函数包含一个 match_type 参数，该参数用于指定列表查找匹配结果时必须遵循的排序次序。若函数找不到匹配结果，可尝试更改 match_type 参数；若要查找完全匹配的结果，需将 match_type 参数设置为0。

(4) 数组公式中使用的参数的行数（列数）与包含数组公式的区域的行数（列数）不一致。

解决方案：若用户已在多个单元格中输入了数组公式，则必须确保公式引用的区域具有相同的行数和列数，或者将数组公式输入到更少的单元格中。

例如，在高为10行的区域(A1:A10)中输入数组公式,但公式引用的区域(C1:C8)高为8行，则区域(A9:A10)中将显示"#N/A"。要更正此错误，可以在较小的区域中输入公式如"A1:A8"，或者将公式引用的区域更改为相同的行数，如"C1:C10"。

(5) 内置或自定义工作表函数中省略了一个或多个必需的参数。

解决方案：将函数中的所有参数完整输入即可。

(6) 使用的自定义工作表函数不可用。

解决方案：请确保包含自定义工作表函数的工作簿已经打开，而且函数工作正常。

(7) 运行的宏程序输入的函数返回"#N/A"。

解决方案：请确保函数中的参数输入正确且位于正确的位置。

1.8.9 通过"Excel 帮助"获取错误解决办法

如果在使用公式和函数计算数据的过程中出现了错误，在计算机联网的情况下，可以通过"Excel 帮助"获取错误值的相关信息，来学习和解决问题。

方法为：选中显示错误值的单元格，单击错误值提示按钮 ，在打开的下拉菜单中单击"关于此错误的帮助"命令，即可打开"Excel 帮助"窗口，其中显示了该错误值的出现原因和解决方法，帮助用户学习和解决相关问题。

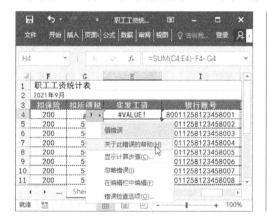

第2章 逻辑函数

逻辑函数是根据不同条件进行不同处理的函数,条件式中使用比较运算符(>,<,=)指定逻辑式,并用逻辑值表示它的结果。本章将通过一些常见案例操作,引导读者学习和掌握 Excel 公式中逻辑关系的运用。

本章导读

- 返回逻辑值
- 条件判断函数

2.1 返回逻辑值

函数 1	TRUE
	返回逻辑值 TRUE

函数功能：用于返回逻辑值 TRUE。
函数格式：TRUE()
参数说明：该函数不需要参数。

应用范例 判断两数据大小

例如，下图中先在单元格内输入两组数据，然后在单元格 C2 中输入一个公式后按"Enter"键，并向下填充，可判断 A 列数据与 B 列数据的大小，如果 A2<B2 则结果为 TRUE，A2>B2 则结果为 FALSE，公式为：

=A2<B2

提示
在上图中单元格 A8 与 B8 中的内容，字母和数字虽然相同，但字母的大小写并不一致，如果需要对其进行完全相同的比较，则需要使用 EXACT 函数。

函数 2	FALSE
	返回逻辑值 FALSE

函数功能：用于返回逻辑值 FALSE。
函数格式：FALSE()
参数说明：该函数不需要参数。

应用范例 判断两个计算结果是否相等

例如，下图中先在单元格 E1 中输入一个数组公式，然后按"Ctrl+Shift+Enter"

组合键，计算出 A、B 两列相同数据的个数。其公式为：
=SUM((A2:A8=B2:B8)*1)

公式的含义为：首先使用 A2:A8=B2:B8 比较 A、B 两列数据，得出一个包含 TRUE 和 FALSE 的数组，然后将该数组乘以 1，也就是将 TRUE 和 FALSE 分别转换为 1 和 0，最后再使用 SUM 函数求和即可得到相同数据个数。另外，关于 SUM 函数将在之后的章节进行详解。

注意事项：
◆ 在单元格或公式中直接输入 FALSE，然后按"Enter"键，Excel 会自动将其转换为逻辑值 FALSE。
◆ 输入 FALSE 函数和输入 FALSE 文本时，如果在单元格的数据中有不同的公式和逻辑值，其返回值在任何情况下都是相同的。

2.2 条件判断函数

函数 3	NOT
	对逻辑值求反

函数功能： NOT 函数用于对逻辑值求反，如果逻辑值为 FALSE，函数返回 TRUE；如果逻辑值为 TRUE，函数返回 FALSE。

函数格式： NOT(logical)

参数说明： logical（必选）：表示一个要测试的条件。

应用范例 标注出需要核查的项目

例如，某企业每年都需要在不同干部岗位上招聘一些新的人才，通过某些招聘手段后，一份应聘名单就整理出来了，现在要从应聘名单中筛选掉"27 岁以下"的应聘人员，可以用 NOT 函数来实现。

在 E2 单元格中输入公式：
=NOT(B2<27)

按 "Enter" 键，向下填充，如果是 27 岁以下的应聘人员将显示 FALSE，27 岁及以上的应聘人员则显示 TRUE。

函数 4	AND
	判断多个条件是否同时成立

函数功能：AND 函数用于判断多个条件是否同时成立，如果所有条件都成立，则返回 TRUE；如果一个条件都不成立，则返回 FALSE。

函数格式：AND(logical1, logical2, ...)

参数说明：

◆ logical1（必选）：表示待检测的第 1 个条件。
◆ logical2,...（可选）：表示第 2～255 个待测条件。

应用范例 判断面试人员是否符合录取资格

例如，下图中在单元格 E2 中输入公式后按 "Ctrl+Shift+Enter" 组合键，并向下填充，判断面试人员是否可录取，其中 TRUE 表示可录取，FALSE 表示不可录取，判定条件为 3 个面试官都认为合格。其公式为：
=AND(B2:D2="合格")

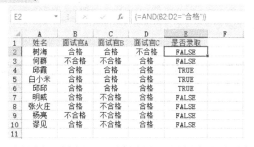

注意事项：

◆ 如果函数的参数是直接输入的非逻辑值，函数将返回错误值 "#VALUE!"。
◆ 如果函数参数为数组或单元格引用，函数会自动忽略其中包含的文本或空单元格。
◆ 函数的参数可以是逻辑值 TRUE 或 FALSE，或者是可以转换为逻辑值的表达式。在执行逻辑判断时，数值 0=FALSE，所有非 0 数值=TRUE。

函数 5	OR
	判断多个条件中是否至少有一个条件成立

函数功能：OR 函数用于判断多个条件中是否至少有一个条件成立，在其参数组中，任何一个参数逻辑值为 TRUE，则返回 TRUE；若所有参数逻辑值都为 FALSE，则返回 FALSE。

函数格式：OR(logical1, logical2, ...)

参数说明：

- logical1（必选）：表示待检测的第 1 个条件。
- logical2, ...（可选）：表示第 2~255 个待测条件。

应用范例 判定员工的考核成绩是否均未达标

例如，某公司业务主管每年年底都需要对员工进行技能考核，当考核成绩下来后，需要检查哪些员工所有技能均未达标，可使用 OR 函数。

在 F2 单元格内输入公式：
=OR(B2>=60,C2>=60,D2>=60)

按"Enter"键确定，将其向下填充，即可判断出员工每项技能考核是否都未达标。都未达标逻辑值显示为 FALSE，达标显示为 TRUE。

	A	B	C	D	E	F
1	员工姓名	笔试	操作考核	面试考核	平均成绩	综合评定
2	树海	90	73	80	81	TRUE
3	何群	68	76	66	70	TRUE
4	邱霞	40	58	49	49	FALSE
5	白小米	69	70	77	72	TRUE
6	邱邱	51	55	56	54	FALSE

注意事项：

- 参数可以是逻辑值，如 TRUE 或 FALSE，或者是包含逻辑值的数组。
- 如果参数为数组或引用参数，则其中包含文本或空白单元格这些值将被忽略。
- 如果指定的区域中不包含逻辑值，函数将返回错误值"#VALUE!"。

函数 6	IF
	根据条件判断返回不同结果

函数功能：IF 函数用于在公式中设置判断条件，根据指定的条件来判断其 TRUE 或 FALSE，从而返回相应的内容。可以使用 IF 函数对数值和公式进行条件检测。

函数格式：IF(logical_test,value_if_true,value_if_false)

参数说明：

- logical_test（必选）：表示计算结果为 TRUE 或 FALSE 的任意值或表达式。例如，A5=10 就是一个逻辑表达式，如果单元格 A5 中的值等于 10，表达式即为 TRUE；若 A5 中的值不为 10，则返回 FALSE。如果参数 logical_test 不是表达式而是数字，那么非 0 等于逻辑值 TRUE，0 等于逻辑值 FALSE。
- value_if_true（可选）：表示当参数 logical_test 的值为 TRUE 时返回的值。如果 logical_test 的结果为 TRUE 而 value_if_true 为空，则本参数返回 0。如果要显示 TRUE，则请为本参数使用逻辑值 TRUE。value_if_true 也可以是其他公式。
- value_if_false（可选）：表示当参数 logical_test 的值为 FALSE 时返回的值。如果参数 logical_test 的结果为 FALSE 且省略参数 value_if_false，那么 IF 函数将返回 FALSE 而不是 0，但如果保留参数 value_if_false 的逗号分隔符，即参数 value_if_false 为空，IF 函数将返回 0 而不是 FALSE，如 IF(A1=10,"等于",)，即在参数 value_if_true 后保留一个逗号。

应用范例 根据条件评定员工业绩

例如，某公司在年底做了一份员工业绩表，需要根据该表对员工业绩进行评定，判定的标准为全年业绩大于 35000，则评为优秀，否则将被评为一般。

此时可在 E2 单元格内输入公式：
=IF(B2>35000,"优秀","一般")

向下填充，对员工的业绩评定如下。

注意事项：

IF 函数最多可以嵌套 64 层，这样可以创建判断条件复杂的公式。但是在需要测试多个条件的情况下，为了使公式更简洁，一般使用 CHOOSE 或 LOOKUP 函数来代替 IF 函数。

函数 7	IFERROR	
	根据公式结果返回不同内容	

函数功能： IFERROR 函数用于检测公式的计算结果是否为错误值，如果公式的计算结果错误，将返回指定的值；否则返回公式的结果。

函数格式：IFERROR (value, value_if_error)
参数说明：
- value（必选）：检查是否存在错误的参数。
- value_if_error（必选）：公式的计算结果为错误时要返回的值。计算得到的错误类型有#N/A、#VALUE!、#REF!、#DIV/0!、#NUM!、#NAME?和#NULL!。

应用范例 根据客户编号查找客户所属

如下图所示，某用户在编辑一份文件时，需要在D6单元格中使用公式，该公式显示为根据D4单元格内输入的ID号查询客户名称,当ID号不在A列数据中时，单元格D6中出现"#N/A"错误，希望将该返回值更改为"未找到"。

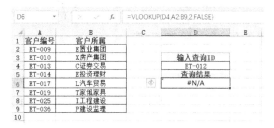

此时可以使用IFERROR函数屏蔽错误值，在D6单元格内输入公式：
=IFERROR(VLOOKUP(D4,A2:B9,2,FALSE),"未找到")

按"Enter"键，该函数将根据单元格D4中的编号提取对应的客户所属，如果输入的编号不在数据区域范围内，查询结果将显示"未找到"。

💡**提示**
关于范例中VLOOKUP函数的语法与使用，请参考之后的章节。

注意事项：
- 如果value或value_if_error是空单元格,则IFERROR将其视为空字符串值("")。
- 如果value中使用了数组公式，则IFERROR为value中指定区域的每个单元格都返回一个结果数组。

第3章 文本函数

文本函数是指通过函数，可以在公式中处理文字串，如改变大小写或确定文字串的长度、返回指定字符、将日期插入文字串或连接在文字串上等操作。本节将主要介绍文本函数在相关案例中的运用。

本章导读

- 返回字符或字符编码
- 返回文本内容
- 合并文本
- 转换文本格式
- 查找与替换文本
- 删除文本中的字符

3.1 返回字符或字符编码

函数 1	CHAR
	返回与数值序号对应的字符

函数功能：用于返回与 ANSI 字符编码对应的字符。

函数格式：CHAR(number)

参数说明：number（必选）：介于 1～255 的、用于指定所需字符的数字（ANSI 字符编码），如果包含小数，则截尾取整，即只保留整数参加计算。

应用范例 返回数字对应的字符代码

例如，某员工在编辑一项数据时，需要将数字转换为字符代码，此时可以通过 CHAR 函数来实现，在 B2 单元格中输入公式：

=CHAR(A2)

按"Enter"键，并向下填充，即可得到数字对应的字符代码。

💡 提示

计算机中的每个字符都有与其相对应的编码。例如，大写字母 A 的编码为 65，空格的编码为 32。用户可以通过编码来输入实际的字母、数字及其他字符，只要输入某个字符对应的编码即可得到该字符。这些字符的集合称为 ANSI 字符集，而每个字符对应的编码称为 ANSI 字符编码。

函数 2	CODE
	返回与字符对应的数值序号

函数功能：用于返回文本字符串中第一个字符的数字代码，返回的代码对应计算机当前使用的字符集。

函数格式：CODE(text)

参数说明：text（必选）：要得到其第一个字符的文本。

应用范例　返回字符代码对应的数字

例如，某员工在编辑一项数据时，需要将字符代码转换为数字，此时可以通过 CODE 函数来实现，在 B2 单元格中输入公式：

=CODE(A2)

按"Enter"键，并向下填充，即可得到其他字符代码对应的数字。

	A	B	C	D	E	F	G
1	字符代码	数字	字符代码	数字	字符代码	数字	
2	{	123	after	97	重庆	55000	
3	[	91	word	119	诺基亚	50613	
4	}	125	one	111	蓝翔	49334	
5	*	42	cute	99	学术	53671	

3.2 返回文本内容

函数 3	LEFT
	从一个字符串的第一个字符开始返回指定个数字符

函数功能：用于返回从文本左侧起提取指定个数的字符。不区分全角和半角字符，句号或逗号、空格作为一个字符。

函数格式：LEFT(text, unm_chars)

参数说明：

- text（必选）：包含要提取的文本字符串，除了文本以外，该参数可以是数字单元格引用及数组。
- unm_chars（可选）：表示要提取的字符个数。

应用范例　从商品名左端开始提取指定个数的字符

例如，某员工通过市场调查，整理出市面上销售量较好的大米种类后，需要根据商品名统计出所有商品的销售产地，此时可以使用 LEFT 函数。

在 D2 单元格中输入公式：

=LEFT(B2,2)

按"Enter"键并将结果向下填充即可显示出产地名称。公式的含义为，提取前 2 个字符，表示商品产地。

从排列有序、长度相等的文本字符串中提取指定字符数的字符时，使用比较简单。但是由于商品的名称不同，字符串的长度也不同，如果固定提取字数则不能得到正确的产地名称。如上例的 D5 单元格，因固定提取字符个数为 2，所以只能提取产地的前两个字，以至于产地不完整。

在 E2 单元格内输入公式：

=FIND(" ",B2)

按"Enter"键即可得出结果，拖动并向下填充。该公式含义为在 E2 单元格内求 B2 单元格的全角空格" "的字符位置。

在 D2 单元格内输入公式：

=LEFT(B2,E2-1)

按"Enter"键即可得出结果，拖动并向下填充。此时可以看到 D5 单元格信息被正确提取。该公式含义为，求基于 FIND 函数结果的字符个数，并提取到 D 列中。

> **提示**
> 关于 FIND 函数的使用方法请查阅之后章节。

注意事项：

参数 unm_chars 必须大于或等于 0，如果小于 0 将会返回错误值"#VALUE!"。

当参数 unm_chars 大于或等于 0 时，返回值有以下几种情况。

◆ 如果参数 unm_chars 大于 0，LEFT 函数会根据其值提取指定个数的字符。

- 如果参数 unm_chars 等于 0，LEFT 函数将返回空文本。
- 如果参数 unm_chars 省略，则默认提取指定个数字符。
- 如果参数 unm_chars 大于文本总体长度，则 LEFT 函数将返回全部文本。

函数 4	LEFTB
	从文本左侧起提取指定字节数字符

函数功能：LEFTB 函数的功能与 LEFT 函数相同，只不过 LEFTB 函数是从一个文本字符串的第一个字符开始返回指定字节数的字符。全角字符为 2 字节，半角字符为 1 字节，句号、逗号和空格也计算在内。

函数格式：LEFTB(text, num_bytes)

参数说明：

- text（必选）：表示要从中提取 1 字节或多字节的文本。该参数可以是文本、数字、单元格引用及数组。
- num_bytes（可选）：表示要提取的字符数，以字节为计算单位。

应用范例 从商品 ID 左端开始提取指定字节数字符

例如，某员工在年底整理出公司一年的销售情况，为了更好地确认销售情况，需要对商品进行一个简单的分类，此时可以使用 LEFTB 函数。

在 B3 单元格中输入公式：

=LEFTB(A3,2)

按"Enter"键并将结果向下填充，即可显示出产地名称。公式的含义为，提取前 2 个字母，表示商品的大分类。

	A	B	C	D	E	F
2	商品ID	大分类		记号	名称	
3	KM-852	KM		C	WT	
4	CA-123	CA		R	AF	
5	TO-458	TO		T	YUM	
6	CH-368	CH				
7						

从上例中可以看出，从排列有序、长度相等的文本中提取相同字符数的字符时，使用 LEFTB 函数比较方便，提取各种不同长度的文本字符时，还可以组合使用 LEFTB 函数和 FINDB 函数来提取字符数。

例如，在 C3 单元格中输入公式：

=FINDB("-",A3)

按"Enter"键并将结果向下填充，即可用字节单位求出 A 列中半角"-"的字符位置。

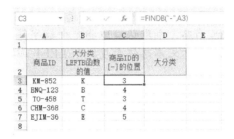

在 D3 单元格中输入公式：

=LEFTB(A3,C3-1)

按"Enter"键并将结果向下填充，即可基于 C 列单元格中的结果，利用字节单位提取出准确的大分类结果。

注意事项：

参数 num_bytes 必须大于或等于 0，如果小于 0 将会返回错误值"#VALUE！"。当参数 unm_bytes 大于或等于 0 时，返回值有以下几种情况。

◆ 如果参数 num_bytes 大于 0，函数会根据其值提取指定字节的字符。
◆ 如果参数 num_bytes 等于 0，函数将返回空文本。
◆ 如果参数 num_bytes 省略，则默认值为 2。
◆ 如果参数 unm_bytes 大于文本总体长度，函数将返回全部文本。

函数 5	LEN
	计算文本中字符的个数

函数功能： 用于返回文本字符串中的字符数。

函数格式： LEN(text)

参数说明： text（必选）：表示要计算长度的文本。该参数可以是文本、数字、单元格引用及数组。

应用范例 计算数值的位数

例如，在 B3 单元格中输入公式：

=LEN(A3)*2-LENB(A3)

按"Enter"键并将结果向下填充,即可得出 A 列中相应单元格所包含的数字个数。

公式含义为,先用 LENB 函数计算单元格的总长度(一个汉字为 2 字节,而数字则为 1 字节),然后再用 LEN 函数计算单元格总长度,LEN 函数对应汉字或数字都是按 1 字节计算的,因此将 LEN 函数结果乘以 2,再减去 LENB 函数的计算结果,即可得出数字位数。

如果要计算单元格中包含的汉字个数,可以输入公式:
=LENB(A3)-LEN(A3)

按"Enter"键并将结果向下填充即可。

| 函数 6 | LENB 计算文本中字符的字节数 | |

函数功能:用于返回字符串的字节数。
函数格式:LENB(text)
参数说明:text(必选):表示从中提取字符的文本。该参数可以是文本、数字、单元格引用及数组。

应用范例 | 返回字符串的字节数

例如,下图中 C 列为商品名称,现在需要统计 C 列单元格中字符的字节数,并将结果显示在对应的 D 列单元格中,此时可以在 D2 单元格内输入公式:
=LENB(C2)

按"Enter"键并将结果向下填充即可。该公式含义为,求 C2 单元格内字符的字节数。

D2			fx	=LENB(C2)	
	A	B	C	D	E
1	商品ID	产地	名称	名称字符数	
2	R1SKU	湖北	湖北 ki5632-白米	16	
3	T2JUW	河南	原阳大米	13	
4	B2JIS	天津	天津 小站米	11	
5	M7UIY	黑龙江	黑龙江 东北大米	15	
6					

注意事项：

◆ 当单元格内的字符串包含半角字符时，作为 1 字节计算。

◆ 单元格内的换行符作为 1 字节计算，当单元格内的字符串被转换为多行时，LENB 函数的返回值为"字节数+行数-1"。

函数 7　MID　**从文本指定位置起提取指定个数的字符**

函数功能： 根据给出的开始位置和长度，从文本字符串的中间返回字符串。

函数格式： MID(text, start_num, num_chars)

参数说明：

◆ text（必选）：从中提取字符的文本字符串或包含文本的列。

◆ start_num（必选）：表示要提取的第一个字符的位置。文本中第一个字符的参数为 1，依次类推。

◆ num_chars（必选）：表示要从第一个字符位置开始提取字符的个数。

应用范例　提取产品的类别编码

例如，下图中 A 列为产品编码，B 列为产品名称，在产品编码中包含了产品的类别编码和序号，某员工需要将 A 列产品中的类别编码分离出来，此时可以使用 MID 函数。

在 C2 单元格中输入公式：

=MID(A2,1,3)

按"Enter"键并将结果向下填充，即可提取出 A 列单元格中的类别编码。公式含义为，从 A2 单元格中第 1 个字符开始提取 3 个字符，并表示在类别编码下。

C2			fx	=MID(A2,1,3)	
	A	B	C	D	
1	产品编码	产品名称	类别编码		
2	Wea0125	Wea薄荷面膜200g	Wea		
3	Wea0095	Wea葡萄面膜200g	Wea		
4	BNi1213	碧南多爽肤水	BNi		
5	BNi1014	碧南多防晒霜	BNi		
6	BWi1005	碧维面膜2片	BWi		
7	WTM1312	水之美美白乳液	WTM		
8	ICE1303	冰情美白隔离霜	ICE		
9	MXL1314	曼秀绝配无暇粉底	MXL		
10					

注意事项：
- 如果参数 start_num 小于 0，函数将返回错误值"#VALUE!"。
- 如果参数 start_num 小于 1，函数将返回错误值"#VALUE!"。
- 如果参数 start_num 大于文本总体长度，函数将返回空文本。

函数 8	MIDB 从文本指定位置起提取指定字节数的字符	

函数功能： 用于返回文本字符串中从指定位置开始的特定数目的字符，只不过是按字节来计算的，即全角字符为 2 字节，半角字符为 1 字节，汉字为 2 字节。

函数格式： MIDB(text, start_num, num_bytes)

参数说明：
- text（必选）：从中提取字符的文本字符串或包含文本的列，该参数可以是文本、数字、单元格引用及数组。
- start_num（必选）：表示要提取的第一个字符的位置。位置从 1 开始。
- num_bytes（必选）：表示要从第一个字符位置开始提取字符的数量，按字节计算。

应用范例 提取获奖人员姓名

例如，某员工在公司年会后得到一份各个部门的获奖人员名单，如下图所示，A 列单元格中同时包含了部门名称和人员姓名，中间以冒号分隔。该员工需要将 A 列中获奖的人员姓名完整提取到相应的 B 列中，此时可以将 MIDB 函数、LEN 函数和 FIND 函数配合使用。

在 B2 单元格中输入公式：
=MIDB(A2,FIND("：",A2)*2,LEN(A2))

按"Enter"键并将结果向下填充。公式含义为，由于部门与人员姓名之间以冒号相隔，因此先使用 FIND 函数查找冒号位置，找到后乘以 2 即为人员姓名第一个汉字位置（1 个汉字为 2 字节）。然后使用 MIDB 函数以此位置开始提取姓名。由于姓名的汉字个数不固定，因此直接使用 LEN 函数计算出 A 列单元格的长度，并作为 MIDB 函数提取字符的数量，这样就能提取冒号后的所有汉字了。

注意事项：
- 如果参数 start_num 是负数，函数将返回错误值"#VALUE!"。
- 如果参数 start_num 小于 1，函数将返回错误值"#VALUE!"。
- 如果参数 start_num 大于文本总体长度，函数将返回空文本。

函数 9	RIGHT 从文本右侧起提取指定个数的字符	

函数功能： 根据所指定的字符数返回文本字符串中最后一个或多个字符。

函数格式： RIGHT(text, [num_chars])

参数说明：
- text（必选）：表示从中提取 1 个或多个字符的文本字符串，该参数可以是文本、数字、单元格及数组。
- num_chars（可选）：表示需要提取字符的个数。

应用范例 提取人员姓名

例如，下图中 A 列为分部的地点与负责人，现在需要将其中的人员姓名提取出来。在 C2 单元格内输入公式：

=RIGHT(A2,LEN(A2)-FIND("-",A2))

按"Enter"键并将结果向下填充，即可得出相应的负责人信息。

因为人员姓名并未固定，无法直接使用 RIGHT 函数从右侧提取，但是因为 A 列中的分部地区和人名之间由一个"-"连接符连接，因此可以先使用 FIND 函数查找连接符的位置，再用 LEN 函数计算出分部地区和负责人的总长度，减去查找到的连接符的位置，即可得到人员姓名的长度，最后再用 RIGHT 函数进行提取。

注意事项：
- 如果参数 num_chars 是负数，函数将返回错误值"#VALUE!"。
- 如果参数 num_chars 为 0，函数将返回空文本。
- 如果参数 num_chars 大于文本总体长度，函数将返回所有文本。
- 如果参数 num_chars 省略，函数将返回空文本。

函数 10 RIGHTB
从文本右侧起提取指定字节数的字符

函数功能：用于从文本字符串的最后一个字符开始返回指定字节数的字符。全角字符是 2 字节，半角字符是 1 字节，句号、逗号、空格也包括在内。

函数格式：RIGHTB(text, [num_bytes])

参数说明：

- text（必选）：表示从中提取 1 个或多个字符的文本字符串，该参数可以是文本、数字、单元格及数组。
- num_bytes（可选）：表示要提取的字符的字节数。

应用范例 | 提取联系人公司名称

例如，下图中 A 列为参会的地点与公司名称，现在在 C2 单元格内输入公式：
=RIGHTB(A2,LENB(A2)-FINDB("-",A2))

按"Enter"键并将结果向下填充，即可得出相应的公司信息。

由于公司名称字数并未固定，无法直接使用 RIGHTB 函数从右侧提取，但是因为 A 列中的参会地点与公司名称之间由一个"-"连接符连接，因此可以先使用 FINDB 函数查找连接符的位置，再用 LENB 函数计算出参会地点与公司名称的总长度，减去查找到的连接符的位置，即可得到公司名称的长度，最后再用 RIGHTB 函数进行提取。

	A	B	C	D	E
1	地区-公司	参会人数	参会公司名称		
2	重庆-澄西	12	澄西		
3	上海-天启	10	天启		
4	北京-万发	13	万发		
5	南京-博艾广业	15	博艾广业		
6	成都-奈实	16	奈实		
7	广西-连和	20	连和		
8	广东-欧缇	19	欧缇		
9	天津-万石金业	10	万石金业		
10	湖北-茂业	16	茂业		
11	河南-楠旻	9	楠旻		
12					

注意事项：

参数 num_bytes 必须大于或等于 0，如果参数小于 0，函数将返回错误值"#VALUE!"。

- 如果参数 num_bytes 为 0，函数将返回空文本。
- 如果参数 num_bytes 大于 0，函数将根据其值提取指定字节数的字符。
- 如果参数 num_bytes 大于文本总体长度，函数将返回所有文本。
- 如果参数 num_bytes 省略，默认值为 2。

函数 11	REPT
	生成重复的字符

函数功能：按照给定次数重复显示文本。

函数格式：REPT(text, number_times)

参数说明：

◆ text（必选）：表示需要重复显示的文本。

◆ number_times（必选）：指定重复显示文本的次数，如果指定次数是小数，将被截尾取整。

应用范例 评定销售量级别

例如，某公司年底分发年终奖，年终奖分为多个级别，这些级别是根据员工一年内销售业绩的星级来判定的，此时可以使用 REPT 函数来判定营业成绩。

在 C3 单元格内输入公式：

=REPT("★",B3)

按"Enter"键并将结果向下填充，即可得出相应的营业成绩。公式含义为，重复显示指定次数的★，其中小数位数截尾取整。

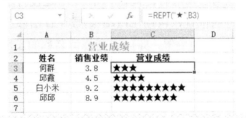

注意事项：

◆ 如果参数 number_times 为 0，函数将返回空文本。

◆ 函数结果的字符个数只能在 0~32767 之间，否则将返回错误值"#VALUE!"。

3.3 合并文本

函数 12	CONCATENATE
	将多个文本合并到一处

函数功能：用于将两个或多个文本合并为一个整体。

函数格式：CONCATENATE(text1, [text2], ...)

参数说明：

◆ text1（必选）：表示要合并的第一个文本项，该参数还可以是数字或单元格引用。
- text2, ...（可选）：表示其他文本项，最多为255项，项与项之间必须用逗号隔开，该参数还可以是数字或单元格引用。

应用范例 合并电话区号与号码

例如，把电话区号与号码分开输入的电话号码合并为一个，此时可以使用 CONCATENATE 函数。在 C2 单元格输入公式：
=CONCATENATE(A2,"-",B2)

按"Enter"键并将结果向下填充即可。公式含义为，从 A2 开始将电话区号和号码按顺序合并为一个整体。

	A	B	C
1	区号	号码	电话号码
2	0151	26553654	0151-26553654
3	0152	56442315	0152-56442315
4	010	45863216	010-45863216
5	023	45215632	023-45215632
6	0505	26536484	0505-26536484
7	0800	45632165	0800-45632165

另外，使用连接符号（&）可代替 CONCATENATE 函数来连接文本项。例如，=A2&"-"&B2 与=CONCATENATE(A2,"-",B2)返回相同的值。

	A	B	C
1	区号	号码	电话号码
2	0151	26553654	0151-26553654
3	0152	56442315	0152-56442315
4	010	45863216	010-45863216
5	023	45215632	023-45215632
6	0505	26536484	0505-26536484
7	0800	45632165	0800-45632165

3.4 转换文本格式

函数 13 ASC
将全角字符转换为半角字符

函数功能：用于将公式中的全角字符转换为半角字符。
函数格式：ASC(text)
参数说明：text（必选）：表示要转换的文本。

应用范例 将全角字符转换为半角字符

例如,某员工在登记商品编号时,商品名称录成了全角字符,此时需要将该商品名称转换为半角字符,可以在 D2 单元格内输入公式:

=ASC(C2)

按"Enter"键并将结果向下填充,即可显示出字符转换后的结果。

提示
全角字符和半角字符混合时,函数只转换全角字符,半角字符或汉字将按原样表示。

函数 14	WIDECHAR	
	将半角字符转换为全角字符	

函数功能: 用于将半角字符转换为全角字符。
函数格式: WIDECHAR(text)
参数说明: text(必选):需要转换成全角字符的文本。

应用范例 计算全角、半角混合文本中汉字的个数

例如,下图中 A 列包含汉字、全角和半角英文字母,需要计算出 A 列相应的汉字个数,此时可以在 B2 单元格内输入公式:

=LEN(A2)-(LENB(WIDECHAR(A2))-LENB(ASC(A2)))

按"Enter"键并将结果向下填充,即可得出相应的汉字个数。

第 3 章 文本函数

> **提示**
>
> 公式含义为，先使用(LENB(WIDECHAR(A2))计算出 A2 单元格内处于全角字符的字节数，然后再使用 LENB(ASC(A2))计算出单元格内半角字符的字节数，将这两个结果相减，即可得到单元格内英文字符的数量。最后再用单元格总长度减去英文字符数量，即可得到汉字字符数。

函数 15　BAHTTEXT　将数字转换为泰语文本

函数功能：用于将数字转换为泰语文本并添加后缀"泰铢"。
函数格式：BAHTTEXT(number)
参数说明：number（必选）：表示要转换成泰语文本的数字。

应用范例　将数字转换为泰语文本

例如，某公司在做对外贸易时，需要将各商品的价格转换为泰铢格式，此时可以使用 BAHTTEXT 函数。

在 C2 单元格中输入公式：
=BAHTTEXT(B2)

按"Enter"键并将结果向下填充，即可将 B 列单元格中的数字转换为泰铢格式。

	A	B	C	D
1	商品	价格	泰铢格式	
2	A	30.6	สามสิบบาทหกสิบสตางค์	
3	B	20.5	ยี่สิบบาทห้าสิบสตางค์	
4	C	55.2	ห้าสิบห้าบาทยี่สิบสตางค์	
5	D	15.3	สิบห้าบาทสามสิบสตางค์	
6	E	45.7	สี่สิบห้าบาทเจ็ดสิบสตางค์	
7				

注意事项：
◆ 参数 number 的值必须是数字，否则函数将返回错误值"#VALUE!"。
◆ 参数 number 的值既可以直接引用数字，也可以指定单元格。
◆ 参数引用的单元格可以为空白单元格，但是直接引用的数字不能为空。

函数 16　DOLLAR　将数字转换为带美元符号（$）的文本

函数功能：根据货币格式，将数字转换成指定的文本格式，并应用货币格式，其中函数的名称及其应用的货币符号取决于操作系统中的语言设置。使用的格式是：

($#,##0.00_)或($#,##0.00)。

函数格式：DOLLAR(number, [decimals])

参数说明：

- number（必选）：表示需要转换的数字。该参数可以是数字，也可以是指定的单元格。
- decimals（可选）：表示以十进制数表示的小数位数。如果省略该参数，则表示保留两位小数；如果参数为负数，则表示在小数点左侧进行四舍五入。

应用范例 出口商品价格转换

例如，下图中 A 列为商品名称，B 列为商品在本地的单独销售价格，需要将其转换成以美元标价的出口商品，此时可以在 C2 单元格中输入公式：
=DOLLAR(B2/6.83,2)

按"Enter"键并将结果向下填充，即可将 B 列单元格中的数值转换为美元格式。

	A	B	C	D
1	商品名称	本地单价（元）	出口单价（美元）	
2	C类玉米	6	$0.88	
3	Y类玉米	4	$0.59	
4	K类玉米	8	$1.17	
5	G类小麦	5.3	$0.78	
6	Q类小麦	5	$0.73	
7	N类小麦	6.5	$0.95	
8				

提示

在出口商品价格转换中，DOLLAR 函数使用十分广泛。

注意事项：

- 参数 number 的值必须是数字，否则函数将返回错误值"#VALUE!"。
- 通过设置单元格的数字格式设置的价格为数字形式，而通过函数 DOLLAR 设置的价格为文本形式。

函数 17 RMB 将数字转换为带人民币符号（¥）的文本

函数功能：用于根据货币格式，将数字转换成指定小数位数的文本，并应用货币格式。该函数使用的格式为：(¥#,##0.00_)或(¥#,##0.00)。

函数格式：RMB(number, [decimals])

参数说明：

- number（必选）：表示需要转换成人民币格式的数字。该参数可以是具体的数字，也可以为指定的单元格。
- decimals（可选）：表示以十进制数表示的小数位数。

应用范例 为产品价格添加货币符号

例如，下图中 A 列为商品名称，B 列为商品的出口单价，需要根据 B 列商品的出口单价估算其在本地的销售单价，此时可以使用 RMB 函数。

在 C2 单元格内输入公式：
=RMB(B2*6.83,2)

按"Enter"键并将结果向下填充，即可将 B 列单元格中的数值转换为人民币格式。

商品名称	出口单价（美元）	本地单价（元）
C类玉米	$0.88	¥6.01
Y类玉米	$0.59	¥4.03
K类玉米	$1.17	¥7.99
G类小麦	$0.78	¥5.33
Q类小麦	$0.73	¥4.99
N类小麦	$0.95	¥6.49

注意事项：
- 参数 number 的值必须是数字，否则函数将返回错误值"#VALUE!"。
- 参数所引用的单元格可为空白单元格，但是直接引用的数字不能为空。

函数 18　NUMBERSTRING　将数值转换为大写汉字

函数功能：用于将数值转换为中文大写汉字，可以展现三种不同的大写方式。此函数仅支持正整数，不支持有小数的数字。

函数格式：NUMBERSTRING(value, type)

参数说明：
- value（必选）：表示需要转换为大写汉字的数值。
- type（必选）：表示返回结果的类型，有三个参数（1、2、3）可以选择，分别符合不同的大写方式。例如，当函数公式为 NUMBERSTRING (123,1)时，返回值为"一百二十三"；当函数公式为 NUMBERSTRING (123,2)时，返回值为"壹佰贰拾叁"；当函数公式为 NUMBERSTRING (123,3)时，返回值为"一二三"。

应用范例　将销售金额转换为大写汉字形式

例如，某出版社统计部分图书从开始销售到现在的总销量，并计算出总的销售金额，现在需要将该销售金额转换为大写汉字形式，可以在 D2 单元格内输入公式：
=NUMBERSTRING(C2,2)

按"Enter"键并将结果向下填充，即可将 C 列单元格中的数值转换为大写汉字形格式。

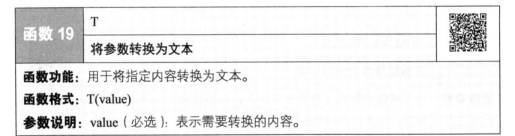

注意事项：

◆ 在该函数中，所有参数都必须为数值（数字、文本格式的数字或逻辑值），如果参数为文本将返回错误值"#VALUE！"。
◆ 如果参数 type 省略，函数也将返回错误值"#VALUE！"。
◆ NUMBERSTRING 为隐藏函数，所以在使用该函数时只能手工输入。

函数 19	T
	将参数转换为文本

函数功能： 用于将指定内容转换为文本。
函数格式： T(value)
参数说明： value（必选）：表示需要转换的内容。

应用范例　为公式添加文字说明

例如，某员工需要为计算后的数据补充文字说明，但是仅仅希望在函数框中看到当前单元格对公式含义的文字说明，在单元格中并不显示这些信息，此时可以使用 T 函数。

在 C2 单元格中输入公式：
=RMB(B2*6.83,2)&T(N("将美元转换为人民币"))

按"Enter"键并将结果向下填充，即可在函数框中添加文字说明。公式含义为，将公式的文字说明部分用 N 参数过滤，且值返回 0，然后外套 T 函数，对所有的数字进行过滤，最后使用连字符&与 RMB 函数相连。

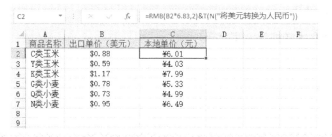

注意事项：
◆ 如果参数 value 为文本或引用文本，则函数返回原来的值。
◆ 在公式中 T 函数并不常用，因为 Excel 可自动根据需要转换数值的类型，该函数用于与其他电子表格程序的兼容。

函数 20	LOWER
	将文本转换为小写字母

函数功能： 用于将文本字符串中的大写字母转换为小写字母。
函数格式： LOWER(text)
参数说明： text（必选）：表示需要转换为小写字母的文本字符串。

应用范例　将英文大写字母转换为小写字母

例如，某企业登录系统只能接收小写字母密码，因此对于用户输入的所有密码都需要将其转换为小写字母，此时可以使用 LOWER 函数。

在单元格 B2 中输入公式：
=LOWER(A2)

按"Enter"键并将结果向下填充，即可将单元格的密码转换为小写字母形式。

注意事项：
◆ LOWER 函数只能转换一个单元格的文本字符串，不能转换单元格区域。
◆ LOWER 函数只能转换英文字符，不能转换数字等非英文字符。

◆ 如范例所示，LOWER 函数只能转换半角英文字符，不能转换全角英文字符。

函数 21	UPPER
	将文本转换为大写字母

函数功能： 用于将文本字符串中的小写字母转换为大写字母。
函数格式： UPPER（text）
参数说明： text（必选）：表示需要转换为大写字母的文本字符串。

应用范例 将英文首字母转换为大写字母

例如，下图中 A 列含有混合文本，现在需要将每个单元格中文本的首字母改为大写字母，其他保持不变，此时可以使用 UPPER 函数。

在单元格 B1 中输入公式：
=UPPER(LEFT(A1,1))&LOWER(RIGHT(A1,LEN(A1)-1))

按"Enter"键并将结果向下填充即可。

公式含义为，先用 UPPER 函数将单元格中的第一个字符转换为大写，然后再用 LOWER 函数将单元格另外的字符转换为小写，最后合并两部分。

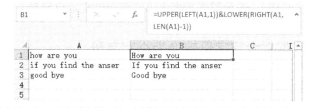

注意事项：
◆ UPPER 函数只能转换一个单元格的文本字符串，不能转换单元格区域。
◆ UPPER 函数只能转换英文字符，不能转换数字及非英文字符。

函数 22	PROPER
	将文本中每个单词的首字母转换为大写字母

函数功能： 用于将文本字符串中每个英文单词的第一个字母改为大写，而将其他字母改为小写。
函数格式： PROPER(text)
参数说明： text（必选）：表示需要转换字母大小写的文本。

应用范例 将英文短语中各单词首字母转换为大写字母

例如，下图中 A 列为员工中文姓名，B 列为与之对应的小写拼音姓名，此时需要将员工的拼音姓名转换为首字母大写的形式。

在 C2 单元格中输入公式：
=PROPER(B2)

按"Enter"键并将结果向下填充，即可将 C 列单元格内容转换为首字母大写。

注意事项：
◆ PROPER 函数不能转换单元格区域的文本，只能转换单个单元格的文本。
◆ PROPER 函数只能转换英文字母的字符，转换后的文本不区分全角和半角。

函数 23	VALUE
	将文本格式的数字转换为普通数字

函数功能： 用于将单元格中文本格式的数字转换为普通数字格式。
函数格式： VALUE(text)
参数说明： text（必选）：需要转换为普通数字格式的文本。

应用范例 计算商品销量

例如，某店面统计出当月几种商品的总销售额和商品单价，现在需要根据这些已知数据计算出商品的销量。

在 D2 单元格中输入公式：
=VALUE(B2)/C2

按"Enter"键计算第一种商品的销量，然后利用自动填充功能，计算其他商品的销量。

注意事项：

◆ VALUE 函数把文本转换成普通数字格式后，即可正常参与计算。

◆ 参数 text 可以是任意常数、日期格式，否则将返回错误值"#VALUE!"。

函数 24	TEXT
	多样化格式设置函数

函数功能：用于将单元格中的数值转换成指定格式显示的文本，因为转换后的数值是文本，因此不能作为数字参加计算。

函数格式：TEXT(value, format_text)

参数说明：

◆ value（必选）：表示要设置格式的数值，该参数可以是具体的数字或指定单元格。

◆ format_text（必选）：表示转换后的文本字符串中的数值格式。数值格式的取值在"设置单元格格式"对话框中的"数字"选项卡中进行设置。

应用范例 更改工资格式

例如，某公司统计了员工 11 月份的工资，现需要将其转换为货币数字格式，此时可以使用 TEXT 函数。

在 C2 单元格中输入公式：

=TEXT(B2,"¥#0.00")

按"Enter"键并将结果向下填充，即可将 B 列中的数值转换为货币类型的数字格式，并显示在相应的 C 列单元格中。

注意事项：
- 使用 TEXT 函数与使用"设置数字格式"对话框设置数字格式的效果是一样的，只不过使用 TEXT 函数无法为单元格内容设置字体颜色。
- 通过"设置数字格式"对话框设置单元格格式，单元格中仍为数字；而通过 TEXT 函数设置的数字将转换为文本格式。

函数 25　FIXED
将数字按指定的小数位数取整

函数功能： 用于将数值按指定的小数位数四舍五入，利用句号和逗号，以小数格式对数值进行格式设置，并以文本形式返回。

函数格式： FIXED(number, [decimals], [no_commas])

参数说明：
- number（必选）：表示需要四舍五入的数值，该参数可以是具体的数字，也可以是指定单元格。
- decimals（可选）：表示以十进制数表示的小数位数。
- no_commas（可选）：逻辑值。值为 TRUE 时，表示函数返回的结果中不包含千分位分隔符；值为 FALSE 或省略时，表示函数返回的结果中可以包含千分位分隔符。

应用范例　按指定小数位数取整

例如，下图中需要对 A 列中的小数位数根据需要取整，此时可以通过 FIXED 函数实现。

在 B2 单元格中输入公式：
=FIXED(A2,2)

按"Enter"键，即可显示将数值四舍五入到小数点右边第 2 位的结果。

在 B3 单元格中输入公式：
=FIXED(A3,-2)

按"Enter"键，即可显示将数值四舍五入到小数点左边第 2 位的结果。

选中 B4 单元格，输入公式：
=FIXED(A4,2,TRUE)

按"Enter"键，将数值四舍五入到小数点右边第 2 位，且所显示结果不含逗号。

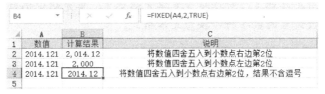

注意事项：
- 如果省略 decimals 参数，则表示保留两位小数。
- 如果参数 decimals 为负数，则表示在小数点左侧进行四舍五入计算。
- 参数 number 的值必须是数字，否则函数将返回错误值"#VALUE!"。
- 参数 number 的数字个数不能超过 15 个，否则会出现转换错误。

3.5 查找与替换文本

函数 26	EXACT
	比较两个文本是否相同

函数功能： 用于比较两个字符串是否完全相同，如果完全相同则返回 TRUE；如果不同则返回 FALSE。

函数格式： EXACT(text1, text2)

参数说明：
- text1（必选）：表示需要比较的第一个文本字符串。使用函数时，该参数可以直接输入字符串，也可以指定单元格。
- Text2（必选）：表示需要比较的第二个文本字符串。使用函数时，该参数可以直接输入字符串，也可以指定单元格。

应用范例 核对数据录入是否正确

例如，下图中 A 列为原始数据，B 列为人工录入的数据，某员工需要核对录入的数据是否与原始数据相同，此时可以将 EXACT 函数和 IF 函数配合使用。

在 C2 单元格中输入公式：
=IF(EXACT(A2,B2),"正确","有误")

按"Enter"键并将结果向下填充，即可检测 A 列和 B 列单元格中的数据是否相同，如果完全相同则显示"正确"，否则显示"有误"。

注意事项：

EXCAT 函数区分字符的大小写，即如果两个相同的字符一个是大写、一个是小写，函数结果也会返回 FALSE。

函数 27	FIND	
	以字符为单位、并区分字母大小写查找指定字符的位置	

函数功能： 用于查找一个文本字符串在另一个文本字符串中第一次出现的位置。根据查找出的位置符号，可以对该字符串进行修改、删除等操作。

函数格式： FIND(find_text, within_text, [start_num])

参数说明：
- find_text（必选）：表示要查找的文本。
- within_text（必选）：表示要查找文本的文本字符串。
- start_num（可选）：文本第一次出现的起始位置。

应用范例 判断员工所属部门

例如，下图中某公司统计出员工的部门编号信息和销量信息，需要根据部门编号判断出员工所属部门，若编号第一个字母为 A 则为 A 部门，编号第一个字母为 B 则为 B 部门。此时可以将 IF 函数、FIND 函数和 ISNUMBER 函数配合使用。

在 C2 单元格中输入公式：
=IF(ISNUMBER(FIND("A",A2)),"A 部门","B 部门")

按"Enter"键并将结果向下填充即可。

公式含义为，判断员工所属部门的编号中是否含有字母 A，即使用 FIND 函数查找 A，如果找不到则返回错误值，因为 FIND 函数外套 ISNUMBER 函数，如果 FIND 函数返回错误值，那么(ISNUMBER(FIND()))将返回 TRUE，最外侧再根据 ISNUMBER 函数的返回值来得到"A 部门"或"B 部门"的不同结果。

注意事项：
- 如果查找不到结果，函数将返回错误值"#VALUE!"。
- 参数 start_num 可以为 0 到 within_text 字符串长度之间的任意数值。如果该参数小于 0 或大于文本总长度，都将返回错误值"#VALUE!"；省略该参数，函数默认返回值为 1。
- 使用 FIND 函数时，参数 find_text 不能使用通配符。

函数 28	FINDB	
	以字节为单位、并区分字母大小写查找指定字符的位置	

函数功能： FINDB 函数与 FIND 函数的功能基本相同，都是用于在一个文本字符串中定位另一个文本字符串，并返回该文本字符串的起始位置。只是 FIND 函数是面向单字节字符集的语言，而 FINDB 函数是面向双字节字符集的语言。

函数格式： FINDB (find_text, within_text, [start_num])

参数说明：
- find_text（必选）：表示要查找的文本。
- within_text（必选）：表示要查找文本的文本字符串。
- start_num（可选）：文本第一次出现的起始位置（以字节计算）。

应用范例 提取联系人名称

例如，某公司在年底为了激励员工，设置了年终奖项，A 列为各个部门统计出的获奖人员名单，包括所属部门及人员姓名，现在需要将获奖人员姓名单独提取到 B 列中，此时可以将 FINDB 函数、LEN 函数和 MIDB 函数配合使用。

在 B2 单元格中输入公式：
=MIDB(A2,FINDB("：",A2)+1,LEN(A2))

按"Enter"键并将结果向下填充，即可提取出获奖人员姓名。

注意事项：
- 如果查找不到结果，函数将返回错误值"#VALUE!"。
- 参数 start_num 可以为 0 到 within_text 字符串长度之间的任意数值。如果该参数小于 0 或大于文本总长度，都将返回错误值"#VALUE!"；省略该参数，函数默认返回值为 1。
- 使用 FINDB 函数时，参数 find_text 不能使用通配符。

函数 29	REPLACE	
	以字符为单位、根据指定位置进行替换	

函数功能：使用其他文本字符串并根据所指定的字符数替换某文本字符串中的部分文本。

函数格式：REPLACE(old_text, start_num, num_chars, new_text)

参数说明：
- old_text（必选）：表示要替换其部分字符的文本。
- start_num（必选）：需要替换字符的位置。
- num_chars（必选）：需要替换字符的个数。
- new_text（必选）：用于替换字符的文本。

应用范例 将手机号码后 4 位替换为特定符号

例如，某企业在举行抽奖活动时，考虑到中奖者隐私，需要屏蔽中奖手机号码的后几位数，此时可以使用 REPLACE 函数实现效果。

在 C2 单元格中输入公式：
=REPLACE(B2,8,4,"XXXX")

按"Enter"键并将结果向下填充，即可将指定数字替换为特定符号。公式含义为，将 B2 单元格中文本字符串从左向右数的第 8 个字符开始的文本替换为"XXXX"。

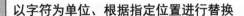

注意事项：
- 使用 REPLACE 函数时，参数 start_num 和 num_chars 必须是大于 0 的数字，否则函数将返回错误值"#VALUE!"。
- 如果参数 num_chars 忽略，则相当于在参数 start_num 字符处插入新的字符。
- 在实际应用中，如升级电话号码、身份证号码时，REPLACE 函数十分实用。

函数 30	REPLACEB
	以字节为单位、根据指定位置进行替换

函数功能：使用其他文本字符串并根据所指定的字节数替换某文本字符串中的部分文本。

函数格式：REPLACEB(old_text, start_num, num_bytes, new_text)

参数说明：
- old_text（必选）：表示要替换其部分字符的文本。
- start_num（必选）：需要替换字符的位置。
- num_bytes（必选）：需要替换字符的字节数。
- new_text（必选）：用于替换字符的文本。

应用范例 员工编号位数升级

例如，某公司在成立初期使用的员工编号数字为 5 位数，现在由于人员扩充，需要升级员工编号，此时可以使用 REPLACEB 函数将原有数字升级为 6 位。

在 C2 单元格中输入公式：
=REPLACEB(B2,5,0,8)

按"Enter"键并将结果向下填充，即可将原有员工编号的 5 位数字升级为 6 位数字。

	A	B	C
1	姓名	员工编号	升级后编号
2	汪树海	IBS-48695	IBS-848695
3	何群	IBS-89725	IBS-889725
4	邱霞	KYS-24195	KYS-824195
5	白小米	IBS-89726	IBS-889726
6	邱邱	KYS-89861	KYS-889861
7	明威	KYS-89623	KYS-889623
8	张庄	IBS-87256	IBS-887256

注意事项：
- 使用 REPLACEB 函数时，参数 start_num 和 num_bytes 必须是大于 0 的数字，等于 0 时为空值，否则函数将返回错误值"#VALUE!"。
- 如果参数 num_bytes 忽略，则相当于在参数 start_num 字符处插入新的字符。

函数 31	SEARCH
	以字符为单位、不区分字母大小写查找指定字符的位置

函数功能：从左到右，查找指定字符串在原始字符串中首次出现的位置。

函数格式：SEARCH(find_text, within_text, [start_num])

参数说明：
- find_text（必选）：要查找的文本。
- within_text（必选）：要在其中搜索参数的值的文本。
- start_num（可选）：参数中从它开始搜索的字符编号。

应用范例 查找文本中的空格符

例如，下图中 A 列为电话号码，其中区号与电话号码之间以空格相隔，现在需要计算空格在字符串中出现的初始位置。可在单元格 B2 中输入公式：
=SEARCH(" ",A2,1)

按"Enter"键并将所得结果向下填充，即可得到 A 列中字符空格所在位置。

注意事项：
- 如果找不到值，则返回错误值"#VALUE!"。
- 如果省略了 start_num 参数，则系统默认其值为 1。
- 如果参数 start_num 的值不大于 0 或大于 within_text 参数的长度，则返回错误值"#VALUE!"。
- 可以在 find_text 参数中使用通配符［包括问号（?）和星号（*）］。问号匹配任意单个字符；星号匹配任意一串字符。如果要查找实际的问号或星号，请在该字符前输入波形符（~）。

函数 32	SEARCHB
	以字节为单位、不区分字母大小写查找指定字符的位置

函数功能：用于返回指定字符串在原始字符串中首次出现的位置，返回结果按字节计算。

函数格式：SEARCHB(find_text, within_text, [start_num])

参数说明：
- find_text（必选）：要查找的文本。
- within_text（必选）：要在其中搜索参数的值的文本。
- start_num（可选）：参数中从它开始搜索的字符编号，按字节计算。

应用范例 分别计算不同商品折后价格

例如，某商场统计了 A 和 B 两个商品的销售单价，现在商品搞活动，需要将 A 商品的销售单价更改为原价格的 70%，B 商品单价保持不变，计算两种商品的实际定价。在单元格 C2 中输入公式：

=IF(ISERROR(SEARCHB("B",A2)),B2*0.7,B2)

按"Enter"键，得到 A 商品的实际定价，然后利用向下填充即可得出两种商品的实际定价。

商品	销售单价（元）	实际定价（元）
A	890	623
A	750	525
B	590	590
A	690	483
B	590	590
B	990	990
A	890	623

注意事项：
- 如果找不到值，则返回错误值"#VALUE!"。
- 如果省略了 start_num 参数，则系统默认其值为 1。
- 如果参数 start_num 的值不大于 0 或大于 within_text 参数的长度，则返回错误值"#VALUE!"。
- 可以在 find_text 参数中使用通配符［包括问号（?）和星号（*）］。问号匹配任意单个字符；星号匹配任意一串字符。如果要查找实际的问号或星号，请在该字符前输入波形符（~）。

3.6 删除文本中的字符

函数 33 | CLEAN
删除无法打印的字符

函数功能： 删除文本中不能打印的字符。不能打印的字符包括文本中 7 位 ASCII 码的前 32 个非打印字符（值为 0～31）。

函数格式： CLEAN(text)

参数说明： text（必选）：要从中删除非打印字符的文本。

应用范例 删除文本中的非打印字符

CLEAN 函数可用于删除文本中不能打印的字符，删除通常出现在数据文件头部或尾部无法打印的低级计算机代码。

例如，在下图的 B2 单元格中输入公式：
=CLEAN(A2)

按"Enter"键并将结果向下填充，即可显示更改后的结果。

函数 34	TRIM	
	删除多余的空格	

函数功能：用于删除单词之间的单个空格，或清除文本中所有的空格，以及从其他应用程序中获取的文本中带有的不规则空格。

函数格式：TRIM(text)

参数说明：text（必选）：需要删除其中空格的文本。

应用范例　删除文本中单词之间多余的空行

例如，某公司系统保存了用户的密码，现在需要判断用户输入的密码是否正确，此时可以将 TRIM 函数、EXACT 函数及 IF 函数配套使用。

在 C2 单元格中输入公式：
=IF(EXACT(A2,TRIM(B2)),"是","否")

按"Enter"键并将结果向下填充，即可显示判断结果。

第4章 财务函数

Excel 提供了许多财务函数,大体上可分为四类:投资计算函数、折旧计算函数、偿还率计算函数、债券及其他金融函数。利用这些函数,可以便捷地对一般的财务项目进行计算,如确定贷款的支付额、投资的未来值或净现值,以及债券或息票的价值,等等。

本章导读

- 计算本金和利息
- 计算投资预算
- 计算收益率
- 计算证券与国库券
- 计算折旧值
- 转换美元价格的格式

4.1 计算本金和利息

函数 1	PMT
	计算贷款的每期付款额

函数功能：基于固定利率及等额分期付款方式，返回贷款的每期付款额。
函数格式：PMT(rate, nper, pv, [fv], [type])
参数说明：
- rate（必选）：贷款利率。
- nper（必选）：该项贷款的付款总数。
- pv（必选）：现值，即一系列未来付款的当前值的累计和，也称为本金。
- fv（可选）：未来值，即在最后一次付款后希望得到的现金余额，如果省略 fv，则假设其值为 0，也就是一笔贷款的未来值为 0。
- type（可选）：数字 0 或 1，用以指示各期的付款时间是在期初还是期末。

应用范例 计算房贷每期付款额

例如，某公司为了业务需要，新购买了一套办公厅，撇开首付剩下贷款额为 880000 元，贷款期限为 20 年，年利率为 10%，现在需要根据以上数据计算出年偿还额和月偿还额，此时可以使用 PMT 函数。

在 B4 单元格中输入公式：
=PMT(B3,B2,B1)

按"Enter"键确认，即可计算出该房贷年偿还额。

在 B5 单元格中输入公式：
=PMT(B3/12,B2*12,B1)

按"Enter"键确认，即可计算出该房贷月偿还额，因为 B5 单元格的公式是为了计算月偿还额，所以需要将年利率除以 12，将其转换为月利率，将贷款期限乘以 12，转换为月贷款期限。

	A	B
1	贷款额	880000
2	贷款期限(年)	20
3	年利率	10%
4	年偿还额	¥-103,364.47
5	月偿还额	¥-8,492.19

> **提示**
> 如果要计算贷款期间的支付总额，可用 PMT 返回值乘以 nper。

注意事项：

- PMT 返回的支付款项包括本金和利息，但不包括税款、保留支付或某些与贷款有关的费用。
- 应确认所指定的 rate 和 nper 单位的一致性。例如，同样是 4 年期年利率为 10% 的贷款，如果按月支付 rate 应为 10%/12，nper 应为 4*12；如果按年支付，rate 应为 10%，nper 为 4。

函数 2	IPMT	
	计算贷款在给定期间内支付的利息	

函数功能： 基于固定利率及等额分期付款方式，返回给定期数内对投资的利息偿还额。

函数格式： IPMT(rate, per, nper, pv, [fv], [type])

参数说明：

- rate（必选）：各期利率。
- per（必选）：用于计算其利息数额的期数，必须在 1 到 nper 之间。
- nper（必选）：总投资期，即该项投资的付款期总数。
- pv（必选）：现值，即一系列未来付款的当前值的累计和。
- fv（可选）：未来值，即在最后一次付款后希望得到的现金余额。如果省略 fv，则假设其值为 0，也就是一笔贷款的未来值为 0。
- type（可选）：数字 0 或 1，用以指定各期的付款时间是在期初还是期末。如果省略 type，则假设其值为 0。

应用范例 计算房贷在给定期间内支付的利息

例如，下图中某房贷贷款额为 880000 元，贷款期限为 20 年，年利率为 8%，需要计算每年需支付的利息。因为贷款的每期偿还额相等，但每期偿还额中本金额与利息都不一样，所以需要使用 IPMT 函数进行计算。

在 E2 单元格中输入公式：
=IPMT($B$3,D2,$B$2,$B$1)

按"Enter"键确认并将结果向下填充，即可计算出该贷款每年偿还的利息金额。

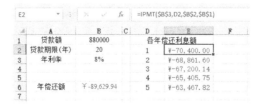

注意事项：

- 在使用函数时，需确认所指定的 rate 和 nper 单位的一致性。例如，同样是 4

年期年利率为8%的贷款，如果按月支付，rate 应为 8%/12，nper 应为 4*12；如果按年支付，rate 应为 8%，nper 为 4。
- 对于所有参数，支出的款项，如银行存款，表示为负数；收入的款项，如股息收入，表示为正数。

函数 3	PPMT
	计算贷款在给定期间内偿还的本金

函数功能：基于固定利率及等额分期付款方式，返回投资在某一给定期间内的本金偿还额。

函数格式：PPMT(rate, per, nper, pv, [fv], [type])

参数说明：
- rate（必选）：各期利率。
- per（必选）：用于指定期间，必须介于 1 到 nper 之间。
- nper（必选）：年金的付款总期数。
- pv（必选）：现值，即一系列未来付款现在所值的总金额。
- fv（可选）：未来值，即在最后一次付款后希望得到的现金余额。如果省略 fv，则假设其值为 0，也就是一笔贷款的未来值为 0。
- type（可选）：数字 0 或 1，用以指定各期的付款时间是在期初还是期末。

应用范例　计算房贷在给定期间内偿还的本金

例如，在还贷中每期偿还额中本金额与利息额各不相同，现在要计算出偿还额中的本金额，需要使用 PPMT 函数进行计算。

在 E2 单元格内输入公式：
=PPMT($B$3,D2,$B$2,$B$1)

按"Enter"键确认并将结果向下填充，即可计算出该贷款每年需要偿还的本金。

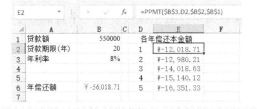

注意事项：

在使用函数时，应确认所指定的参数 rate 和 nper 单位的一致性。例如，同样是 4 年期年利率为 8%的贷款，如果按月支付，rate 应为 8%/12，nper 应为 4*12；如果按年支付，rate 应为 8%，nper 为 4。

函数 4	ISPMT
	计算特定投资期内支付的利息

函数功能： 用于计算特定投资期内要支付的利息，提供此函数是为了与 Lotus 1-2-3 兼容。

函数格式： ISPMT(rate, per, nper, pv)

参数说明：

- rate（必选）：投资的利率。
- per（必选）：要计算利息的期数，此值必须在 1 到 nper 之间。
- nper（必选）：投资的总支付期数。
- pv（必选）：投资的现值。对于贷款，pv 为贷款数额。

应用范例 计算投资期内支付的利息

例如，某公司需要投资某项商品，已知该投资的回报率为 12%，投资年限为 5 年，投资总额为 150 万，现在需要计算出投资期内第一年与第一个月支付的利息额。此时，可使用 ISPMT 函数。

在 C4 单元格内输入公式：
=ISPMT(A2,1,B2,C2)

按"Enter"键确认，即可计算出该投资第一年需要支付的利息额。

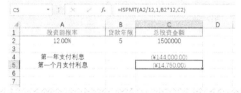

在 C5 单元格内输入公式：
=ISPMT(A2/12,1,B2*12,C2)

按"Enter"键确认，即可计算出该投资第一个月需要支付的利息额。

注意事项：

确认所指定的参数 rate 和 nper 单位的一致性。例如，同样是 4 年期年利率为 12% 的贷款，如果按月支付，rate 应为 12%/12，nper 应为 4*12；如果按年支付，rate 应为 12%，nper 为 4。

函数 5　CUMIPMT　计算两个付款期之间累计支付的利息

函数功能：返回一笔贷款在给定的 start_period 到 end_period 期间累计偿还的利息数额。

函数格式：CUMIPMT(rate, nper, pv, start_period, end_period, type)

参数说明：
- rate（必选）：利率。
- nper（必选）：总付款期数。
- pv（必选）：现值。
- start_period（必选）：计算中的首期，付款期数从 1 开始计数。
- end_period（必选）：计算中的末期。
- type（必选）：付款时间类型。

应用范例　计算两个付款期之间累计支付的利息

例如，某公司在贷款期限 20 年的时间内向银行借贷 880000 元，年利率为 10%，现在需要计算第 4 年需支付的利息，可使用 CUMIPMT 函数。

在 B4 单元格内输入公式：
=CUMIPMT(B3/12,B2*12,B1,37,48,0)

按"Enter"键确认，即可计算出该贷款第 4 年需要支付的利息额。其中 37 为 start_period 参数，一年 12 个月，那么表示第 4 年开始的数字为 37；48 为 end_period 参数，12*4=48，也就是第 4 年的最后一月。

注意事项：
- 应确认所指定的 rate 和 nper 单位的一致性。例如，同样是 4 年期年利率为 10% 的贷款，如果按月支付，rate 应为 10%/12，nper 应为 4*12；如果按年支付，rate 应为 10%，nper 为 4。
- 如果 rate≤0、nper≤0 或 pv≤0，则函数返回错误值"#NUM!"。
- 如果 start_period<1、end_period<1 或 start_period>end_period，则函数返回错误值"#NUM!"。
- 如果 type 不是数字 0 或 1，则函数返回错误值"#NUM!"。

函数 6	CUMPRINC
	计算两个付款期之间累计支付的本金

函数功能：返回一笔贷款在给定的 start_period 到 end_period 期间累计偿还的本金数额。

函数格式：CUMPRINC(rate, nper, pv, start_period, end_period, type)

参数说明：
- rate（必选）：利率。
- nper（必选）：总付款期数。
- pv（必选）：现值。
- start_period（必选）：计算中的首期，付款期数从 1 开始计数。
- end_period（必选）：计算中的末期。
- type（必选）：付款时间类型。

应用范例 计算两个付款期之间累计支付的本金

例如，某公司在贷款期限 20 年的时间内向银行借贷 880000 元，年利率为 10%，现在需要计算第 4 年需累计支付的本金，可使用 CUMPRINC 函数。

在 B4 单元格内输入公式：
=CUMPRINC(B3/12,B2*12,B1,37,48,0)

按"Enter"键确认，即可计算出该贷款第 4 年需累计支付的本金。

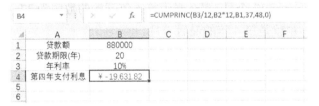

提示

本例中的公式与上例相同，只不过将 CUMIPMT 函数替换为 CUMPRINC 函数。

注意事项：
- 应确认所指定的 rate 和 nper 单位的一致性。例如，同样是 4 年期年利率为 10% 的贷款，如果按月支付，rate 应为 10%/12，nper 应为 4*12；如果按年支付，rate 应为 10%，nper 为 4。
- 如果 rate≤0、nper≤0 或 pv≤0，则函数返回错误值"#NUM!"。
- 如果 start_period<1、end_period<1 或 start_period>end_period，则函数返回错误值"#NUM!"。
- 如果 type 为 0 或 1 之外的任何数，则函数返回错误值"#NUM!"。

函数 7	EFFECT
	将名义年利率转换为实际年利率

函数功能：利用给定的名义年利率和每年的复利期数，计算有效的年利率。

函数格式：EFFECT (nominal_rate, npery)

参数说明：
- nominal_rate（必选）：名义年利率。
- npery（必选）：每年的复利期数。

应用范例 将名义年利率转换为实际年利率

如下图所示，已知名义年利率为 10%，复利计算期数为 8，此时可以使用 EFFECT 函数计算出实际的年利率。

在 B3 单元格内输入公式：

=EFFECT(B1,B2)

按"Enter"键确认即可。

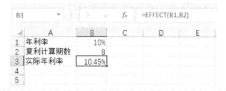

注意事项：
- 如果函数中任一参数为非数值型，即文本值，则函数返回错误值"#VALUE!"。
- 如果参数 nominal_rate≤0 或参数 npery<1，则函数返回错误值"#NUM!"。

函数 8	NOMINAL
	将实际年利率转换为名义年利率

函数功能：基于给定的实际年利率和年复利期数，返回名义年利率。

函数格式：NOMINAL(effect_rate, npery)

参数说明：
- effect_rate（必选）：实际年利率。
- npery（必选）：每年的复利期数。

应用范例 将实际年利率转换为名义年利率

如下图所示，已知实际年利率为 10%，复利计算期数为 4，此时可以使用 NOMINAL 函数计算出名义年利率。在单元格 B3 内输入公式：

=NOMINAL(B1,B2)

按"Enter"键确认，即可显示出名义年利率。

B3			fx	=NOMINAL(B1,B2)	
	A	B	C	D	E
1	实际利率	10%			
2	复利计算期数	4			
3	名义年利率	9.65%			
4					
5					

注意事项：
- 如果任一参数为非数值型，即文本值，则函数返回错误值"#VALUE!"。
- 如果参数 effect_rate≤0 或参数 npery<1，则函数返回错误值"#NUM!"。

函数 9	RATE
	计算年金的各期利率

函数功能： 用于返回年金的各期利率。

函数格式： RATE(nper, pmt, pv, [fv], [type], [guess])

参数说明：
- nper（必选）：年金的付款总期数。
- pmt（必选）：各期所应支付的金额，其数值在整个年金期间保持不变。通常，pmt 包括本金和利息，但不包括其他费用或税款。如果省略 pmt，则必须包含 fv 参数。
- pv（必选）：现值，即一系列未来付款的当前值的累计和。
- fv（可选）：未来值，即在最后一次付款后希望得到的现金余额。如果省略 fv，则假设其值为 0（例如，一笔贷款的未来值为 0）。
- type（可选）：数字 0 或 1，用以指定各期的付款时间是在期初还是期末。
- guess（可选）：预期利率，是一个百分比值。如果省略该参数，则假设该值为 10%。

应用范例 计算每月期末支付贷款的利率

例如，某项贷款的期限为 15 年，贷款额为 4800000 元，需要月定期偿还 120000 元，现在需要计算每月期末支付贷款的利率。

在 E1 单元格内输入公式：

=RATE(B1*12,B2,-B3,B4,0,B6)

按"Enter"键确认，即可显示出每月贷款利率。

注意事项:

应确认所指定的 guess 和 nper 单位的一致性,对于年利率为 12% 的 4 年期贷款,如果按月支付,guess 为 12%/12,nper 为 4*12;如果按年支付,guess 为 12%,nper 为 4。

4.2 计算投资预算

| 函数 10 | FV
计算一笔投资的未来值 | |

函数功能: 基于固定利率及等额分期付款方式,返回某项投资的未来值。
函数格式: FV(rate, nper, pmt, [pv], [type])
参数说明:

- rate(必选):各期利率。
- nper(必选):年金的付款总期数。
- pmt(必选):各期所应支付的金额,其数值在整个年金期间保持不变。通常,pmt 包括本金和利息,但不包括其他费用或税款。如果省略 pmt,则必须包括 pv 参数。
- pv(可选):现值,即一系列未来付款的当前值的累计和。如果省略 pv,则假设其值为 0,并且必须包括 pmt 参数。
- type(可选):数字 0 或 1,用以指定各期的付款时间是在期初还是期末。如果省略 type,则假设其值为 0。

应用范例 计算保险的未来值

例如,某保险年利率为 5.68%,分 25 年付款,且各期应付金额为 6000 元,付款方式为期初付款,现在要计算该保险的未来值,可以使用 FV 函数。

在 B5 单元格内输入公式:
=FV(B1,B2,B3,1)

按"Enter"键确认,即可显示该保险未来值。

	A	B
1	保险年利率	5.68%
2	付款总期数	25
3	各期应付金额	6000
4		
5	该项保险未来值	¥-314,731.77
6		

B5 =FV(B1,B2,B3,1)

注意事项：

◆ 应确认所指定的 rate 和 nper 单位的一致性。例如，同样是 4 年期年利率为 12% 的贷款，如果按月支付，rate 应为 12%/12，nper 应为 4*12；如果按年支付，rate 应为 12%，nper 为 4。

◆ 对于所有参数，支出的款项，如银行存款，表示为负数；收入的款项，如股息收入，表示为正数。

函数 11	FVSCHEDULE
	使用一系列复利率计算初始本金的未来值

函数功能： 基于一系列复利返回本金的未来值。

函数格式： FVSCHEDULE(principal, schedule)

参数说明：

◆ principal（必选）：现值。

◆ schedule（必选）：要应用的利率数组。

应用范例 计算某投资在利率变化下的未来值

例如，某投资的总金额为 500000 元，投资期为 6 年，这 6 年投资期内利率各不相同，现在需要计算出 6 年后该借款的回收金额。

在 B9 单元格内输入公式：

=FVSCHEDULE(B2,A2:A7)

按"Enter"键确认，即可计算出该投资在利率变化下的未来值。

	A	B
1	6年间不同利率	借款金额
2	5.32%	¥500,000
3	5.43%	
4	5.51%	
5	5.90%	
6	6.19%	
7	6.24%	
8		
9	5年后借款回收金额	¥699,852.19
10		

B9 =FVSCHEDULE(B2,A2:A7)

注意事项：

schedule 中的值可以是数字或空白单元格，其他任何值都将在函数 FVSCHEDULE 的运算中产生错误值 "#VALUE!"。空白单元格被认为是 0，没有利息。

函数 12　NPER　计算投资的期数

函数功能：基于固定利率及等额分期付款方式，返回某项投资的总期数。

函数格式：NPER(rate, pmt, pv, [fv], [type])

参数说明：

- rate（必选）：各期利率。
- pmt（必选）：各期所应支付的金额，其数值在整个年金期间保持不变。通常，pmt 包括本金和利息，但不包括其他费用或税款。
- pv（必选）：现值，即一系列未来付款的当前值的累计和。
- fv（可选）：未来值，即在最后一次付款后希望得到的现金余额。如果省略 fv，则假设其值为 0（例如，一笔贷款的未来值为 0）。
- type（可选）：数字 0 或 1，用以指定各期的付款时间是在期初还是期末。

应用范例　计算某项贷款还清的年数

例如，某公司因为拓展业务，向债券公司借贷 150 万元，年利率为 7.56%，且每年需要支付 15 万元的还款金额，现在需要计算该贷款的清还年限，此时可以使用 NPER 函数。

在 B4 单元格内输入公式：

=ABS(NPER(A2,B2,C2))

按 "Enter" 键确认，即可计算出该贷款还清的年数。

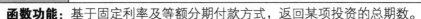

提示

ABS 函数的相关知识将在之后的章节详解。

函数 13　PV　计算投资的现值

函数功能：返回投资的现值。现值为一系列未来付款的当前值的累计和。

函数格式：PV(rate, nper, pmt, [fv], [type])

参数说明：
- rate（必选）：各期利率。
- nper（必选）：年金的付款总期数。
- pmt（必选）：各期所应支付的金额，其数值在整个年金期间保持不变。
- fv（可选）：未来值，即在最后一次支付后希望得到的现金余额。如果省略 fv，则假设其值为 0。
- type（可选）：数字 0 或 1，用以指定各期的付款时间是在期初还是期末。

应用范例 计算投资的现值

例如，某员工在年底购买了一份保险，每月月底支付 800 元，其中投资回报率为 9.38%，投资年限为 20 年，现在需要计算出该投资的年金现值，可使用 PV 函数。

在 B5 单元格内输入公式：
=PV(B1/12,B2*12,B3)

按"Enter"键确认即可。因为投资额为按月计算，所以需要将年利率和年限转换为以"月"为单位，即 B1/12、B2*12。

	A	B	C	D
1	投资回报率	9.38%		
2	年限	20		
3	每月支出保险金额	800		
4				
5	投资年金现值	¥-86,551.14		

注意事项：

确认所指定的 rate 和 nper 单位的一致性。例如，同样是 4 年期年利率为 12% 的贷款，如果按月支付，rate 应为 12%/12，nper 应为 4*12；如果按年支付，rate 应为 12%，nper 为 4。

函数 14 NPV
基于一系列定期的现金流和贴现率计算投资的净现值

函数功能：通过使用贴现率及一系列未来的支出（负值）和收入（正值），返回一项投资的净现值。

函数格式：NPV(rate, value1, [value2], ...)

参数说明：
- rate（必选）：某一期间的贴现率。
- value1（必选）：表示现金流的第一个参数。

◆ value2,…（可选）：这些是代表支出及收入的 1~254 个参数，该参数在时间上必须具有相等间隔，并且都发生在期末。NPV 使用 value1,value2,… 的顺序来解释现金流的顺序，所以务必保证支出和收入的数额按正确的顺序输入。

应用范例　计算投资的净现值

例如，某公司投资一个项目，投资总金额为 1500000 元，预计前 5 年收益分别为 205000 元、300000 元、560000 元、680000 元和 790000 元，每年贴现率为 14.5%，需要计算投资的净现值，此时可以使用 NPV 函数。

在 B9 单元格内输入公式：
=NPV(B1,B2:B7)

按"Enter"键确认即可。

	A	B
1	年贴现率	14.50%
2	期初投资额	-1500000
3	第1年收益	205000
4	第2年收益	300000
5	第3年收益	560000
6	第4年收益	680000
7	第5年收益	790000
8		
9	投资净现值	¥68,096.36

注意事项：

◆ 函数 NPV 假定投资开始于 value1 现金流所在日期的前一期，并结束于最后一笔现金流的当期。函数 NPV 依据未来的现金流来进行计算。如果第一笔现金流发生在第一个周期的期初，则第一笔现金必须添加到函数 NPV 的结果中，而不应包含在 values 参数中。
◆ 参数 value1, value2,… 必须为数值类型，可以为数字、文本格式的数字或者逻辑值，否则文本将返回错误值"#VALUE!"。
◆ 如果参数是一个数组或引用，则只计算其中的数字。数组或引用中的空白单元格、逻辑值、文本或错误值将被忽略。

函数 15	XNPV　计算一组未必定期发生的现金流的净现值	

函数功能：计算一组定期现金流的净现值，返回一组现金流的净现值，这些现金流不一定定期发生。

函数格式：XNPV(rate, values, dates)

参数说明：

◆ rate（必选）：应用于现金流的贴现率。

- ◆ values（必选）：与 dates 中的支付时间相对应的一系列现金流。首期支付是可选的，并与投资开始时的成本或支付有关。如果第一个值是成本或支付，则它必须是负值。所有后续支付都基于 365 天/年贴现。数值系列必须至少包含一个正数和一个负数。
- ◆ dates（必选）：与现金流支付相对应的支付日期表。第一个支付日期代表支付表的开始日期。其他所有日期应迟于该日期，但可按任何顺序排列。

应用范例 计算未必定期发生的投资的净现值

例如，在下图中显示了某项投资的年贴现率、投资额及不同日期中预计的投资回报金额，需要计算出该投资项目的净现值。

可在 C8 单元格中输入公式：
=XNPV(C1,C2:C6,B2:B6)

按"Enter"键确认，即可计算出未必定期发生的投资净现值。

注意事项：
- ◆ 如果任一参数为非数值型，函数将返回错误值"#VALUE!"。
- ◆ 在参数 dates 中，必须保证第一个日期是第一次现金流发生的日期，其他日期则可以任意顺序排列，且参数 values 和参数 dates 所包含的数值的个数必须相同，否则函数将返回错误值"#NUM!"。

4.3 计算收益率

函数 16	IRR	
	计算一系列现金流的内部收益率	

函数功能： 返回由数值代表的一组现金流的内部收益率。

函数格式： IRR(values, [guess])

参数说明：
- ◆ values（必选）：数组或单元格的引用，这些单元格包含用来计算内部收益率的数字。
- ◆ guess（可选）：对函数 IRR 计算结果的估计值。

应用范例　计算一系列现金流的内部收益率

如下图所示，B 列显示了一系列的现金流量，现在需要根据该现金流量计算出一系列现金流的内部收益率。

在 D2 单元格内输入公式：

=IRR(B2:B6)

按"Enter"键确认即可。

提示

单元格 D2 需要设置为百分比格式，或使用 TEXT 函数来设置百分比格式。

注意事项：

◆ 参数 values 必须包含至少一个正值和一个负值，以计算返回的内部收益率；若所有值的符号相等，函数将返回错误值"#NUM!"。

◆ 函数根据数值的顺序来解释现金流的顺序，故应确定按需要的顺序输入了支付和收入的数值。

◆ 如果数组或引用包含文本、逻辑值或空白单元格，这些数值将被忽略。

函数 17	MIRR	
	计算正负现金流在不同利率下支付的内部收益率	

函数功能：返回某一连续期间内现金流的修正内部收益率。

函数格式：MIRR(values, finance_rate, reinvest_rate)

参数说明：

◆ values（必选）：一个数组或对包含数字的单元格的引用。这些数值代表各期的一系列支出（负值）及收入（正值）。

◆ finance_rate（必选）：现金流中使用的资金支付的利率。

◆ reinvest_rate（必选）：将现金流再投资的收益率。

应用范例　计算在不同利率下支付的修正内部收益率

如下图所示，B 列为某公司在一段时间内现金的流动情况，B8 为现金的投资利率，B9 为现金的再投资利率，现在需要计算内部收益率，可使用 MIRR 函数。

在 E1 单元格内输入公式：
=MIRR(B2:B6,B8,B9)

按"Enter"键确认，即可计算出在不同利率下支付的修正内部收益率。

	A	B	C	D	E	F
1	次数	金额	修正内部收益率是		4%	
2	1	¥-8,000,000				
3	2	¥500,000				
4	3	¥-700,000				
5	4	¥6,900,000				
6	5	¥2,000,000				
7						
8	利率	13%				
9	再投资收益率	8%				
10						

💡**提示**

内部收益率是资金流入现值总额与资金流出现值总额相等、净现值等于0时的折现率，是能使投资项目净现值等于0时的折现率，所以，若产生期间指定错误，则计算结果也会发生变化。

注意事项：
- 参数 values 必须至少包含一个正值和一个负值，才能计算修正后的内部收益率，否则函数会返回错误值"#DIV/0!"。
- 如果数组或引用参数包含文本、逻辑值或空白单元格，则这些值将被忽略，但包含0值的单元格将计算在内。
- 函数根据输入值的次序来解释现金流的次序。所以，务必按照实际的顺序输入支出和收入数额，并使用正确的正负号（现金流入用正值，现金流出用负值）。

函数 18	XIRR 计算一组未必定期发生的现金流的内部收益率	

函数功能：返回一组不一定定期发生的现金流的内部收益率。

函数格式：XIRR(values, dates, [guess])

参数说明：
- values（必选）：在单元格区域内指定现金流量的数值。
- dates（必选）：与现金流支付相对应的支付日期表。日期可按任意顺序排列。
- guess（可选）：对函数 XIRR 计算结果的估计值。

应用范例 计算未必定期发生的现金流的内部收益率

如下图所示，B 列为某公司在多年内的现金流量，A 列为与之相对应的时间，现在需要计算出在该段时间现金流量的内部收益率。

在 D2 单元格内输入公式：

=XIRR(B2:B6,A2:A6)

按"Enter"键确认，即可计算出在该段时间不定期发生的现金流的内部收益率。

⊙提示

若要将数字显示为百分比形式，可选择单元格，然后在"开始"选项卡上的"数字"组中单击"百分比样式"按钮 % 。

注意事项：

◆ 函数 XIRR 要求至少有一个正现金流和一个负现金流，否则将返回错误值"#NUM!"。
◆ 如果参数 dates 中的任一数值不是合法日期，函数将返回错误值"#VALUE!"。
◆ 如果参数 dates 中的任一数字先于开始日期，函数将返回错误值"#NUM!"。
◆ 如果参数 values 和 dates 所含数值的数目不同，函数将返回错误值"#NUM!"。
◆ 多数情况下，不必为函数 XIRR 的计算提供 guess 值。如果省略，guess 值假定为 0.1（10%）。
◆ 函数 XIRR 与净现值函数 XNPV 密切相关。函数 XIRR 计算的收益率即为函数 XNPV=0 时的利率。

4.4 计算证券与国库券

函数 19	ACCRINT	
	计算定期支付利息的有价证券的应计利息	

函数功能： 返回定期付息证券的应计利息。

函数格式： ACCRINT(issue, first_interest, settlement, rate, par, frequency, [basis], [calc_method])

参数说明：

◆ issue（必选）：证券的发行日。
◆ first_interest（必选）：证券的首次计息日。
◆ settlement（必选）：证券的结算日。证券结算日是在发行日期之后，证券卖给购买者的日期。
◆ rate（必选）：证券的年息票利率。
◆ par（必选）：证券的票面值。如果省略此参数，则 ACCRINT 使用¥1000。

- frequency（必选）：年付息次数。如果按年支付，frequency=1；按半年期支付，frequency=2；按季支付，frequency=4。
- basis（可选）：要使用的日计数基准类型。
- calc_method（可选）：指定当结算日期晚于首次计息日期时用于计算总应计利息的方法。

应用范例 计算定期支付利息的有价证券的应计利息

例如，王先生于 2020 年 10 月 2 日购买了价值为 200000 元的国库券，该国库券发行日期为 2020 年 8 月 20 日，起息日为 2021 年 2 月 20 日，利率为 23%，按半年付息，现在需要计算出该国库券到期利息额，可使用 ACCRINT 函数。

在 D1 单元格内输入公式：
=ACCRINT(B1,B2,B3,B4,B5,B6,B7)

按"Enter"键确认，即可计算出国库券到期利息。

	A	B	C	D
1	发行日	2020/8/20	应计利息	5.367
2	起息日	2021/2/20		
3	成交日	2020/10/2		
4	利率	23%		
5	票面价值	200000		
6	年付息次数	2		
7	基准	0		

注意事项：

- 如果参数 issue、first_interest 或 settlement 不是有效日期，则函数返回错误值"#VALUE!"。
- 如果参数 rate≤0 或参数 par≤0，则函数返回错误值"#NUM!"。
- 如果参数 frequency 不是数字 1、2 或 4，则函数返回错误值"#NUM!"。
- 如果参数 basis<0 或 basis>4，则函数返回错误值"#NUM!"。
- 如果参数 issue≥settlement，则函数返回错误值"#NUM!"。

函数 20 ACCRINTM
计算在到期日支付利息的有价证券的应计利息

函数功能： 返回到期一次性付息有价证券的应计利息。

函数格式： ACCRINTM(issue, settlement, rate, par, [basis])

参数说明：

- issue（必选）：证券的发行日。
- settlement（必选）：证券的到期日。
- rate（必选）：证券的年息票利率。
- par（必选）：证券的票面值。
- basis（可选）：要使用的日计数基准类型。

应用范例 计算在到期日支付利息的有价证券的应计利息

例如，王先生购买了价值为 75000 元的短期国库券，该国库券发行日期为 2021 年 5 月 1 日，到期日为 2021 年 12 月 1 日，利率为 19%，以实际天数/360 为日计数基准，计算该债券的到期利息，可使用 ACCRINTM 函数。

在 E2 单元格内输入公式：
=ACCRINTM(B1,B2,B3,B4,B5)

按"Enter"键确认，即可计算出该债券到期一次性应付的利息额。

注意事项：

- 如果参数 issue 或 settlement 不是有效日期，则函数返回错误值"#VALUE!"。
- 如果利率为 0 或票面价值为 0，则函数返回错误值"#NUM!"。
- 如果参数 basis<0 或 basis>4，则函数返回错误值"#NUM!"。
- 如果 issue≥settlement，则函数返回错误值"#NUM!"。

函数 21	COUPDAYS	
	计算成交日所在的付息期的天数	

函数功能： 返回结算日所在的付息期的天数。

函数格式： COUPDAYS(settlement, maturity, frequency, [basis])

参数说明：

- settlement（必选）：证券的结算日。证券结算日是在发行日期之后，证券卖给购买者的日期。
- maturity（必选）：证券的到期日。到期日是证券有效期截止时的日期。
- frequency（必选）：年付息次数。如果按年支付，frequency=1；按半年期支付，frequency=2；按季支付，frequency=4。
- basis（可选）：要使用的日计数基准类型。

应用范例 计算成交日所在的付息期的天数

例如，某债券成交日为 2016 年 7 月 15 日，到期日为 2021 年 9 月 20 日，按照半年期付息，以实际天数/360 为日计数基准，现在需要计算该债券成交日所在的付息天数，可使用 COUPDAYS 函数。

在 B6 单元格内输入公式：
=COUPDAYS(B1,B2,B3,B4)

按"Enter"键确认，即可计算出该债券成交日所在的付息期的天数。

注意事项：
- 如果参数 settlement 或 maturity 不是合法日期，则函数返回错误值"#VALUE!"。
- 如果参数 frequency 不是数字 1、2 或 4，则函数返回错误值"#NUM!"。
- 如果参数 basis<0 或 basis>4，则函数返回错误值"#NUM!"。
- 如果参数 settlement≥maturity，则函数返回错误值"#NUM!"。

函数 22　COUPDAYBS　计算当前付息期内截止到成交日的天数

函数功能： 用于计算当前付息期内截止到成交日的天数。

函数格式： COUPDAYBS(settlement, maturity, frequency, [basis])

参数说明：
- settlement（必选）：证券的结算日。证券结算日是在发行日期之后，证券卖给购买者的日期。
- maturity（必选）：证券的到期日。到期日是证券有效期截止时的日期。
- frequency（必选）：年付息次数。如果按年支付，frequency=1；按半年期支付，frequency=2；按季支付，frequency=4。
- basis（可选）：要使用的日计数基准类型。

应用范例 计算当前付息期内截止到成交日的天数

例如，某债券成交日为 2018 年 9 月 30 日，到期日为 2021 年 9 月 15 日，按照半年期付息，以实际天数/360 为日计数基准，现在需要计算该债券付息期内截止到成交日的天数，可使用 COUPDAYBS 函数。

在 D6 单元格内输入公式：
=COUPDAYBS(B1,B2,B3,B4)

按"Enter"键确认，即可计算出该债券付息期内截止到成交日的天数。

第 4 章　财务函数

注意事项：

- 如果参数 settlement 或 maturity 不是合法日期，函数将返回错误值"#VALUE!"。
- 如果参数 frequency 不是数字 1、2 或 4，函数将返回错误值"#NUM!"。
- 如果参数 basis<0 或 basis>4，函数将返回错误值"#NUM!"。
- 如果参数 settlement≥maturity，函数将返回错误值"#NUM!"。

函数 23	COUPNUM	
	计算成交日和到期日之间应付利息的次数	

函数功能：返回在结算日和到期日之间的付息次数，向上舍入到最近的整数。

函数格式：COUPNUM(settlement, maturity, frequency, [basis])

参数说明：

- settlement（必选）：证券的结算日。证券结算日是在发行日期之后，证券卖给购买者的日期。
- maturity（必选）：证券的到期日。到期日是证券有效期截止时的日期。
- frequency（必选）：年付息次数。如果按年支付，frequency=1；按半年期支付，frequency=2；按季支付，frequency=4。
- basis（可选）：要使用的日计数基准类型。

应用范例　计算成交日和到期日之间应付利息的次数

例如，某债券成交日为 2020 年 6 月 15 日，到期日为 2021 年 9 月 1 日，按照半年期付息，以实际天数/360 为日计数基准，现在需要计算该债券成交日到到期日之间应付利息的次数，可使用 COUPNUM 函数。

在 B6 单元格内输入公式：
=COUPNUM(B1,B2,B3,B4)

按"Enter"键确认，即可计算出成交日和到期日之间应付利息的次数。

注意事项：
- 如果参数 settlement 或 maturity 不是合法日期，函数将返回错误值 "#VALUE!"。
- 如果参数 frequency 不是数字 1、2 或 4，函数将返回错误值 "#NUM!"。
- 如果参数 basis<0 或 basis>4，函数将返回错误值 "#NUM!"。
- 如果参数 settlement≥maturity，函数将返回错误值 "#NUM!"。

函数 24	COUPDAYSNC 计算从成交日到下一个付息日之间的天数	

函数功能： 返回从成交日到下一个付息日之间的天数。

函数格式： COUPDAYSNC(settlement, maturity, frequency, [basis])

参数说明：
- settlement（必选）：证券的结算日。证券结算日是在发行日期之后，证券卖给购买者的日期。
- maturity（必选）：证券的到期日。到期日是证券有效期截止时的日期。
- frequency（必选）：年付息次数。如果按年支付，frequency=1；按半年期支付，frequency=2；按季支付，frequency=4。
- basis（可选）：要使用的日计数基准类型。

应用范例 计算从成交日到下一个付息日之间的天数

例如，某债券成交日为 2016 年 9 月 20 日，到期日为 2021 年 6 月 30 日，按照半年期付息，以实际天数/360 为日计数基准，现在需要计算该债券从成交日到下一个付息日之间的天数，可使用 COUPDAYSNC 函数。

在 B6 单元格内输入公式：
=COUPDAYSNC(B1,B2,B3,B4)

按"Enter"键确认，即可计算出从成交日到下一个付息日之间的天数。

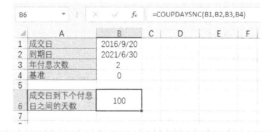

注意事项：
- 如果参数 settlement 或 maturity 不是合法日期，函数将返回错误值 "#VALUE!"。
- 如果参数 frequency 不是数字 1、2 或 4，函数将返回错误值 "#NUM!"。

- 如果参数 basis<0 或 basis>4，函数将返回错误值"#NUM!"。
- 如果参数 settlement≥maturity，函数将返回错误值"#NUM!"。

| 函数 25 | COUPNCD 计算成交日之前的下一个付息日。 | |

函数功能：返回一个表示在结算日之前下一个付息日的数字。
函数格式：COUPNCD(settlement, maturity, frequency, [basis])
参数说明：
- settlement（必选）：有价证券的结算日。有价证券结算日在发行日之后，是有价证券卖给购买者的日期。
- maturity（必选）：有价证券的到期日。到期日是有价证券有效期截止时的日期。
- frequency（必选）：年付息次数。如果按年支付，frequency=1；按半年期支付，frequency=2；按季支付，frequency=4。
- basis（可选）：要使用的日计数基准类型。

应用范例 计算成交日之前的下一个付息日

例如，某债券成交日期为2019年4月5日，到期日为2021年5月1日，按半年期付息，以实际天数/360为日计数基准，现在需要计算该债券成交日之前的下一个付息日的日期，可使用COUPNCD函数。

在B6单元格内输入公式：
=COUPNCD(B1,B2,B3,B4)

按"Enter"键确认，即可计算出成交日之前的下一个付息日。

	A	B	C	D	E
1	债券成交日	2019/4/5			
2	债券到期日	2021/5/1			
3	债券年付息次数	2			
4	日计数基准	1			
5					
6	债券成交日之前的下一付息日的日期	2019/5/1			
7					

注意事项：
- 如果参数 settlement 或 maturity 不是合法日期，函数将返回错误值"#VALUE!"。
- 如果参数 frequency 不为1、2或4，函数将返回错误值"#NUM!"。
- 如果参数 basis<0 或者 basis>4，函数将返回错误值"#NUM!"。
- 如果参数 settlement≥maturity，函数将返回错误值"#NUM!"。

函数 26　COUPPCD　计算成交日之前的上一个付息日

函数功能：返回一个表示在结算日之前上一个付息日的数字。

函数格式：COUPPCD(settlement, maturity, frequency, [basis])

参数说明：

- settlement（必选）：有价证券的结算日。有价证券结算日在发行日之后，是有价证券卖给购买者的日期。
- maturity（必选）：有价证券的到期日。到期日是有价证券有效期截止时的日期。
- frequency（必选）：年付息次数。如果按年支付，frequency=1；按半年期支付，frequency=2；按季支付，frequency=4。
- basis（可选）：要使用的日计数基准类型。

应用范例　计算成交日之前的上一个付息日

例如，某债券成交日期为 2018 年 7 月 6 日，到期日为 2021 年 1 月 12 日，按半年期付息，以实际天数/360 为日计数基准，现在需要计算该债券成交日之前的上一个付息日的日期，可使用 COUPPCD 函数。

在 B6 单元格内输入公式：

=COUPPCD(B1,B2,B3,B4)

按"Enter"键确认，即可计算出成交日之前的上一个付息日。

	A	B
1	债券成交日	2018/7/6
2	债券到期日	2021/1/12
3	债券年付息次数	2
4	日计数基准	1
5		
6	债券成交日之前的上一个付息日	2018/1/12

◎提示

在上面的 B6 单元格中，通过函数计算后的默认结果为 40920，需要将该单元格格式设置为日期格式，或在公式中外套 TEXT 函数将其更改为日期格式。

注意事项：

- 如果参数 settlement 或 maturity 不是合法日期，函数将返回错误值"#VALUE!"。
- 如果参数 frequency 不为 1、2 或 4，函数将返回错误值"#NUM!"。
- 如果参数 basis<0 或者 basis>4，函数将返回错误值"#NUM!"。
- 如果参数 settlement≥maturity，函数将返回错误值"#NUM!"。

函数 27	DISC
	计算有价证券的贴现率

函数功能：返回有价证券的贴现率。

函数格式：DISC(settlement, maturity, pr, redemption, [basis])

参数说明：

- settlement（必选）：有价证券的结算日。有价证券结算日在发行日之后，是有价证券卖给购买者的日期。
- maturity（必选）：有价证券的到期日。到期日是有价证券有效期截止时的日期。
- pr（必选）：有价证券的价格（按面值为¥100 计算）。
- redemption（必选）：有价证券的兑换值（按面值为¥100 计算）。
- basis（可选）：要使用的日计数基准类型。

应用范例 计算有价证券的贴现率

例如，某债券成交日期为 2020 年 10 月 8 日，到期日为 2021 年 7 月 19 日，价格为 30，清偿价格为 36，按照实际天数/360 为日计数基准，现在需要计算该债券的贴现率，可使用 DISC 函数。

在 B7 单元格内输入公式：
=DISC(B1,B2,B3,B4,B5)

按"Enter"键确认，即可计算出该债券贴现率。

	A	B
1	成交日	2020/10/8
2	到期日	2021/7/19
3	有价证券价格	30
4	清偿价值	36
5	日计数基准	1
6		
7	有价证券的贴现率	21.42%

注意事项：

- 如果参数 settlement 或 maturity 不是合法日期，则函数返回错误值"#VALUE!"。
- 如果参数 pr≤0 或 redemption≤0，则函数返回错误值"#NUM!"。
- 如果参数 basis<0 或 basis>4，则函数返回错误值"#NUM!"。
- 如果参数 settlement≥maturity，则函数返回错误值"#NUM!"。

函数 28	DURATION
	计算定期支付利息的有价证券的修正期限

函数功能：返回假设面值¥100 的定期付息有价证券的修正期限。期限定义为一系列

现金流现值的加权平均值，用于计量债券价格对于收益率变化的敏感程度。

函数格式：DURATION(settlement, maturity, coupon, yld, frequency, [basis])

参数说明：
- settlement（必选）：证券的结算日。证券结算日是在发行日期之后，证券卖给购买者的日期。
- maturity（必选）：证券的到期日。到期日是证券有效期截止时的日期。
- coupon（必选）：证券的年息票利率。
- yld（必选）：证券的年收益率。
- frequency（必选）：年付息次数。如果按年支付，frequency=1；按半年期支付，frequency=2；按季支付，frequency=4。
- basis（可选）：要使用的日计数基准类型。

应用范例 计算定期支付利息的有价证券的修正期限

例如，某债券成交日为 2019 年 7 月 20 日，到期日为 2021 年 9 月 7 日，年利率为 12%，收益率为 7%，按半年期付息，以实际天数/360 为日计数基准，现在需要计算该债券定期支付利息的有价证券的修正期限，可使用 DURATION 函数。

在 B8 单元格内输入公式：
=DURATION(B1,B2,B3,B4,B5,B6)

按"Enter"键确认，即可计算出该债券定期支付利息的有价证券的修正期限。

	A	B	C	D
	B8	fx	=DURATION(B1,B2,B3,B4,B5,B6)		
1	成交日	2019年7月20日		
2	到期日	2021年9月7日		
3	年息票利率	12%		
4	收益率	7%		
5	年付息次数	2		
6	日计数基准	1		
7				
8	有价证券的修正期限	1.881		
9				

注意事项：
- 如果参数 settlement 或 maturity 不是合法日期，则函数返回错误值"#VALUE!"。
- 如果参数 coupon<0 或 yld<0，则函数返回错误值"#NUM!"。
- 如果参数 frequency 不是数字 1、2 或 4，则函数返回错误值"#NUM!"。
- 如果参数 basis<0 或 basis>4，则函数返回错误值"#NUM!"。
- 如果参数 settlement≥maturity，则函数返回错误值"#NUM!"。

函数 29 PRICE
计算定期付息的面值¥100 的有价证券的价格

函数功能：返回定期付息的面值¥100 的有价证券的价格。

函数格式：PRICE(settlement, maturity, rate, yld, redemption, frequency, [basis])
参数说明：
- settlement（必选）：证券的结算日。证券结算日是在发行日期之后，证券卖给购买者的日期。
- maturity（必选）：证券的到期日。到期日是证券有效期截止时的日期。
- rate（必选）：证券的年息票利率。
- yld（必选）：证券的年收益率。
- redemption（必选）：面值¥100 的证券的清偿价值。
- frequency（必选）：年付息次数。如果按年支付，frequency=1；按半年期支付，frequency=2；按季支付，frequency=4。
- basis（可选）：要使用的日计数基准类型。

应用范例　计算定期付息的面值¥100 的有价证券的价格

例如，某债券成交日为 2017 年 4 月 26 日，到期日为 2021 年 7 月 11 日，年利率为 7%，收益率为 5%，按半年期付息，以实际天数/360 为日计数基准，现在需要计算该债券定期付息的面值¥100 的有价证券的价格，可使用 PRICE 函数。

在 F1 单元格内输入公式：
=PRICE(B1,B2,B3,B4,B5,B6,B7)

按"Enter"键确认，即可计算出该债券定期付息的面值¥100 的有价证券的价格。

	A	B	C	D	E	F	G
1	成交日	2017年4月26日		定期付息的面值¥100的有价证券的价格		107.4982	
2	到期日	2021年7月11日					
3	利率	7%					
4	收益率	5%					
5	清偿价值	100					
6	年付息次数	2					
7	日计数基准	1					

注意事项：
- 如果参数 settlement 或 maturity 不是合法日期，则函数返回错误值"#VALUE!"。
- 如果参数 yld<0 或 rate<0，则函数返回错误值"#NUM!"。
- 如果参数 redemption≤0，则函数返回错误值"#NUM!"。
- 如果参数 frequency 不为 1、2 或 4，则函数返回错误值"#NUM!"。
- 如果参数 basis<0 或 basis>4，则函数返回错误值"#NUM!"。
- 如果参数 settlement≥maturity，则函数返回错误值"#NUM!"。

函数 30　PRICEDISC　计算折价发行的面值¥100 的有价证券的价格

函数功能：返回折价发行的面值¥100 的有价证券的价格。

函数格式： PRICEDISC(settlement, maturity, discount, redemption, [basis])

参数说明：
- settlement（必选）：证券的结算日。证券结算日是在发行日期之后，证券卖给购买者的日期。
- maturity（必选）：证券的到期日。到期日是证券有效期截止时的日期。
- discount（必选）：证券的贴现率。
- redemption（必选）：面值¥100 的证券的清偿价值。
- basis（可选）：要使用的日计数基准类型。

应用范例 计算折价发行的面值¥100 的有价证券的价格

例如，某债券成交日为 2017 年 4 月 26 日，到期日为 2021 年 7 月 11 日，贴现率为 7%，清偿价值为 100，以实际天数/360 为日计数基准，现在需要计算该债券折价发行的面值¥100 的有价证券的价格，可使用 PRICEDISC 函数。

在 F1 单元格内输入公式：
=PRICEDISC(B1,B2,B3,B4,B5)

按"Enter"键确认，即可计算出该债券折价发行的面值¥100 的有价证券的价格。

	A	B	C	D	E	F	G
1	成交日	2017年4月26日			折价发行的面值¥100	70.53943045	
2	到期日	2021年7月11日			的有价证券的价格		
3	贴现率	7%					
4	清偿价值	100					
5	日计数基准	1					

注意事项：
- 如果参数 settlement 或 maturity 不是合法日期，则函数返回错误值"#VALUE!"。
- 如果参数 discount≤0 或 redemption≤0，则函数返回错误值"#NUM!"。
- 如果参数 basis<0 或 basis>4，则函数返回错误值"#NUM!"。
- 如果参数 settlement≥maturity，则函数返回错误值"#NUM!"。

函数 31

PRICEMAT

计算到期付息的面值¥100 的有价证券的价格

函数功能： 返回到期付息的面值¥100 的有价证券的价格。

函数格式： PRICEMAT(settlement, maturity, issue, rate, yld, [basis])

参数说明：
- settlement（必选）：证券的结算日。证券结算日是在发行日期之后，证券卖给购买者的日期。
- maturity（必选）：证券的到期日。到期日是证券有效期截止时的日期。

- ◆ issue（必选）：证券的发行日，以日期序列号表示。
- ◆ rate（必选）：证券在发行日的利率。
- ◆ yld（必选）：证券的年收益率。
- ◆ basis（可选）：要使用的日计数基准类型。

应用范例 计算到期付息的面值¥100 的有价证券的价格

例如，王先生于 2017 年 9 月 8 日购买了面值为 100 的债券，债券到期日为 2021 年 1 月 7 日，发行日期为 2017 年 3 月 5 日，息票半年率为 6.13%，收益率为 8.2%，以实际天数/365 为日计数基准，现在需要计算该债券的发行价格，可使用 PRICEMAT 函数。

在 B8 单元格内输入公式：
=PRICEMAT(B1,B2,B3,B4,B5,B6)

按"Enter"键确认，即可计算出该债券的发行价格。

	A	B
1	债券成交日	2017/9/8
2	债券到期日	2021/1/7
3	债券发行日	2017/3/5
4	息票半年利率	6.13%
5	收益率	8.20%
6	日计数基准	2
7		
8	债券发行价格	93.83
9		

注意事项：
- ◆ 如果参数 settlement、maturity 或 issue 不是合法日期，则函数返回错误值"#VALUE!"。
- ◆ 如果参数 rate<0 或 yld<0，则函数返回错误值"#NUM!"。
- ◆ 如果参数 basis<0 或 basis>4，则函数返回错误值"#NUM!"。
- ◆ 如果参数 settlement≥maturity，则函数返回错误值"#NUM!"。

函数 32 ODDFPRICE 计算首期付息日不固定的面值¥100 的有价证券价格

函数功能：返回首期付息日不固定（长期或短期）的面值¥100 的有价证券价格。

函数格式：ODDFPRICE(settlement, maturity, issue, first_coupon, rate, yld, redemption, frequency, [basis])

参数说明：
- ◆ settlement（必选）：证券的结算日。证券结算日是在发行日期之后，证券卖给购买者的日期。
- ◆ maturity（必选）：证券的到期日。到期日是证券有效期截止时的日期。

- issue（必选）：证券的发行日。
- first_coupon（必选）：证券的首期付息日。
- rate（必选）：证券的利率。
- yld（必选）：证券的年收益率。
- redemption（必选）：面值¥100 的证券的清偿价值。
- frequency（必选）：年付息次数。如果按年支付，frequency=1；按半年期支付，frequency=2；按季支付，frequency=4。
- basis（可选）：要使用的日计数基准类型。

应用范例 计算首期付息日不固定的面值¥100 的有价证券价格

例如，王先生于 2019 年 9 月 20 日购买了面值为 100 的债券，债券到期日为 2021 年 11 月 1 日，发行日期为 2019 年 5 月 10 日，首期付息日为 2019 年 11 月 1 日，年利率为 3%，收益率为 1.2%，清偿价值为 100 元，按半年期付息，以实际天数/365 为日计数基准，现在需要计算该债券的发行价格，可使用 ODDFPRICE 函数。

在 E3 单元格内输入公式：
=ODDFPRICE(B1,B2,B3,B4,B5,B6,B7,B8,B9)

按"Enter"键确认，即可计算出该债券的发行价格。

注意事项：
- 如果参数 settlement、maturity、issue 或 first_coupon 不是合法日期，则函数返回错误值"#VALUE!"。
- 如果参数 rate<0 或 yld<0，则函数返回错误值"#NUM!"。
- 如果参数 basis<0 或 basis>4，则函数返回错误值"#NUM!"。
- 必须满足下列日期条件，即参数 maturity>first_coupon>settlement>issue，否则，函数将返回错误值"#NUM!"。

函数 33	ODDFYIELD	
	计算首期付息日不固定的有价证券的收益率	

函数功能：返回首期付息日不固定（长期或短期）的有价证券的收益率。

函数格式：ODDFYIELD(settlement, maturity, issue, first_coupon, rate, pr, redemption, frequency, [basis])

参数说明：
- settlement（必选）：有价证券的结算日。有价证券结算日是在发行日之后，有价证券卖给购买者的日期。
- maturity（必选）：有价证券的到期日。到期日是有价证券有效期截止时的日期。
- issue（必选）：有价证券的发行日。
- first_coupon（必选）：有价证券的首期付息日。
- rate（必选）：有价证券的利率。
- pr（必选）：有价证券的价格。
- redemption（必选）：有价证券的兑换值（按面值为¥100 计算）。
- frequency（必选）：年付息次数。如果按年支付，frequency=1；按半年期支付，frequency=2；按季支付，frequency=4。
- basis（可选）：要使用的日计数基准类型。

应用范例 计算首期付息日不固定的有价证券的收益率

例如，王先生购买某债券的日期为 2019 年 9 月 5 日，该债券到期日为 2021 年 4 月 19 日，发行日期为 2019 年 4 月 19 日，首期付息日为 2020 年 4 月 19 日，付息利率为 5.86%，债券价格为 101.5 元，按半年期付息，以实际天数/365 为日计数基准，现在需要计算首期付息日不固定的有价证券的收益率，可使用 ODDFYIELD 函数。

在 B11 单元格内输入公式：
=ODDFYIELD(B1,B2,B3,B4,B5,B6,B7,B8,B9)

按"Enter"键确认，即可计算出该债券的收益率。

	A	B
1	债券成交日	2019/9/5
2	债券到期日	2021/4/19
3	债券发行日	2019/4/19
4	债券首期付息日	2020/4/19
5	付息利率	5.86%
6	债券价格	101.5
7	清偿价值	100
8	付息次数	2
9	日计数基准	2
10		
11	债券收益率	4.84%

注意事项：
- 如果参数 settlement、maturity、issue 或 first_coupon 不是合法日期，则函数返回错误值"#VALUE!"。

- 如果参数 rate<0 或 pr≤0，则函数返回错误值"#NUM!"。
- 如果参数 basis<0 或 basis>4，则函数返回错误值"#NUM!"。
- 必须满足下列日期条件，即参数 maturity>first_coupon>settlement>issue，否则函数将返回错误值"#NUM!"。

函数34	ODDLPRICE 计算末期付息日不固定的面值¥100 的有价证券价格	

函数功能：返回末期付息日不固定（长期或短期）的面值¥100 的有价证券的价格。

函数格式：ODDLPRICE(settlement, maturity, last_interest, rate, yld, redemption, frequency, [basis])

参数说明：
- settlement（必选）：证券的结算日。证券结算日是在发行日期之后，证券卖给购买者的日期。
- maturity（必选）：证券的到期日。到期日是证券有效期截止时的日期。
- last_interest（必选）：证券的末期付息日。
- rate（必选）：证券的利率。
- yld（必选）：证券的年收益率。
- redemption（必选）：面值¥100 的证券的清偿价值。
- frequency（必选）：年付息次数。如果按年支付，frequency=1；按半年期支付，frequency=2；按季支付，frequency=4。
- basis（可选）：要使用的日计数基准类型。

应用范例 计算末期付息日不固定的面值¥100 的有价证券价格

例如，王先生购买某债券的日期为 2019 年 4 月 9 日，该债券到期日为 2021 年 7 月 20 日，末期付息日期为 2018 年 2 月 9 日，付息利率为 5.72%，年收益率为 8%，清偿价值为 100 元，以一年付息，按实际天数/365 为日计数基准，现在需要计算末期付息日不固定的有价证券的价格，可使用 ODDLPRICE 函数。

在 B10 单元格内输入公式：
=ODDLPRICE(B1,B2,B3,B4,B5,B6,B7,B8)

按"Enter"键确认，即可计算出该债券的价格。

注意事项：

- 如果参数 settlement、maturity 或 last_interest 不是合法日期，则函数返回错误值"#VALUE!"。
- 如果参数 rate<0 或 yld<0，则函数返回错误值"#NUM!"。
- 如果参数 basis<0 或 basis>4，则函数返回错误值"#NUM!"。
- 必须满足下列日期条件，即参数 maturity> settlement>last_interest，否则函数将返回错误值"#NUM!"。

函数 35　ODDLYIELD

计算末期付息日不固定的有价证券的收益率

函数功能：返回末期付息日不固定（长期或短期）的有价证券的收益率。

函数格式：ODDLYIELD(settlement, maturity, last_interest, rate, pr, redemption, frequency, [basis])

参数说明：

- settlement（必选）：证券的结算日。证券结算日是在发行日期之后，证券卖给购买者的日期。
- maturity（必选）：证券的到期日。到期日是证券有效期截止时的日期。
- last_interest（必选）：证券的末期付息日。
- rate（必选）：证券的利率。
- pr（必选）：证券的价格。
- redemption（必选）：面值¥100 的证券的清偿价值。
- frequency（必选）：年付息次数。如果按年支付，frequency=1；按半年期支付，frequency=2；按季支付，frequency=4。
- basis（可选）：要使用的日计数基准类型。

应用范例　计算末期付息日不固定的有价证券的收益率

例如，王先生购买某债券的日期为 2019 年 4 月 9 日，该债券到期日为 2021 年 7 月 20 日，末期付息日期为 2018 年 2 月 9 日，付息利率为 5.72%，债券价格为 107.14 元，按半年期付息，以实际天数/365 为日计数基准，现在需要计算末期付息日不固定的有价证券的收益率，可使用 ODDLYIELD 函数。

在 B10 单元格内输入公式：

=ODDLYIELD(B1,B2,B3,B4,B5,B6,B7,B8)

按"Enter"键确认，即可计算出该债券的收益率。

	A	B
1	债券成交日	2019年4月9日
2	债券到期日	2021年7月20日
3	债券末期付息日	2018年2月9日
4	付息利率	5.72%
5	债券价格	107.14
6	清偿价值	100
7	付息次数	2
8	日计数基准	2
9		
10	债券收益率	2.28%

B10 =ODDLYIELD(B1,B2,B3,B4,B5,B6,B7,B8)

注意事项:

◆ 如果参数 settlement、maturity 或 last_interest 不是合法日期,则函数返回错误值"#VALUE!"。

◆ 如果参数 rate<0 或 pr≤0,则函数返回错误值"#NUM!"。

◆ 如果参数 basis<0 或 basis>4,则函数返回错误值"#NUM!"。

◆ 必须满足下列日期条件,即参数 maturity>settlement>last_interest,否则函数将返回错误值"#NUM!"。

函数 36 INTRATE 计算一次性付息债券的利率

函数功能: 返回完全投资型证券的利率。

函数格式: INTRATE(settlement, maturity, investment, redemption, [basis])

参数说明:

◆ settlement (必选):有价证券的结算日。有价证券结算日是在发行日之后,有价证券卖给购买者的日期。

◆ maturity (必选):有价证券的到期日。到期日是有价证券有效期截止时的日期。

◆ investment (必选):有价证券的投资额。

◆ redemption (必选):有价证券到期时的兑换值。

◆ basis (可选):要使用的日计数基准类型。

应用范例 计算一次性付息债券的利率

例如,王先生购买某债券的日期为 2020 年 4 月 9 日,该债券到期日为 2021 年 7 月 20 日,债券投资金额为 150000 元,清偿价值为 180000 元,以实际天数/360 为日计数基准,现在需要计算该债券一次性支付利息的利率,可使用 INTRATE 函数。

在 B7 单元格内输入公式:
=INTRATE(B1,B2,B3,B4,B5)

按"Enter"键确认,即可计算出该债券一次性支付利息的利率。

第4章 财务函数

（图：B7单元格显示 =INTRATE(B1,B2,B3,B4,B5)，债券利率为15.42%）

注意事项：

◆ 如果参数 settlement 或 maturity 不是合法日期，则函数返回错误值"#VALUE!"。
◆ 如果参数 investment≤0 或 redemption≤0，则函数返回错误值"#NUM!"。
◆ 如果参数 basis<0 或 basis>4，则函数返回错误值"#NUM!"。
◆ 如果参数 settlement≥maturity，则函数返回错误值"#NUM!"。

函数 37	RECEIVED 计算一次性付息的有价证券到期收回的金额	

函数功能： 返回完全投资型债券在到期日收回的金额。
函数格式： RECEIVED(settlement, maturity, investment, discount, [basis])
参数说明：

◆ settlement（必选）：证券的结算日。证券结算日是在发行日期之后，证券卖给购买者的日期。
◆ maturity（必选）：证券的到期日。到期日是证券有效期截止时的日期。
◆ investment（必选）：证券的投资额。
◆ discount（必选）：证券的贴现率。
◆ basis（可选）：要使用的日计数基准类型。

应用范例 计算一次性付息的有价证券到期收回的金额

例如，张先生购买某债券的日期为 2020 年 4 月 9 日，该债券到期日为 2021 年 7 月 20 日，债券投资金额为 150000 元，贴现率为 6.72%，以实际天数/360 为日计数基准，现在需要计算该债券到期的总回收金额，可使用 RECEIVED 函数。

在 B7 单元格内输入公式：

=RECEIVED(B1,B2,B3,B4,B5)

按"Enter"键确认，即可计算出该债券一次性付息的有价证券到期收回的金额。

（图：B7单元格显示 =RECEIVED(B1,B2,B3,B4,B5)，债券到期的总收回金额为 ¥164,324.73）

注意事项：

- 如果参数 settlement 或 maturity 不是合法日期，则函数返回错误值"#VALUE!"。
- 如果参数 investment≤0 或 discount≤0，则函数返回错误值"#NUM!"。
- 如果参数 basis<0 或 basis>4，则函数返回错误值"#NUM!"。
- 如果参数 settlement≥maturity，则函数返回错误值"#NUM!"。

函数 38	TBILLEQ
	计算国库券的等价债券收益

函数功能： 返回国库券的等效收益率。

函数格式： TBILLEQ(settlement, maturity, discount)

参数说明：

- settlement（必选）：国库券的结算日，即在发行日之后，国库券卖给购买者的日期。
- maturity（必选）：国库券的到期日。到期日是国库券有效期截止时的日期。
- discount（必选）：国库券的贴现率。

应用范例 计算国库券的等价债券收益

例如，张先生购买国库券的日期为 2021 年 1 月 19 日，该债券到期日为 2021 年 11 月 25 日，贴现率为 11.26%，现在需要计算该国库券的等效收益率，可使用 TBILLEQ 函数。

在 B5 单元格内输入公式：

=TBILLEQ(B1,B2,B3)

按"Enter"键确认，即可计算出该国库券的等效收益率。

	A	B
1	国库券成交日	2021年1月19日
2	国库券到期日	2021年11月25日
3	国库券贴现率	11.26%
4		
5	国库券的等效收益率	12.33%

注意事项：

- 如果参数 settlement 或 maturity 不是合法日期，则函数返回错误值"#VALUE!"。
- 如果参数 discount≤0，则函数返回错误值"#NUM!"。
- 如果参数 settlement>maturity 或 maturity 在 settlement 之后超过一年，则函数返回错误值"#NUM!"。

第 4 章 财务函数

函数 39	TBILLPRICE
	计算面值¥100 的国库券的价格

函数功能：返回面值¥100 的国库券的价格。

函数格式：TBILLPRICE(settlement, maturity, discount)

参数说明：
- settlement（必选）：国库券的结算日，即在发行日之后，国库券卖给购买者的日期。
- maturity（必选）：国库券的到期日。到期日是国库券有效期截止时的日期。
- discount（必选）：国库券的贴现率。

应用范例 计算面值¥100 的国库券的价格

例如，张先生购买国库券的日期为 2021 年 6 月 2 日，该债券到期日为 2021 年 12 月 23 日，贴现率为 7%，现在需要计算该国库券的价格，可使用 TBILLPRICE 函数。

在 B5 单元格内输入公式：
=TBILLPRICE(B1,B2,B3)

按"Enter"键确认，即可计算出该国库券的价格。

注意事项：
- 如果参数 settlement 或 maturity 不是合法日期，则函数返回错误值"#VALUE!"。
- 如果参数 discount≤0，则函数返回错误值"#NUM!"。
- 如果参数 settlement>maturity 或 maturity 在 settlement 之后超过一年，则函数返回错误值"#NUM!"。

函数 40	YIELD
	计算定期支付利息的有价证券的收益率

函数功能：返回某个区域内满足给定条件的所有单元格的平均值（算术平均值）。

函数格式：YIELD(settlement, maturity, rate, pr, redemption, frequency, [basis])

参数说明：
- settlement（必选）：有价证券的结算日。有价证券结算日在发行日之后，是有价证券卖给购买者的日期。
- maturity（必选）：有价证券的到期日。到期日是有价证券有效期截止时的日期。
- rate（必选）：有价证券的年息票利率。
- pr（必选）：有价证券的价格（按面值为¥100计算）。
- redemption（必选）：有价证券的兑换值（按面值为¥100计算）。
- frequency（必选）：年付息次数。如果按年支付，frequency=1；按半年期支付，frequency=2；按季支付，frequency=4。
- basis（可选）：要使用的日计数基准类型。

应用范例 计算定期支付利息的有价证券的收益率

例如，张先生在2020年1月19日以97.2元购买了2021年11月25日到期的¥100的债券，息票半年利率为6.15%，按半年付息，以实际天数/365为日计数基准，现在需要计算该债券的收益率，可使用YIELD函数。

在B9单元格内输入公式：
=YIELD(B1,B2,B5,B3,B4,B6,B7)

按"Enter"键确认，即可计算出该债券的收益率。

注意事项：
- 如果参数settlement或maturity不是合法日期，则函数返回错误值"#VALUE!"。
- 如果参数rate<0，则函数返回错误值"#NUM!"。
- 如果参数pr≤0或redemption≤0，则函数返回错误值"#NUM!"。
- 如果参数frequency不为1、2或4，则函数返回错误值"#NUM!"。
- 如果参数basis<0或basis>4，则函数返回错误值"#NUM!"。
- 如果参数settlement≥maturity，则函数返回错误值"#NUM!"。

函数41	YIELDDISC
	计算折价发行的有价证券的年收益率

函数功能： 返回折价发行的有价证券的年收益率。

函数格式： YIELDDISC(settlement, maturity, pr, redemption, [basis])

参数说明：

- settlement（必选）：有价证券的结算日。有价证券结算日在发行日之后，是有价证券卖给购买者的日期。
- maturity（必选）：有价证券的到期日。到期日是有价证券有效期截止时的日期。
- pr（必选）：有价证券的价格（按面值为¥100计算）。
- redemption（必选）：有价证券的兑换值（按面值为¥100计算）。
- basis（可选）：要使用的日计数基准类型。

应用范例 计算折价发行的有价证券的年收益率

例如，张先生在2019年9月5日以89.6元购买了2021年4月19日到期的¥100的债券，按半年付息，以实际天数/365为日计数基准，现在需要计算该债券的年收益率，可使用YIELDDISC函数。

在B7单元格内输入公式：
=YIELDDISC(B1,B2,B3,B4,B5)

按"Enter"键确认，即可计算出该债券的年收益率。

	A	B
1	债券成交日	2019年9月5日
2	债券到期日	2021年4月19日
3	债券购买价格	89.6
4	债券面值	100
5	日计数基准	2
6		
7	债券收益率	7.06%

注意事项：

- 如果参数settlement或maturity不是有效日期，则函数返回错误值"#VALUE!"。
- 如果参数pr≤0或redemption≤0，则函数返回错误值"#NUM!"。
- 如果参数basis<0或basis>4，则函数返回错误值"#NUM!"。
- 如果参数settlement≥maturity，则函数返回错误值"#NUM!"。

函数42 YIELDMAT
计算到期付息的有价证券的年收益率

函数功能： 返回到期付息的有价证券的年收益率。

函数格式： YIELDMAT(settlement, maturity, issue, rate, pr, [basis])

参数说明：

- settlement（必选）：有价证券的结算日。有价证券结算日在发行日之后，是有价证券卖给购买者的日期。

- maturity（必选）：有价证券的到期日。到期日是有价证券有效期截止时的日期。
- issue（必选）：有价证券的发行日，以时间序列号表示。
- rate（必选）：有价证券在发行日的利率。
- pr（必选）：有价证券的价格（按面值为¥100计算）。
- basis（可选）：要使用的日计数基准类型。

应用范例 计算到期付息的有价证券的年收益率

例如，张先生在2019年4月9日以107.62元卖出了2021年7月20日到期的¥100的债券，该债券发行日期为2018年2月9日，息票半年利率为7.36%，以实际天数/365为日计数基准，现在需要计算该债券的年收益率，可使用YIELDMAT函数。

在B8单元格内输入公式：
=YIELDMAT(B1,B2,B3,B4,B5,B6)

按"Enter"键确认，即可计算出该债券到期付息的有价证券的年收益率。

注意事项：
- 如果参数settlement、maturity或issue不是合法日期，则函数返回错误值"#VALUE!"。
- 如果参数rate<0或参数pr≤0，则函数返回错误值"#NUM!"。
- 如果参数basis<0或basis>4，则函数返回错误值"#NUM!"。
- 如果参数settlement≥maturity，则函数返回错误值"#NUM!"。

4.5 计算折旧值

函数43 AMORDEGRC
根据资产的耐用年限，计算每个结算期间的折旧值

函数功能： 返回每个结算期间的折旧值。该函数与AMORLINC函数相似，不同之处在于该函数中用于计算的折旧系数取决于资产的寿命。

函数格式： AMORDEGRC(cost, date_purchased, first_period, salvage, period, rate, [basis])

参数说明：
- cost（必选）：资产原值。
- date_purchased（必选）：购入资产的日期。
- first_period（必选）：第一个期间结束时的日期。
- salvage（必选）：资产在使用寿命结束时的残值。
- period（必选）：期间。
- rate（必选）：折旧率。
- basis（可选）：要使用的年基准。表4-1列出了basis的取值及其含义。

表4-1 参数basis的取值及其作用

basis	日期系统	basis	日期系统
0 或省略	360 天（NASD 方法）	3	一年 365 天
1	实际天数	4	一年 360 天（欧洲方法）

应用范例 计算每个结算期间的余额递减折旧值

例如，某企业2021年5月20日购入价值为3700欧元的资产，第一个会计结束日期为2021年11月30日，资产残值为300欧元，折旧率为16%，以实际天数为年基准，现在需要计算每个会计期间的余额递减折旧值，可使用AMORDEGRC函数。

在B9单元格内输入公式：
=AMORDEGRC(B1,B2,B3,B4,B5,B6,B7)

按"Enter"键确认，即可计算出每个结算期间的余额递减折旧值。

	A	B	C	D
1	资产原值	€ 3,700.00		
2	购买日	2021/5/20		
3	最初评估时间是结束时间	2021/11/30		
4	资产残值	€ 300.00		
5	期数	1		
6	折旧率	16%		
7	基准	1		
8				
9	递减折旧值	€ 1,165.00		

AMORDEGRC函数返回折旧值，截止到资产生命周期的最后一个期间，或直到累积折旧值大于资产原值减去残值后的成本价。最后一个期间之前的期间的折旧率将增加到50%，最后一个期间的折旧率将增加到100%。如果资产的生命周期在0~1、1~2、2~3或4~5之间，将返回错误值"#NUM!"。表4-2列出了折旧系数。

表 4-2 折旧系数表

资产的生命周期	折旧系数
3~4 年	1.5
5~6 年	2
6 年以上	2.5

函数 44　AMORLINC　计算每个结算期间的折旧值

函数功能：返回每个结算期间的折旧值。如果某项资产是在结算期间的中期购入的，则按线性折旧法计算。

函数格式：AMORLINC(cost, date_purchased, first_period, salvage, period, rate, [basis])

参数说明：

- cost（必选）：资产原值。
- date_purchased（必选）：购入资产的日期。
- first_period（必选）：第一个期间结束时的日期。
- salvage（必选）：资产在使用寿命结束时的残值。
- period（必选）：期间。
- rate（必选）：折旧率。
- basis（可选）：要使用的年基准。

应用范例　计算第一个结算期间的资产折旧值

例如，某企业 2019 年 8 月 19 日购入价值为 2400 法郎的资产，第一个会计结束日期为 2021 年 12 月 31 日，资产残值为 300 法郎，折旧率为 15%，以实际天数为年基准，现在需要计算第一个会计期间的折旧值，可使用 AMORLINC 函数。

在 B9 单元格内输入公式：

=AMORLINC(B1,B2,B3,B4,B5,B6,B7)

按"Enter"键确认，即可计算出第一个结算期间的资产折旧值。

	A	B
1	资产原值	2400
2	购入资产的日期	2019/8/19
3	第一个期间结束时的日期	2021/12/31
4	资产残值	300
5	期间	1
6	折旧率	15%
7	年基准	1
8		
9	第一个期间的折旧	360

第4章 财务函数

函数 45	DB
	使用固定余额递减法计算折旧值

函数功能： 使用固定余额递减法，计算一笔资产在给定期间内的折旧值。

函数格式： DB(cost, salvage, life, period, [month])

参数说明：
- cost（必选）：资产原值。
- salvage（必选）：资产在折旧期末的价值（有时也称为资产残值）。
- life（必选）：资产的折旧期数（有时也称为资产的使用寿命）。
- period（必选）：需要计算折旧值的期间。period 必须使用与 life 相同的单位。
- month（可选）：第一年的月份数，如省略，则假设为 12。

应用范例 使用固定余额递减法计算资产折旧值

例如，下图中列出了固定资产的原值、资产残值和使用年限，现在需要采用固定余额递减法计算该项固定资产在一定时间内的折旧值，可使用 DB 函数。

在 B6 单元格内输入公式：

=DB(B1,B2,B3,1,B4)

按"Enter"键确认，即可计算出第一年内的资产折旧值。

在 B7 单元格内输入公式：

=DB(B1,B2,B3,2,B4)

按"Enter"键确认，即可计算出第二年的资产折旧值。按照相同的方法计算出其他年的折旧值，在计算时只需要修改参数 period 即可。例如，第五年的负产折旧值，只需将公式更改为：

=DB(B1,B2,B3,5,B4)

按"Enter"键确认即可。

函数 46	DDB
	使用双倍余额递减法或其他指定方法计算折旧值

函数功能：使用双倍余额递减法或其他指定方法，计算一笔资产在给定期间内的折旧值。

函数格式：DDB(cost, salvage, life, period, [factor])

参数说明：

- cost（必选）：资产原值。
- salvage（必选）：资产在折旧期末的价值（有时也称为资产残值）。此值可以是0。
- life（必选）：资产的折旧期数（有时也称为资产的使用寿命）。
- period（必选）：需要计算折旧值的期间。period 必须使用与 life 相同的单位。
- factor（可选）：余额递减速率。如果 factor 被省略，则假设为2（双倍余额递减法）。

应用范例 使用双倍余额递减法或其他指定方法计算资产折旧值

例如，下图中列出了固定资产的原值、资产残值和使用年限，现在需要采用双倍余额递减法计算该项固定资产在一定时间内的折旧值，可使用 DDB 函数。

在 E1 单元格内输入公式：
=DDB($B$1,$B$2,$B$3,ROW(B1))

按"Enter"键确认，即可计算出第一年的资产折旧值。将结果向下填充，即可计算出其他年的折旧值。

	A	B	C	D	E	F
1	资产价值	215000		第一年折旧值	¥86,000.00	
2	资产残值	13500		第二年折旧值	¥51,600.00	
3	使用期限(年)	5		第三年折旧值	¥30,960.00	
4				第四年折旧值	¥18,576.00	
5				第五年折旧值	¥11,145.60	
6						

提示

DDB 函数的第4个参数设置为 ROW(B1)，是为了使在单元格 E1 中输入的公式可自动向下填充，目的为根据当前单元格的所在位置自动提取行号，并从第一行的行号开始。

注意事项：

在 DDB 函数中，所有参数都必须大于0。

函数 47	VDB
	使用余额递减法计算折旧值

函数功能： 使用双倍余额递减法或其他指定的方法，返回指定的任何期间内（包括部分期间）的资产折旧值。

函数格式： VDB(cost, salvage, life, start_period, end_period, [factor], [no_switch])

参数说明：

- cost（必选）：资产原值。
- salvage（必选）：资产在折旧期末的价值（有时也称为资产残值）。
- life（必选）：资产的折旧期数（有时也称为资产的使用寿命）。
- start_period（必选）：进行折旧计算的起始期间，该参数必须使用与 life 相同的单位。
- end_period（必选）：进行折旧计算的截止期间，该参数必须使用与 life 相同的单位。
- factor（可选）：余额递减速率。如果 factor 被省略，则假设为 2（双倍余额递减法）。
- no_switch（可选）：逻辑值，指定当折旧值大于余额递减计算值时，是否转用直线折旧法。如果 no_switch 为 TRUE，即使折旧值大于余额递减计算值，Excel 也不转用直线折旧法；如果 no_switch 为 FALSE 或被忽略，且折旧值大于余额递减计算值时，Excel 将转用线性折旧法。

应用范例　使用余额递减法计算资产折旧值

例如，下图中已知固定资产原值、使用年限和资产折余价值，现在需要计算第 1 天、第 1 个月、第 3 年及第 4~8 个月的固定资产折旧值，可使用 VDB 函数。

在 B5 单元格内输入公式：
=VDB(B1,B3,B2*365,0,1)

按"Enter"键确认，即可计算出第 1 天的资产折旧值。

	A	B	C	D
1	固定资产原值	215000		
2	使用年限	5		
3	折余价值	13500		
4				
5	第1天的折旧值	￥235.62		
6	第1个月的折旧值			
7	第3年的折旧值			
8	第4到8个月固定资产折旧值			
9				

在 B6 单元格内输入公式：
=VDB(B1,B3,B2*12,0,1)

按"Enter"键确认，即可计算出第 1 个月的资产折旧值。

在 B7 单元格内输入公式：
=VDB(B1,B3,B2,0,3,2.5)

按"Enter"键确认，即可计算出第 3 年的资产折旧值。

在 B8 单元格内输入公式：
=VDB(B1,B3,B2*12,4,8)

按"Enter"键确认，即可计算出第 4～8 个月的资产折旧值。

注意事项：

在 VDB 函数中，除了 no_switch 参数，其他参数都必须大于 0。

函数 48	SYD
	返回某项固定资产按年限总和折旧法计算的每期折旧金额

函数功能： 返回某项资产按年限总和折旧法计算的指定期间的折旧值。

函数格式： SYD(cost, salvage, life, per)

参数说明：

◆ cost（必选）：资产原值。

- salvage（必选）：资产在折旧期末的价值（有时也称为资产残值）。
- life（必选）：资产的折旧期数（有时也称为资产的使用寿命）。
- per（必选）：表示折旧期间，单位与 life 相同。

应用范例 按年限总和折旧法计算资产折旧值

例如，下图中列出了固定资产的原值、资产残值和使用年限，现在需要按年限总和折旧法计算资产折旧值，可使用 SYD 函数。

在 E1 单元格内输入公式：
=SYD($B$1,$B$2,$B$3,ROW(B1))

按"Enter"键确认，即可计算出第 1 年的资产折旧值，然后将结果向下填充即可计算出其他年的折旧值。

	A	B	C	D	E	F
1	资产价值	215000		第一年折旧值	¥57,571.43	
2	资产残值	13500		第二年折旧值	¥47,976.19	
3	使用期限(年)	6		第三年折旧值	¥38,380.95	
4				第四年折旧值	¥28,785.71	
5				第五年折旧值	¥19,190.48	
6						

> 💡 提示
> SYD 函数的第 4 个参数设置为 ROW(B1)，是为了使在单元格 E1 中输入的公式可自动向下填充，目的为根据当前单元格的所在位置自动提取行号，并从第一行的行号开始。

函数 49 SLN
计算某项资产在一个期间内的线性折旧值

函数功能：返回某项资产在一个期间内的线性折旧值。

函数格式：SLN(cost, salvage, life)

参数说明：
- cost（必选）：资产原值。
- salvage（必选）：资产在折旧期末的价值（有时也称为资产残值）。
- life（必选）：资产的折旧期数（有时也称为资产的使用寿命）。

应用范例 计算资产在期间内的线性折旧值

例如，下图中列出了固定资产的原值、资产残值和使用年限，现在需要计算资产在期间内的线性折旧值，可使用 SLN 函数。

在 E1 单元格内输入公式：

=SLN(B1,B2,B3)

按"Enter"键确认,即可计算出资产在期间内的线性折旧值。

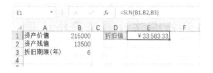

4.6　转换美元价格的格式

函数 50	DOLLARDE
	将以分数表示的美元价格转换为以小数表示的美元价格

函数功能：将以整数部分和小数部分表示的价格（如 1.02）转换为以十进制数表示的价格。以小数表示的金额数字有时可用于表示证券价格。

函数格式：DOLLARDE(fractional_dollar, fraction)

参数说明：

◆ fractional_dollar（必选）：以整数部分和小数部分表示的数字，用小数点隔开。
◆ fraction（必选）：要用作分数中的分母的整数。

应用范例　将分数格式的美元价格转换为小数格式

例如,在下图中需要将分数格式的美元转换为小数格式,此时可使用DOLLARDE函数,在B3单元格内输入公式：

=DOLLARDE(B1,B2)

按"Enter"键确认即可完成转换。

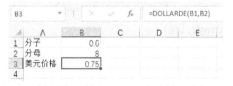

注意事项：

◆ 如果参数 fraction<0，则函数返回错误值"#NUM!"。
◆ 如果 0≤fraction<1，则函数返回错误值"#DIV/0!"。

函数 51	DOLLARFR
	将以小数表示的美元价格转换为以分数表示的美元价格

函数功能：将按小数表示的价格转换为按分数表示的价格。使用该函数可以将小数

表示的金额数字，如证券价格，转换为分数型数字。

函数格式：DOLLARFR(decimal_dollar, fraction)

参数说明：
- decimal_dollar（必选）：一个小数。
- fraction（必选）：要用作分数中的分母的整数。

应用范例　将小数格式的美元价格转换为分数格式

例如，在下图中需要将小数格式的美元价格转换为分数格式，此时可使用DOLLARFR函数，在B3单元格内输入公式：

=DOLLARFR(B1,B2)

按"Enter"键确认即可完成转换。

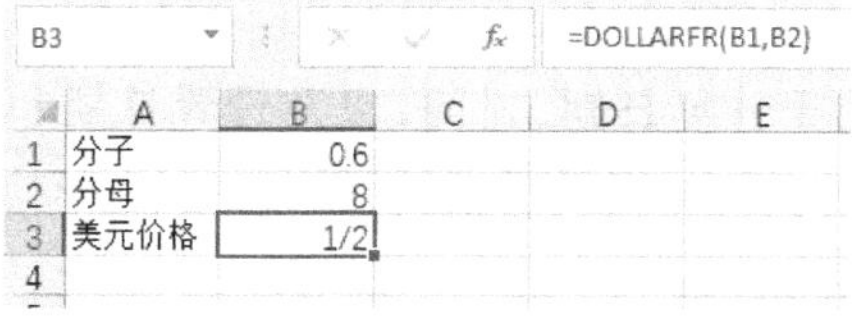

注意事项：
- 如果参数 fraction<0，则函数 DOLLARFR 返回错误值"#NUM!"。
- 如果参数 fraction=0，则函数 DOLLARFR 返回错误值"#DIV/0!"。

第5章
日期和时间函数

Excel 提供了一些用于计算日期、时间,以及设置日期和时间格式的函数——日期和时间函数,通过使用该类函数可使办公操作更加简便快捷,本章将详细讲解该类函数在实际操作中的运用。

本章导读

- 了解 Excel 日期系统
- 返回当前的日期和时间
- 返回日期和时间的某个部分
- 文本与日期格式间的转换
- 其他日期函数

5.1 了解 Excel 日期系统

Excel 处理日期和时间有其特有的特殊性，为了更好地使用日期和时间函数，需要对 Excel 处理日期和时间的方式有一定了解，本节将对该类知识进行详细讲解。

1．Excel 特有的两种日期系统

Excel 支持两种不同的日期系统，这两种系统是 1900 日期系统和 1904 日期系统。1900 日期系统的起始时间是 1900 年 1 月 1 日，1904 日期系统的起始时间是 1904 年 1 月 1 日，其中 Windows 除了默认的 1900 日期系统外，为了保持兼容性还提供了额外的 1904 日期系统。若需要转换为 1904 日期系统，可执行以下操作。

在 Excel 窗口左上角单击"文件"按钮，然后单击"选项"按钮，打开"Excel 选项"对话框，在"高级"选项卡内勾选"使用 1904 日期系统"复选框即可。

2．Excel 日期和时间序列号

在 Excel 中，日期只是一个数字，更精确地说，日期是一个序列号，代表自从 1900 年 1 月 1 日以来的天数。譬如，序列号 1 对应于 1900 年 1 月 1 日，序列号 2 对应于 1900 年 1 月 2 日，依次类推。正因为如此，这样的序列号能在公式中进行各种运算。例如，可以建立一个公式来计算两个日期之间的天数（只需要用一个日期减去另一个日期）。

Excel 支持的日期从 1900 年 1 月 1 日起，到 9999 年 12 月 31 日（序列号=2958465）。与日期序列号相似，时间也有序列号。当需要处理时间值时，只需扩展 Excel 日期序列号系统以包括小数即可。换句话说，Excel 使用小数的天来处理时间。

例如，2007 年 6 月 1 日的日期序列号是 39234，中午在内部以 39234.5 表示，与 1 分钟等价的序列号大约是 0.00069444，公式为"=1/(24*60)"。

类似地，与 1 秒钟等价的序列号大约是 0.00001157，即 1 秒除以 24 小时乘以 60 分钟再乘以 60 秒的积，公式为"=1/(24*60*60)"。在该例子中，分母(24*60*60)代表一天中的秒数(86400)。

3. 输入与设置日期和时间

在单元格输入日期时，如果 Excel 可以将其识别为日期和时间格式，即使其内部自动记住该日期和时间的数字序列号，所呈现的仍然是十分直观的日期和时间形式。

在单击包含日期的单元格时，公式栏中显示与单元格中完全相同的日期和时间格式，并非序列号。若想查看单元格中的日期和时间序列号，则需要将单元格格式设置为除日期格式的其他格式。

在输入日期时，使用分隔符号"-""/"或"年 月 日"，Excel 自动将其识别为日期，且"-""/"符号可混合使用。但是，若输入日期将年月日列于一起，即使使用空格将其分隔，Excel 也无法将其分辨为日期格式。例如，输入"20141230"或"201512"，Excel 将视其为文本。

也可以根据需要将数字格式转换为日期格式，可为其设置单元格格式。右键单击需要设置格式的单元格，在弹出的快捷菜单中单击"设置单元格格式"命令，打开"设置单元格格式"对话框，在"数字"组选项卡的"日期"分类中选择需要的日期格式即可。

5.2 返回当前的日期和时间

函数 1	NOW
	返回当前日期和时间的序列号
函数功能：用于返回当前日期和时间的序列号。		
函数格式：NOW()		
参数说明：NOW 函数没有参数。		

应用范例 统计教师在职时间

例如,某校需要统计 2013 年至今教师的入职与离职情况,如下图所示,A 列为教师姓名,B 列为教师入职日期,C 列为教师离职日期,空值表示教师现在依旧在职。现在需要统计教师的在职时间,可将 NOW 函数和 IF 函数配合使用。

在 D2 单元格内输入公式:
=IF(C2<>"",C2-B2,NOW()-B2)

按"Enter"键确认并将其向下填充,即可计算出各个教师的在职时间。

	A	B	C	D	E
1	教师姓名	教师入职日期	离职日期	在职时间	
2	汪树海	2018年1月3日	2021年4月25日	1208	
3	何群	2015年4月2日	2020年7月13日	1929	
4	邱霞	2019年4月2日		781	
5	白小米	2013年4月3日		2971	
6	邱邱	2020年11月13日		190	
7	明威	2017年7月19日	2021年5月20日	1401	
8					

提示

先使用 IF 函数判断 C 列是否为空,若不为空,则用 C 列的日期减去相应的 B 列的日期;如果 C 列为空,则表示该员工依然在职,使用 NOW 函数计算出当前日期,再减去相应的 B 列日期。将小数设置为 0 位,即可显示出完整的教师在职时间。

注意事项:
- NOW 函数的结果仅在计算工作表或运行含有该函数的宏时才改变。它并不会持续更新。
- NOW 函数返回的是 Windows 系统设置中已经设置好的时间,所以只要系统的日期和时间设置无误,就相当于 NOW 返回的是当前的日期和时间。

函数 2 TODAY
返回当前日期的序列号

函数功能: 用于返回当前日期的序列号。序列号是 Excel 日期和时间计算使用的日期-时间代码。

函数格式: TODAY()

参数说明: TODAY 函数没有参数。

应用范例 统计员工试用期到期人数

例如,某公司从去年 7 月陆续招聘了一批员工,试用期为 3 个月,即 90 天,现在需要根据员工从入职至今的时间，计算出员工是否到试用期。可将 TODAY 函数和 COUNTIF 函数配合使用。

在 F5 单元格内输入公式：

=COUNTIF(C2:C10,"<"&TODAY()-90)

按"Enter"键确认即可计算出试用期到期人数。

公式含义为，先使用 TODAY 函数获得当前日期，然后减去 90，再与 C 列中的入职日期进行比较，如果所得结果比入职日期大，则表示该员工已经超过试用期的 90 天，最后再使用 COUNTIF 函数统计符合条件的人数即可。

😀提示

选中单元格，直接按"Ctrl+;"和"Ctrl+Shift+;"组合键可快速输入当前日期，但是重新计算工作表时，并不会自动更新。

注意事项：
- TODAY 函数的结果仅在计算工作表或运行含有该函数的宏时才改变。它并不会更新，除非工作表被重新计算。
- TODAY 函数返回的是 Windows 系统设置中已经设置好的时间，所以只要系统的日期和时间设置无误，就相当于 TODAY 返回的是当前的日期和时间。

函数 3	DATE
	返回表示特定日期的连续序列号。

函数功能： 返回表示特定日期的连续序列号。

函数格式： DATE(year, month, day)

参数说明：
- year（必选）：表示年的数字，该参数的值可以包含 1~4 位数字。
- month（必选）：一个正整数或负整数，表示一年中从 1 月至 12 月（一月至十二月）的各个月。
- day（必选）：一个正整数或负整数，表示一月中从 1 日至 31 日的各天。

应用范例 将数值转换为日期格式

例如，下图中 A2 单元格为时间表年份，A3 单元格为时间表月份，A5 及以后的单元格为具体日期，现在需要将这些数值转换到相应的日期单元格中，可使用 DATE 函数。

在 B5 单元格中输入公式：

=DATE($A$2,$A$3,A5)

按“Enter”键确认并将其向下填充，即可在日期单元格内显示相应的日期。

B5 =DATE($A$2,$A$3,A5)

	A	B	C	D	E	F
1		时间表				
2	2021	年				
3	4	月				
4	日	日期	2月后的日期	检查		
5	1	2021/4/1				
6	2	2021/4/2				
7	3	2021/4/3				
8	4	2021/4/4				
9	5	2021/4/5				
10	6	2021/4/6				
11	7	2021/4/7				
12	8	2021/4/8				
13	9	2021/4/9				
14	10	2021/4/10				
15	11	2021/4/11				

提示

为避免出现意外结果，建议对 year 参数使用 4 位数字。例如，使用“07”将返回“1907”作为年值。

使用 DATE 函数时，还可用公式作为函数参数。例如，若需要显示两个月后的日期，则在 month 参数上加上 2 即可。此时，可输入公式：

=DATE($A$2,$A$3+2,A5)

按“Enter”键确认并将其向下填充即可。

C5 =DATE($A$2,$A$3+2,A5)

	A	B	C	D	E	F
1		时间表				
2	2021	年				
3	4	月				
4	日	日期	2月后的日期	检查		
5	1	2021/4/1	2021/6/1			
6	2	2021/4/2	2021/6/2			
7	3	2021/4/3	2021/6/3			
8	4	2021/4/4	2021/6/4			
9	5	2021/4/5	2021/6/5			
10	6	2021/4/6	2021/6/6			
11	7	2021/4/7	2021/6/7			
12	8	2021/4/8	2021/6/8			
13	9	2021/4/9	2021/6/9			
14	10	2021/4/10	2021/6/10			
15	11	2021/4/11	2021/6/11			

注意事项：

- 如果 year 介于 0~1899（包含这两个值），则 Excel 会将该值与 1900 相加来计算年份。例如，DATE(108,1,2) 将返回 2008 年 1 月 2 日(1900+108)；如果 year 介于 1900~9999（包含这两个值），则 Excel 将使用该数值作为年份。例如，DATE(2008,1,2)将返回 2008 年 1 月 2 日。
- 如果 year<0 或 year≥10000，则 Excel 将返回错误值"#NUM!"。
- 如果 month>12，则 month 从指定年份的一月份开始累加该月份数；如果 month<1，则 month 从指定年份的一月份开始递减该月份数，然后再加上 1 个月。例如，DATE(2008,-3,2) 返回表示 2007 年 9 月 2 日的序列号。
- 如果 day 大于指定月份的天数，则 day 从指定月份的第一天开始累加该天数。例如，DATE(2008,1,35) 返回表示 2008 年 2 月 4 日的序列号；如果 day<1，则 day 从指定月份的第一天开始递减该天数，然后再加上 1 天。例如，DATE(2008,1,-15) 返回表示 2007 年 12 月 16 日的序列号。

函数 4　TIME

返回特定时间的序列号。

函数功能： 返回某一特定时间的小数值。

函数格式： TIME(hour, minute, second)

参数说明：

- hour（必选）：0~32767 的数值，代表小时。任何大于 23 的数值将除以 24，其余数视为小时。
- minute（必选）：0~32767 的数值，代表分钟。任何大于 59 的数值将被转换为小时和分钟。
- second（必选）：0~32767 的数值，代表秒。

应用范例　显示指定时间

例如，某员工在整理表格时，需要显示指定时间，可使用 TIME 函数，在 B1 单元格内输入公式：

=TIME(C1,D1,E1)

按"Enter"键确认，即可返回指定单元格数据所对应的时间。

	A	B	C	D	E	F
1	任意时间	8:36:15	8	36	15	
2	任意时间					
3						

若需要输入任意时间,则只需在公式中输入对应的小时、分钟和秒数就可以了,如在公式栏中输入公式:

=TIME("7","15","14")

按"Enter"键确认,即可返回数据所对应的时间。

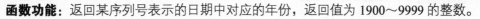

注意事项:
- 对于参数 hour 来说,任何大于 23 的数值将除以 24,其余数视为小时;对于参数 minute 来说,任何大于 59 的数值将被转换为小时和分钟;对于参数 second 来说,任何大于 59 的数值将被转换为小时、分钟和秒。
- 所有参数都可以为直接输入数字的单元格或单元格引用,且都必须为数值类型,如果是文本格式,函数将返回错误值"#VALUE!"。

5.3 返回日期和时间的某个部分

函数 5	YEAR
	将序列号转换为年

函数功能: 返回某序列号表示的日期中对应的年份,返回值为 1900~9999 的整数。
函数格式: YEAR(serial_number)
参数说明: serial_number(必选):一个日期值,其中包含要查找年份的日期。

应用范例 计算员工年龄

例如,某公司为了统计公司人员的年龄层,需要计算员工年龄,如下图中 A 列为员工编号,B 列为员工姓名,C 列为员工出生日期,此时可将 YEAR 函数和 TODAY 函数配合使用计算出员工年龄。

在 E2 单元格内输入公式:
=YEAR(TODAY())-YEAR(C2)

按"Enter"键确认,即可返回日期值,将单元格向下填充,并将单元格格式更改为"常规"即可显示员工年龄。

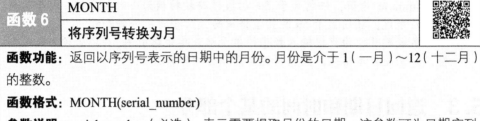

注意事项：

参数中的日期应使用 DATE 函数，或者将日期作为其他公式或函数的结果输入。例如，使用函数 DATE(2008,5,23) 输入 2008 年 5 月 23 日。如果日期以非标准日期格式的文本形式输入，则函数会返回错误值"#VALUE!"。

函数6	MONTH
	将序列号转换为月

函数功能： 返回以序列号表示的日期中的月份。月份是介于 1（一月）～12（十二月）的整数。

函数格式： MONTH(serial_number)

参数说明： serial_number（必选）：表示需要提取月份的日期，该参数可为日期序列号、文本或单元格引用。

应用范例 计算出库月份

例如，下图为某公司在 2020 年 5 月到 12 月商品的出库情况，其中 A 列为商品分类，B 列为商品出库日期，现在需要计算出库的月份有几个。

在 D2 单元格内输入公式：

=COUNT(0/FREQUENCY(MONTH(B2:B11),MONTH(B2:B11)))

按"Enter"键确认，即可返回出库月份。

注意事项：

参数中的日期应使用 DATE 函数，或者将日期作为其他公式或函数的结果输入。例如，使用函数 DATE(2008,5,23) 输入 2008 年 5 月 23 日。如果日期以非标准日期格式的文本形式输入，则函数会返回错误值"#VALUE!"。

函数 7	DAY
	返回日期中具体的某一天

函数功能： 返回以序列号表示的某日期的天数，用整数 1~31 表示。
函数格式： DAY(serial_number)
参数说明： serial_number（必选）：要查找的那一天的日期。

应用范例 判断 2 月份的天数

例如，需要计算 2021 年 2 月份的天数，可求 2021 年 3 月 0 号的值，实际生活中虽然 0 号并不存在，但函数可接收此值，可将 DATE 函数和 DAY 函数配合使用。

在 B1 单元格内输入公式：
=DAY(DATE(2021,3,0))

按"Enter"键确认，即可判断出 2021 年 2 月份的天数。

注意事项：

参数 serial_number 表示的日期应使用 DATE 函数输入，或者将日期作为其他公式或函数的结果输入。例如，使用函数 DATE(2008,5,23) 输入 2008 年 5 月 23 日。如果日期以文本形式输入，则返回错误值"#VALUE!"。

函数 8	WEEKDAY
	将序列号转换为星期日期

函数功能： 返回某日期为星期几。默认情况下，其值为 1（星期天）~7（星期六）之间的整数。
函数格式： WEEKDAY(serial_number, [return_type])
参数说明：
◆ serial_number（必选）：一个序列号，代表尝试查找的那一天的日期。
◆ return_type（可选）：用于确定返回值类型的数字。

应用范例 计算星期日产品销量

例如，下图为某公司 1 月末 2 月初的订单清单情况，其中 A 列为订单结算日期，B 列为订单结算的金额，现在需要计算出该公司星期日的总销量，可将 WEEKDAY 函数、IF 函数和 SUM 函数配合使用。

在 E3 单元格内输入公式：
=SUM(IF(WEEKDAY(A2:A14,1)=1,B2:B14))

按 "Ctrl+Shift+Enter" 组合键确认，即可判断出星期日产品的总销量。

公式含义为，先使用 WEEKDAY 函数统计出 A 列日期中的星期，并判断该返回值是否为 1，如果为 1，则表示该日期为星期日，并返回 B 列中对应的销量，最后使用 SUM 函数对星期日的销量求和。

> **提示**
> 关于 SUM 函数的使用请参看之后的数学与三角函数章节。

注意事项：
- 参数 serial_number 表示的日期应使用 DATE 函数输入，或者将日期作为其他公式或函数的结果输入，如果日期以文本形式输入，将返回错误值 "#VALUE!"。
- 如果参数 serial_number 不在当前日期基数值范围内，则返回错误值 "#NUM!"。
- 如果参数 return_type 不在上述表格中指定的范围内，则返回错误值 "#NUM!"。

函数 9	HOUR	
	将序列号转换为小时	

函数功能： 返回时间值的小时数，即一个介于 0（12:00 A.M.）～23（11:00 P.M.）的整数。

函数格式： HOUR(serial_number)

参数说明： serial_number（必选）：一个时间值，其中包含要查找的小时。

应用范例 计算员工用餐时间

例如，某公司员工用餐时间为 11:30—14:30，在用餐期内员工可自行安排时间用餐，现在办公室要统计员工的用餐情况，需要简单计算员工用餐时间作为参考，此时可使用 HOUR 函数。

在 D2 单元格内输入公式：
=HOUR(C2-B2)

按"Enter"键确认，即可计算出员工的用餐时间。

	A	B	C	D	E
1	员工编号	用餐时间	结束用餐时间	用餐小时数	
2	KH001	11:39	12:20	0	
3	KH002	12:14	13:44	1	
4	KH003	11:59	12:30	0	
5	KH004	12:00	13:01	1	
6	KH005	12:45	13:26	0	
7	KH006	11:58	13:55	1	
8	KH007	12:27	13:56	1	
9	KH008	11:48	13:05	1	
10	KH009	12:30	12:59	0	
11					

注意事项：
◆ 参数必须为数值类型，即数字、文本格式的数字或表达式，如果为文本值，函数将返回错误值"#VALUE!"。
◆ 当参数 serial_number 的值大于 24 时，函数将提取实际小时与 24 的差值，如小时为 30，那么函数将提取小时返回值为 6。

函数 10　MINUTE
将序列号转换为分钟

函数功能： 返回时间值中的分钟数，为一个介于 0~59 的整数。
函数格式： MINUTE(serial_number)
参数说明： serial_number（必选）：一个时间值，其中包含要查找的分钟。

应用范例 计算员工具体用餐时间

例如，某公司员工用餐时间为 11:30—14:00，在用餐期内员工可自行安排时间用餐，现在办公室要统计员工的用餐情况，需要计算出员工用餐的具体时间作为参考，此时可将 HOUR 函数和 MINUTE 函数配合使用。

在 D2 单元格内输入公式：
=(HOUR(C2)*60+MINUTE(C2))-(HOUR(B2)*60+MINUTE(B2))

按"Enter"键确认,即可计算出员工的具体用餐时间。

公式含义为,先使用 HOUR 函数提取出 C 列时间中的小时数,然后乘以 60 将其转换为分钟数,再加上通过 MINUTE 函数提取的分钟数,得出 C 列总的分钟数,最后减去用这两个函数计算出的 B 列的分钟数,即可得出具体时间。

	A	B	C	D	E	F	G
			fx	=(HOUR(C2)*60+MINUTE(C2))-(HOUR(B2)*60+MINUTE(B2))			
1	员工编号	用餐时间	结束用餐时间	用餐时间			
2	KH001	11:39	12:20	41			
3	KH002	12:14	13:44	90			
4	KH003	11:59	12:30	31			
5	KH004	12:00	13:01	61			
6	KH005	12:45	13:26	41			
7	KH006	11:58	13:55	117			
8	KH007	12:27	13:56	89			
9	KH008	11:48	13:05	77			
10	KH009	12:30	12:59	29			

注意事项:

◆ 参数必须为数值类型,即数字、文本格式的数字或表达式,如果为文本值,函数将返回错误值"#VALUE!"。

◆ 当参数 serial_number 的值大于 60 时,函数将提取实际分钟数与 60 的差值,如分钟数为 75,那么函数将提取分钟数返回值为 15。

函数 11 SECOND 将序列号转换为秒

函数功能: 返回时间值的秒数,返回的秒数为 0~59 的整数。

函数格式: SECOND(serial_number)

参数说明: serial_number(必选):表示一个时间值,其中包含要查找的秒数。

应用范例 计算通话时长

例如,下图为某工作人员在洽谈时与外部公司通话起止时间,已经计算出了通话的小时和分钟数,现在需要计算出通话秒数,可使用 SECOND 函数。

在 E3 单元格内输入公式:

=SECOND(B3-A3)

按"Enter"键确认,即可计算出员工的通话秒数。

	A	B	C	D	E	F
			fx	=SECOND(B3-A3)		
1				通话时间		
2	通话开始时间	通话结束时间	小时数	分数	秒数	
3	10:14:20	11:23:12	1	8	52	
4						

注意事项：

- ◆ 参数必须为数值类型，即数字、文本格式的数字或表达式，如果为文本值，函数将返回错误值“#VALUE!”。
- ◆ 当参数 serial_number 的值大于 60 时，函数将提取实际秒数与 60 的差值，如秒数为 73，那么函数将提取秒数返回值为 13。

5.4 文本与日期格式间的转换

函数 12 DATEVALUE

将文本格式的日期转换为序列号

函数功能：将存储为文本的日期转换为 Excel 识别日期的序列号。

函数格式：DATEVALUE(date_text)

参数说明：date_text(必选)：表示 Excel 日期格式的日期的文本，或者是对表示 Excel 日期格式的日期的文本所在单元格的单元格引用。

应用范例 计算月之间相差的天数

例如，下图为某公司在 2020 年 11 月到 2021 年 11 月销售商品时签订订单的日期，现在需要计算当月签订订单日期与上月签订订单日期之间的间隔天数，可使用 DATEVALUE 函数。

在 D3 单元格内输入公式：

=DATEVALUE(A3&B3&C3)-DATEVALUE(A2&B2&C2)

按“Enter”键确认，即可计算出两月之间相差的天数。

D3 =DATEVALUE(A3&B3&C3)-DATEVALUE(A2&B2&C2)

	A	B	C	D	E	F	G	H
1	年	月	日	月相差天数				
2	2020年	11月	15日					
3	2020年	12月	29日	44				
4	2021年	1月	10日	12				
5	2021年	2月	23日	44				
6	2021年	3月	26日	31				
7	2021年	4月	14日	19				
8	2021年	5月	16日	32				
9	2021年	6月	7日	22				
10	2021年	7月	30日	53				
11	2021年	8月	10日	11				
12	2021年	9月	19日	40				
13	2021年	10月	28日	39				
14	2021年	11月	27日	30				
15								

注意事项：

- ◆ 参数 date_text 必须表示 1900 年 1 月 1 日到 9999 年 12 月 31 日之间的某个日

期，如果参数 date_text 的值超出上述范围，函数将返回错误值"#VALUE!"。
- 如果省略参数 date_text 中的年份部分，则函数会使用计算机内置时钟的当前年份。参数 date_text 中的时间信息将被忽略。

函数 13	TIMEVALUE	
	将文本格式的时间转换为序列号	

函数功能： 返回由文本字符串所代表的小数值。该小数值为 0～0.99999999 的数值，代表从 00:00:00（12:00:00 A.M.）到 23:59:59（11:59:59 P.M.）之间的时间。

函数格式： TIMEVALUE(time_text)

参数说明： time_text（必选）：一个文本字符串，代表以任意一种 Excel 时间格式表示的时间。

应用范例 计算加班费

例如，下图为某公司 1 月份财务部的加班情况，其中 A 列为员工姓名，B 列为员工加班时长，员工每加班 1 小时加班费为 100，现在需要计算每个员工的加班费，可将 TIMEVALUE 函数和多个函数配合使用。

在 C2 单元格内输入公式：
=ROUND(TIMEVALUE(SUBSTITUTE(SUBSTITUTE(B2,"min",""),"h",":"))*24*100,0)

按"Enter"键确认并将结果向下填充，即可计算出各个员工应得加班费用。

	A	B	C
1	姓名	加班时长	加班费
2	汪树海	4h15min	425
3	何群	12h10min	1217
4	邱霞	10h14min	1023
5	白小米	7h12min	720
6	邱邱	3h01min	302
7	明威	4h08min	413
8	张火庄	7h01min	702
9	杨横	3h25min	342
10	王蕊	3h56min	393

公式含义为，先使用 SUBSTITUTE 函数将 B 列中的"min"替换为空，然后再使用 SUBSTITUTE 函数将"h"替换为"："，将所得结果用 TIMEVALUE 函数转换为可计算时间，乘以 24 将其转换为小时数，再乘以 100，最后使用 ROUND 函数对结果取整。

注意事项：

参数必须为文本格式，且时间必须加上双引号，否则函数返回错误值"#VALUE!"。

5.5 其他日期函数

函数 14	DAYS360
	以一年 360 天为基准计算两个日期间的天数

函数功能： 按照一年 360 天的算法（每个月以 30 天计，一年共计 12 个月），返回两日期间相差的天数。

函数格式： DAYS360(start_date, end_date, [method])

参数说明：

◆ start_date（必选）：要计算期间天数的起始日期。
◆ end_date（必选）：要计算期间天数的终止日期。
◆ method（可选）：一个逻辑值，指定在计算中是采用欧洲方法还是美国方法。具体说明见表 5-1。

表 5-1 参数 method 的取值及含义

method 取值	含义
FALSE 或省略	美国方法（NASD）。如果起始日期为某月的最后一天，则等于当月的 30 号。如果终止日期为某月的最后一天，并且起始日期早于某月的 30 号，则终止日期等于下个月的 1 号；否则，终止日期等于当月的 30 号
TRUE	欧洲方法。如果起始日期和终止日期为某月的 31 号，则等于当月的 30 号

应用范例 计算某公司借款的总借款天数

例如，下图为某公司在过去多年的借贷情况，现在需要计算每一笔借款的借款天数，可使用 DAYS360 函数。

在 C2 单元格中输入公式：

=DAYS360(A2,B2,FALSE)

按"Enter"键确认并将结果向下填充，即可计算出该公司借款的天数。

	A	B	C
1	借款日期	还款日期	借款天数
2	2018/9/5	2020/9/15	730
3	2019/7/8	2021/5/3	655
4	2020/4/1	2021/1/4	273

注意事项：

参数中的日期应使用标准日期格式或 DATE 函数，或者将日期作为其他公式或函数的结果输入。例如，使用函数 DATE(2008,5,23) 输入 2008 年 5 月 23 日。如果日期以非标准日期格式的文本形式输入，则函数会返回错误值"#VALUE!"。

函数 15	DATEDIF
	计算两个日期之间的差值

函数功能：用于计算两个日期之间的年数、月数和天数。

函数格式：DAYDIF(start_date, end_date, [unit])

参数说明：

- start_date（必选）：时间段内的第一个日期或开始日期。
- end_date（必选）时间段内的最后一个日期或结束日期。
- unit（可选）：所需信息的返回类型。

应用范例 计算员工向公司借款的总借款天数

例如，下图为某公司内部员工的借贷情况，其中 A 列为借款员工姓名，C 列为员工借款日期，D 列为员工还款日期，现在需要计算员工向公司借款的天数，可使用 DATEDIF 函数。

在 E2 单元格内输入公式：
=DATEDIF(C2,D2,"D")

按"Enter"键确认并将结果向下填充，即可计算出该公司内部员工总的借款天数。

	A	B	C	D	E	F
1	借款人	账款金额	借款日期	应还日期	总借款天数	
2	汪树海	25000	2020/7/6	2020/12/15	162	
3	何群	9000	2020/11/5	2021/5/6	182	
4	邱霞	40000	2019/2/4	2020/7/1	513	
5	白小米	3200	2019/3/1	2020/8/12	530	
6	邱邱	25000	2019/7/1	2020/7/9	374	
7	明威	16300	2019/4/1	2020/9/15	533	
8	张火庄	45000	2019/9/7	2020/12/4	454	
9	杨横	10000	2020/3/4	2021/1/3	305	
10	王蕊	8900	2019/6/7	2020/10/19	500	
11						

注意事项：

- 参数中的日期应使用标准日期格式或 DATE 函数，或者将日期作为其他公式或函数的结果输入。例如，使用函数 DATE(2008,5,23) 输入 2008 年 5 月 23 日。如果日期以非标准日期格式的文本形式输入，则函数会返回错误值"#VALUE!"。
- DATEDIF 函数是 Excel 中的隐藏函数，在帮助和插入公式里都没有，只能手动输入。

函数 16 EDATE
返回用于表示开始日期之前或之后月数的日期的序列号

函数功能：返回表示某个日期的序列号，该日期与指定日期（start_date）相隔（之前或之后）指示的月份数。

函数格式：EDATE(start_date, months)

参数说明：
- start_date（必选）：一个代表开始日期的日期。
- months（必选）：start_date 之前或之后的月份数。months 为正值将生成未来日期；为负值将生成过去日期。

应用范例 计算还款日期

例如，下图为某公司内部员工的借贷情况，其中 A 列为借款员工姓名，C 列为员工借款日期，D 列为借款时间，现在需要计算员工还款日期，可使用 EDATE 函数。

在 E2 单元格内输入公式：

=TEXT(EDATE(C2,D2),"yy-mm-dd")

按"Enter"键确认并将结果向下填充，即可快速计算出借款人的还款日期。

	A	B	C	D	E	F
1	借款人	账款金额	借款日期	借款时间（月）	还款日期	
2	汪树海	25000	2020年7月6日	5	20-12-06	
3	何群	9000	2020年11月5日	6	21-05-05	
4	邱霞	40000	2019年2月4日	5	19-07-04	
5	白小米	3200	2019年3月1日	8	19-11-01	
6	邱邱	25000	2019年7月1日	6	20-01-01	
7	明威	16300	2019年4月1日	2	19-06-01	
8	张火庄	45000	2020年9月7日	7	21-04-07	
9	杨横	10000	2021年3月4日	5	21-08-04	
10	王蕊	8900	2020年6月7日	10	21-04-07	

注意事项：
- 参数表示的日期应使用 DATE 函数输入，或者将日期作为其他公式或函数的结果输入。例如，使用函数 DATE(2008,5,23) 输入 2008 年 5 月 23 日。如果日期以文本形式输入，则返回错误值"#VALUE!"。
- 如果参数 start_date 不是有效日期，函数将返回错误值"#VALUE!"。
- 如果参数 months 不是整数，将截尾取整。

函数 17 DATESTRING
将指定日期的序列号转换成文本格式日期

函数功能：用于将指定日期的序列号转换成文本格式日期。

函数格式：DATESTRING(serial_number)

参数说明：serial_number（必选）：要转换为文本格式的日期。

应用范例 计算还款日期

例如，下图为某公司内部员工的借贷情况，其中 A 列为借款员工姓名，C 列为员工借款日期，D 列为借款时间，现在需要计算员工还款日期，可使用 DATESTRING 函数。

在 E2 单元格内输入公式：
=DATESTRING(EDATE(C2,LEFT(D2,LEN(D2))))

按"Enter"键确认并将结果向下填充，即可快速计算出员工还款日期。

	A	B	C	D	E
1	借款人	账款金额	借款日期	借款时间（月）	还款日期
2	汪树海	25000	2020年7月6日	5	20年12月06日
3	何群	9000	2020年11月5日	6	21年05月05日
4	邱霞	40000	2019年2月4日	5	19年07月04日
5	白小米	3200	2019年3月1日	8	19年11月01日
6	邱邱	25000	2019年7月1日	6	20年01月01日
7	明威	16300	2019年4月1日	2	19年06月01日
8	张火庄	45000	2020年9月7日	7	21年04月07日
9	杨横	10000	2021年3月4日	5	21年08月04日
10	王蕊	8900	2020年6月7日	10	21年04月07日

注意事项：

◆ 参数表示的日期应使用 DATE 函数输入，或者将日期作为其他公式或函数的结果输入。例如，使用函数 DATE(2008,5,23) 输入 2008 年 5 月 23 日。如果日期以文本形式输入，则返回错误值"#VALUE!"。

◆ 该函数是一个隐藏函数，无法通过插入函数找到该函数，只能手动输入。

函数 18 **EOMONTH**
返回指定月数之前或之后的月份的最后一天的序列号

函数功能：返回某个月份最后一天的序列号，该月份与 start_date 相隔（之前或之后）指示的月份数。

函数格式：EOMONTH(start_date, months)

参数说明：

◆ start_date（必选）：一个代表开始日期的日期。

◆ months（必选）：start_date 之前或之后的月份数。months 为正值将生成未来日期；为负值将生成过去日期。

应用范例 计算员工工资结算日期

例如，下图为某公司员工的离职情况，其中 A 列为员工姓名，B 列为员工离职日期，现在需要统计出该公司员工的工资结算日期。另外公司规定，工资结算在每月9号进行，此时可将 EOMONTH 函数和 TEXT 函数配合使用。

在 C2 单元格内输入公式：

=TEXT(EOMONTH(B2,0)+9,"yyyy 年 m 月 d 日")

按"Enter"键确认并将结果向下填充，即可快速计算出员工工资结算日期。

公式含义为，先使用公式 EOMONTH() 计算出 B 列日期包含的最后一天，然后将其结果加上 9，得到下月的 9 号，最后使用 TEXT 函数将结果设置为日期格式。

注意事项：

- 如果参数 start_date 为非法日期值，则函数返回错误值"#NUM!"。
- 如果参数 start_date 和 months 产生非法日期值，则函数返回错误值"#NUM!"。
- 参数表示的日期应使用 DATE 函数输入，或者将日期作为其他公式或函数的结果输入。例如，使用函数 DATE(2008,5,23) 输入 2008 年 5 月 23 日。如果日期以文本形式输入，则返回错误值"#VALUE!"。

函数 19　NETWORKDAYS
返回两个日期间的全部工作日数

函数功能：返回两个日期间完整的工作日数值。工作日不包括周末和专门指定的假期。

函数格式：NETWORKDAYS(start_date, end_date, [holidays])

参数说明：

- start_date（必选）：一个代表开始日期的日期。
- end_date（必选）：一个代表终止日期的日期。
- holidays（可选）：不在工作日历中的一个或多个日期所构成的可选区域。

应用范例　计算项目耗时天数

例如，某公司开发某一项目，预计项目开始日期为 2019 年 2 月 6 日，项目终止日期为 2020 年 10 月 2 日，并列出假期安排，现在要计算该项目需要花多少个工作日，可使用 NETWORKDAYS 函数。

在 B9 单元格内输入公式：

=NETWORKDAYS(B2,B3,B5:B7)

按"Enter"键确认，即可计算出该项目所耗天数。

	A	B	C	D	E
1					
2	项目的开始日期	2019年2月6日			
3	项目的终止日期	2020年10月2日			
4					
5	假日1	2019年4月5日			
6	假日2	2019年9月12日			
7	假日3	2020年1月1日			
8					
9	项目耗时天数	430			
10					

注意事项：
- 应使用 DATE 函数输入日期，或者将日期作为其他公式或函数的结果输入。例如，使用函数 DATE(2008,5,23) 输入 2008 年 5 月 23 日。如果日期以文本形式输入，则返回错误值"#VALUE!"。
- 如果任一参数为无效的日期值，则函数返回错误值"#VALUE!"。
- 如果省略参数 holidays，则表示除固定双休日之外，没有其他任何节假日。

函数 20	NETWORKDAYS.INTL 使用参数指明周末的日期和天数，返回两个日期间的全部工作日数	

函数功能： 返回两个日期之间的所有工作日数，使用参数指示哪些天是周末，以及有多少天是周末。周末和任何指定为假期的日期不被视为工作日。

函数格式： NETWORKDAYS.INTL(start_date, end_date, [weekend], [holidays])

参数说明：
- start_date（必选）：一个代表开始日期的日期。
- end_date（必选）：一个代表终止日期的日期。
- weekend（可选）：表示介于 start_date 和 end_date 之间但又不包括在所有工作日数中的周末日，可以为周末数值或字符串，用于指定周末时间。该参数的取值及含义如表 5-2 所示。
- holidays（可选）：包含一个或多个日期的可选集合，这些日期将从工作日日历中排除。假期应该是包含日期的单元格区域，也可以是代表这些日期的序列值的数组常量。假期中的日期或序列值的顺序可以是任意的。

表 5-2　参数 weekend 的取值及含义

weekend 取值	周　末　日	weekend 取值	周　末　日
1 或省略	星期六、星期日	4	星期二、星期三
2	星期日、星期一	5	星期三、星期四
3	星期一、星期二	6	星期四、星期五

续表

weekend 取值	周 末 日	weekend 取值	周 末 日
11	仅星期日	14	仅星期三
12	仅星期一	15	仅星期四
13	仅星期二	16	仅星期五

weekend 字符串为 7 个字符长，该字符串中的每个字符代表一周中的一天，从星期一开始。1 代表非工作日，0 代表工作日。该字符串中只允许使用字符 1 和 0。使用 1111111 将始终返回 0。

例如，0000011 得到的结果是星期六和星期日为周末。

应用范例 计算项目耗时工作天数

例如，某公司开发某一项目，预计项目开始日期为 2020 年 2 月 6 日，项目终止日期为 2020 年 10 月 2 日，并列出假期安排，现在要计算该项目需要花多少个工作日，又因为项目安排比较紧，因此规定每周只有周日一天休息，此时可使用 NETWORKDAYS.INTL 函数。

在 B9 单元格内输入公式：
=NETWORKDAYS.INTL(B2,B3,11,B5:B7)

按"Enter"键确认，即可快速计算出该项目所耗天数。

	A	B
1		
2	项目的开始日期	2020年2月6日
3	项目的终止日期	2020年10月2日
4		
5	假日1	2020年4月5日
6	假日2	2020年6月14日
7	假日3	2020年9月12日
8		
9	项目耗时天数	205
10		

提示

将 NETWORKDAYS.INTL 函数的 weekend 参数设置为 11，表示每周只有周日为休息日，即一周工作日为 6 天，然后将 holidays 参数设置为 B5:B7 区域，再除开特定的节假日，即可得出项目所耗的工作日天数。

注意事项：

◆ 如果参数 start_date 晚于参数 end_date，则返回值为负数，数量将是所有工作日的数量。

◆ 如果参数 start_date 或 end_date 在当前日期基数值的范围之外，则函数返回错误值"#NUM!"。
- 如果 weekend 字符串的长度无效或包含无效字符，则函数返回错误值"#VALUE!"。

函数 21	WEEKNUM	
	将序列号转换为代表该星期为一年中第几周的数字	

函数功能：返回特定日期的周数。例如，包含 1 月 1 日的周为该年的第 1 周。

函数格式：WEEKNUM(serial_number, [return_type])

参数说明：
- serial_number（必选）：代表一周中的日期。
- turn_type（可选）：一个数字，确定星期从哪一天开始，默认值为 1。表 5-3 列出了该参数的取值及含义。

表 5-3 参数 turn_type 的取值及含义

turn_type 取值	含　义
1	星期从星期日开始，星期天数为 1~7
2	星期从星期一开始，星期天数为 1~7

应用范例　计算某月第一周的收入金额

例如，下图为某员工 2020 年 7 月份的收入情况，A 列为具体收入时间，B 列为相应的收入金额，为了更好地查看收入情况，现在需要计算该月第一周的收入金额，可将 WEEKNUM 函数和多个函数配合使用。

在 D2 单元格内输入公式：

=SUM((WEEKNUM(A2:A11*1,1)-WEEKNUM(YEAR(A2:A11)&"-"&MONTH(A2:A11)&"-1")+1=1)*B2:B11)

按"Ctrl+Shift+Enter"组合键确认，即可显示该月第一周的收入金额。

	A	B	C	D	E	F	G
1	时间	收入金额		第1周收入金额			
2	2020年7月6日	195		932			
3	2020年7月3日	582					
4	2020年7月12日	452					
5	2020年7月14日	256					
6	2020年7月19日	453					
7	2020年7月22日	210					
8	2020年7月17日	520					
9	2020年7月4日	350					
10	2020年7月26日	450					
11	2020年7月29日	150					

注意事项：

- 应使用 DATE 函数输入日期，或者将日期作为其他公式或函数的结果输入。例如，使用函数 DATE(2008,5,23) 输入 2008 年 5 月 23 日。如果日期以文本形式输入，则返回错误值"#VALUE!"。
- 如果参数 serial_number 不在当前日期基数值范围内，则返回错误值"#NUM!"。
- 如果参数 return_type 的取值不在上述表格中，则返回错误值"#NUM!"。

函数 22　WORKDAY

返回指定的若干工作日之前或之后的日期的序列号

函数功能： 返回在某日期（起始日期）之前或之后、与该日期相隔指定工作日的某一日期的序列号。工作日不包括周末和专门指定的假日。

函数格式： WORKDAY(start_date, days, [holidays])

参数说明：

- start_date（必选）：一个代表开始日期的日期。
- days（必选）：start_date 之前或之后不含周末及节假日的天数。days 为正值将生成未来日期；为负值生成过去日期。
- holidays（可选）：一个可选列表，其中包含需要从工作日历中排除的一个或多个日期。该列表可以是包含日期的单元格区域，也可以是由代表日期的序列号所构成的数组常量。

应用范例　计算交货日期

例如，某公司在 2021 年 2 月 6 日与 T 公司签订合同，合约规定交货日期为 90 天以后，现在需要计算出实际工作日所对应的项目提交日期，可使用 WORKDAY 函数。

在 D3 单元格内输入公式：

=WORKDAY(B2,B3,B6:B11)

按"Enter"键确认，即可计算出该项目的具体交货日期。

	A	B	C	D	E
1					
2	合约签订日期	2021年2月6日		项目的提交日期	
3	合约规定交货天数	90		2021/6/15	
4					
5	假日	具体日期			
6		2021年4月3日			
7	清明节	2021年4月4日			
8		2021年4月5日			
9		2021年6月12日			
10	端午节	2021年6月13日			
11		2021年6月14日			
12					

注意事项:

- 应使用 DATE 函数输入日期，或者将日期作为其他公式或函数的结果输入。例如，使用函数 DATE(2008,5,23) 输入 2008 年 5 月 23 日。如果日期以文本形式输入，则返回错误值 "#VALUE!"。
- 如果任一参数为非法日期值，则函数返回错误值 "#VALUE!"。
- 如果参数 start_date 加上 days 产生非法日期值，则函数返回错误值 "#NUM!"。
- 如果参数 days 不是整数，将截尾取整。

函数 23	WORKDAY.INTL 使用参数指明周末的日期和天数，从而返回指定的若干工作日之前或之后的日期的序列号	

函数功能: 返回指定的若干工作日之前或之后的日期的序列号。周末参数指明周末有几天以及是哪几天。周末和指定为节假日的任何日子将不会算作工作日。

函数格式: WORKDAY.INTL(start_date, days, [weekend], [holidays])

参数说明:

- start_date（必选）：开始日期（将被截尾取整）。
- days（必选）：start_date 之前或之后的工作日的天数。正值表示未来日期；负值表示过去日期；零值表示开始日期。为 day-offset 将被截尾取整。
- weekend（可选）：指示一周中属于周末的日子和不作为工作日的日子。weekend 是一个用于指定周末日子的周末数字或字符串。该参数取值及含义见表 5-4。
- holidays（可选）：一组可选的日期，表示要从工作日日历中排除的一个或多个日期。holidays 应是一个包含相关日期的单元格区域，或者是一个由表示这些日期的序列值构成的数组常量。

表 5-4　参数 weekend 的取值及含义

weekend 取值	周　末　日	weekend 取值	周　末　日
1 或省略	星期六、星期日	11	仅星期日
2	星期日、星期一	12	仅星期一
3	星期一、星期二	13	仅星期二
4	星期二、星期三	14	仅星期三
5	星期三、星期四	15	仅星期四
6	星期四、星期五	16	仅星期五

　　weekend 字符串的长度为 7 个字符，并且字符串中的每个字符都表示一周中的一天（从星期一开始）。1 表示非工作日，0 表示工作日。在字符串中仅允许使用字符 1 和 0。1111111 是无效字符串。

　　例如，0000011 得到的结果为星期六和星期日是周末。

应用范例 计算若干工作日之后的日期

例如，某公司在 2021 年 1 月 26 日与 B 公司签订合同，合约规定交货日期为 99 天以后，现在需要计算出实际工作日所对应的项目提交日期，可使用 WORKDAY.INTL 函数。

在 D2 单元格内输入公式：
=WORKDAY.INTL(B1,B2,1,B5:B10)

按"Enter"键确认，即可计算出该项目的具体交货日期。

	A	B	C	D	E
1	合约签订日期	2021年1月26日		项目的提交日期	
2	合约规定交货天数	99		2021/6/16	
3					
4	假日	具体日期			
5		2021年4月3日			
6	清明节	2021年4月4日			
7		2021年4月5日			
8		2021年6月12日			
9	端午节	2021年6月13日			
10		2021年6月14日			
11					

注意事项：

◆ 如果参数 start_date 超出了当前日期基数值的范围，则函数返回错误值"#NUM!"。

◆ 如果参数 holidays 中的任何日期超出了当前日期基数值的范围，则函数返回错误值"#NUM!"。

◆ 如果参数 start_date 加上 day-offset 得到一个无效日期，则函数返回错误值"#NUM!"。

◆ 如果 weekend 字符串的长度无效或包含无效字符，则函数返回错误值"#VALUE!"。

第6章 查找和引用函数

在 Excel 中,查找和引用函数的主要功能是查询各种信息。除了在数据量很大的工作表中快速找到需要的资料,在实际操作中,查找和引用函数与其他类型的函数一起综合应用,还可以完成复杂的查找或者定位。

本章导读
- 查找数据
- 引用表中数据

6.1 查找数据

| 函数 1 | CHOOSE
从值的列表中选择值 | |

函数功能：返回数值参数列表中的数值。使用该函数可以根据索引号从最多 254 个数值中选择一个。

函数格式：CHOOSE(index_num, value1, [value2], ...)

参数说明：

- index_num（必选）：指定所选定的数值参数。必须为 1～254 的数字，或者为公式或对包含 1～254 某个数字的单元格的引用。如果 index_num 为 1，函数 CHOOSE 返回 value1；如果 index_num 为 2，函数 CHOOSE 返回 value2，依次类推。
- value1（必选）：表示第一个数值参数。
- value2, ...（可选）：这些数值参数的个数介于 2～254，函数 CHOOSE 基于 index_num 从这些数值参数中选择一个数值或一项要执行的操作。参数可以为数字、单元格引用，以及已定义的名称、公式、函数或文本。

应用范例 判断员工考试成绩是否合格

例如，某公司在年底对员工进行了考核，现在需要根据考核成绩判断员工是否合格，其中总成绩大于或等于 140 为合格，反之则为不合格，可使用 CHOOSE 函数。

在 E2 单元格内输入公式：
=CHOOSE(IF(D2>=140,1,2),"合格","不合格")

按"Enter"键确认，即可判定员工考核情况。

	A	B	C	D	E
1	员工姓名	操作考核	笔试考核	总成绩	考评结果
2	汪树海	90	77	167	合格
3	何群	76	80	156	合格
4	邱霞	80	50	130	不合格
5	白小米	78	80	158	合格
6	邱邱	55	63	118	不合格
7	明威	80	67	147	合格
8	张火庄	88	70	158	合格
9	杨横	55	60	115	不合格
10	王蕊	70	80	150	合格

注意事项：

- 如果 index_num 小于 1 或大于列表中最后一个值的序号，则函数返回错误值"#VALUE!"。
- 如果参数 index_num 为小数，则在使用前将被截尾取整。

函数 2	LOOKUP
	在向量中查找值

函数功能：在单行区域或单列区域（称为"向量"）中查找值，然后返回第二个单行区域或单列区域中相同位置的值。

函数格式：LOOKUP(lookup_value, lookup_vector, [result_vector])

参数说明：

◆ lookup_value（必选）：LOOKUP 在第一个向量中搜索的值。Lookup_value 可以是数字、文本、逻辑值、名称或对值的引用。

◆ lookup_vector（必选）：只包含一行或一列的区域。lookup_vector 中的值可以是文本、数字或逻辑值。

◆ result_vector（可选）：只包含一行或一列的区域。result_vector 参数必须与 lookup_vector 参数大小相同。

应用范例 根据姓名查找身份证号

例如，需要从向量中查找一个值，可使用 LOOKUP 函数。在 B11 单元格中输入公式：

=LOOKUP (A11,A2:A8,B2:B8)

按"Enter"键确认，即可得到 A11 单元格中员工姓名对应的身份证号。

注意事项：

◆ 参数 lookup_vector 中的值必须以升序排列：..., -2, -1, 0, 1, 2, ..., A-Z, FALSE, TRUE。否则，函数可能无法返回正确的值。大写文本和小写文本是等同的。

◆ 如果函数找不到 lookup_value，则它与 lookup_vector 中小于或等于 lookup_value 的最大值匹配。

◆ 如果参数 lookup_value 小于参数 lookup_vector 中的最小值，则函数会返回错误值"#N/A"。

函数 3 LOOKUP 在数组中查找值

函数功能：在数组的第一行或第一列中查找指定的值，并返回数组最后一行或最后一列内同一位置的值。

函数格式：LOOKUP(lookup_value, array)

参数说明：

- lookup_value（必选）：在数组中搜索的值。该参数可以是数字、文本、逻辑值、名称或对值的引用。
- array（必选）：包含要与 lookup_value 进行比较的文本、数字或逻辑值的单元格区域。

应用范例 将字母转换为评分

例如，某比赛规定评委评分时使用 A、B、C、D 和 E 这 5 个标准。现在需要将评分字母转换为得分，其中 A 为 10 分，B 为 9 分，C 为 8 分，D 为 7 分及 E 为 6 分。要计算选手的平均分，也可使用 LOOKUP 函数实现。

在 E2 单元格内输入公式：

=AVERAGE(LOOKUP(B2:D2,{"A","B","C","D","E"},{10,9,8,7,6}))

按 "Ctrl+Shift+Enter" 组合键，即可得到该选手评分的平均分。将 E 列单元格右侧的小数位数设为 "2"。使用填充柄功能将显示计算结果的单元格中的公式和格式复制到该列中的其他单元格中，即可得到所有选手评分的平均分。

	A	B	C	D	E
1	姓名	评委1	评委2	评委3	最后得分
2	徐汐诺	A	B	A	9.67
3	刘希彦	B	D	E	7.33
4	平原	C	A	D	8.33
5	李凤翔	B	C	D	8.00
6	黄希艳	E	B	B	7.67
7	唐依依	A	D	A	9.00
8	蔡佳佳	E	B	C	7.67

注意事项：

- 如果函数找不到 lookup_value 的值，它会使用数组中小于或等于 lookup_value 的最大值。
- 如果参数 lookup_value 的值小于第一行或第一列中的最小值(取决于数组维度)，则函数会返回错误值 "#N/A"。
- 如果数组包含宽度比高度大的区域（列数多于行数），则函数会在第一行中搜索 lookup_value 的值。

- 如果数组是正方的或者高度大于宽度（行数多于列数），则函数会在第一列中进行搜索。
- 数组中的值必须以升序排列：…，-2，-1，0，1，2，…，A-Z，FALSE，TRUE。否则，函数无法返回正确的值。大写文本和小写文本是等同的。

函数4	HLOOKUP	
	查找数组的首行并返回指定单元格的值	

函数功能：在表格或数值数组的首行查找指定的数值，并在表格或数组中指定行的同一列中返回一个数值。HLOOKUP 中的 H 代表"行"。

函数格式：HLOOKUP(lookup_value, table_array, row_index_num, [range_lookup])

参数说明：

- lookup_value（必选）：需要在表的第一行中查找的数值。该参数可以为数值、引用或文本字符串。
- table_array（必选）：需要在其中查找数据的信息表，使用对区域或区域名称的引用。该参数第一行的数值可以为文本、数字或逻辑值。
- row_index_num（必选）：table_array 中待返回的匹配值的行序号。该参数为 1 时，返回第一行的数值；该参数为 2 时，返回第二行的数值，依次类推。
- range_lookup（可选）：逻辑值，指明函数查找时是精确匹配还是近似匹配。如果为 TRUE 或 1，则返回近似匹配值，也就是说，如果找不到精确匹配值，则返回小于 lookup_value 的最大数值；如果 range_lookup 为 FALSE 或 0，函数 HLOOKUP 将查找精确匹配值，如果找不到，则返回错误值"#N/A"。如果 rang_lookup 省略，则默认为 0。

应用范例 查找商品在某段时间内的销量

例如，下图为商品在某年第一季度的销量，其中 A 列为销售商品名称，其他为与之相应各月份的商品销售情况，现在需要查看商品在某月的具体销量，可使用 HLOOKUP 函数。

在 B9、B10 单元格内输入查找商品的名称和月份，然后在 B11 单元格内输入公式：
=HLOOKUP(B10,A1:E7,MATCH(B9,A1:A7,0))

按"Enter"键确认，即可计算出该商品在指定月份的销量。

	A	B	C	D	E
1	商品	一月份	二月份	三月份	四月份
2	文件夹	392	590	490	485
3	显示屏	362	496	325	775
4	装饰画	297	590	700	756
5	书夹	607	987	555	582
6	打印机	586	360	570	482
7	台灯	470	501	460	485
8					
9	商品	文件夹			
10	时间	三月份			
11	销量	490			

提示

先使用 MATCH 函数查找商品"文件夹"在 A 列中的行数,然后使用 HLOOKUP 函数在 A1:E7 单元格区域中查找"三月份"的列号,即可返回目标值。

注意事项:

◆ 如果参数 row_index_num 小于 1,则函数返回错误值"#VALUE!";如果参数 row_index_num 大于参数 table_array 的行数,则函数返回错误值"#REF!"。

◆ 如果参数 range_lookup 为 TRUE,则参数 table_array 第一行的数值必须按升序排列,即…,-2, -1, 0, 1, 2, …, A-Z, FALSE, TRUE;否则,函数将不能给出正确的数值。如果参数 range_lookup 为 FALSE,则参数 table_array 不必进行排序。

◆ 如果函数找不到参数 lookup_value,且参数 range_lookup 为 TRUE,则使用小于 lookup_value 的最大值。

◆ 如果函数小于参数 table_array 第一行中的最小数值,则函数返回错误值"#N/A"。

◆ 如果参数 range_lookup 为 FALSE 且参数 lookup_value 为文本,则可以在 lookup_value 中使用通配符、问号(?)和星号(*)。问号匹配任意单个字符;星号匹配任意字符序列。如果要查找实际的问号或星号,请在该字符前输入波形符(~)。

函数 5	VLOOKUP 在数组第一列中查找,然后在行之间移动以返回单元格的值	

函数功能: 搜索某个单元格区域的第一列,然后返回该区域相同行上任何单元格中的值。

函数格式: VLOOKUP(lookup_value, table_array, col_index_num, [range_lookup])

参数说明:

◆ lookup_value(必选):在表格或区域的第一列中搜索的值。该参数可以是值或引用。

◆ table_array(必选):包含数据的单元格区域。可以使用对区域(如 A2:D8)或区域名称的引用。这些值可以是文本、数字或逻辑值。

◆ col_index_num(必选):table_array 参数中必须返回的匹配值的列号。该参数为 1 时,返回第一列中的值;该参数为 2 时,返回第二列中的值,依次类推。

◆ range_lookup(可选):一个逻辑值,指明 VLOOKUP 查找时是精确匹配还是近似匹配。如果 range_lookup 为 TRUE 或被省略(默认为 1),则返回近似匹配值,也就是说,如果找不到精确匹配值,则返回小于 lookup_value 的最大值;如果 range_lookup 为 FALSE 或 0,则返回精确匹配值。

应用范例 将得分转换为等级评价

例如，某学校规定学生的综合得分的分级为：60 分以下为 D 级，60 分（包含60）至 80 分为 C 级，80 分（包含 80）至 90 分为 B 级，90 分（包含 90）以上为 A 级。现在需要将学生的得分转换为等级评价，可使用 VLOOKUP 函数。

选中 C2 单元格，在其中输入公式：
=VLOOKUP(B2,{0,"D";60,"C";80,"B";90,"A"},2)

按"Enter"键确认，然后使用填充柄功能复制公式到该列的其他单元格中，即可得到所有学生的得分等级结果。

提示

公式中将评定规则设置为一个常量数组，再将其作为函数的查找区域。在常量数组中，设置行数与列数需要注意分号和逗号的使用。也可将评定规则的数据输入单元格区域，再在函数中用于引用函数作为查找区域即可。

注意事项：

◆ 如果为 lookup_value 参数提供的值小于 table_array 参数第一列中的最小值，则 VLOOKUP 将返回错误值 "#N/A"。

◆ 如果 col_index_num 参数小于 1，则 VLOOKUP 返回错误值 "#VALUE!"；如果 col_index_num 参数大于 table_array 的列数，则 VLOOKUP 返回错误值 "#REF!"。

◆ 如果 range_lookup 参数为 TRUE 或被省略，则必须按升序排列 table_array 第一列中的值；否则，VLOOKUP 可能无法返回正确的值。如果 range_lookup 参数为 FALSE，则不需要对 table_array 第一列中的值进行排序，VLOOKUP 将只查找精确匹配值。如果 table_array 的第一列中有两个及以上值与 lookup_value 匹配，则使用第一个找到的值。如果找不到精确匹配值，则返回错误值 "#N/A"。

◆ 如果 range_lookup 参数为 FALSE 且 lookup_value 为文本，则可以在 lookup_value 中使用通配符、问号（?）和星号（*）。问号匹配任意单个字符；星号匹配任意字符序列。如果要查找实际的问号或星号，请在字符前输入波形符（~）。

函数6	MATCH
	在引用或数组中查找值

函数功能： 在单元格区域中搜索指定项，然后返回该项在单元格区域中的相对位置。
函数格式： MATCH(lookup_value, lookup_array, [match_type])
参数说明：

- lookup_value（必选）：需要在 lookup_array 中查找的值。例如，如果要在电话簿中查找某人的电话号码，则应该将姓名作为查找值，但实际上需要的是电话号码。该参数可以为值（数字、文本或逻辑值）或对数字、文本或逻辑值的单元格引用。
- lookup_array（必选）：要搜索的单元格区域。
- match_type（可选）：数字-1、0 或 1。match_type 参数指定 Excel 如何在 lookup_array 中查找 lookup_value 的值。此参数的默认值为 1。关于该参数取值与 MATCH 函数的返回值见表 6-1。

表 6-1 参数 match_type 取值与 MATCH 函数的返回值

match_type 取值	MATCH 函数的返回值
1 或省略	模糊查找小于或等于 lookup_value 的最大值。lookup_array 参数中的值必须按升序排列，例如：…，-2，-1，0，1，2，…，A-Z，FALSE，TRUE
0	精确查找等于 lookup_value 的第一个值。lookup_array 参数中的值可以按任何顺序排列
-1	模糊查找大于或等于 lookup_value 的最小值。lookup_array 参数中的值必须按降序排列，例如：TRUE, FALSE, Z-A, …, 2, 1, 0, -1, -2, …

应用范例 | 根据姓名查询成绩

例如，下图为比赛成绩表，A 列为参赛人员姓名，B 列为比赛成绩，现在需要根据参赛人员姓名查询成绩，可使用 MATCH 函数。

在 B16 单元格内输入公式：
=INDEX(A2:B14,MATCH(A16,A2:A14,0),2)

按"Enter"键确认，即可查询 A16 单元格内参赛人员相应的成绩。

注意事项：

- 函数会返回 lookup_array 中匹配值的位置而不是匹配值本身。例如，MATCH("b",{"a","b","c"},0) 会返回 2，即 "b" 在数组{"a","b","c"}中的相对位置。
- 查找文本值时，函数不区分大小写字母。
- 如果函数查找匹配项不成功，它会返回错误值 "#N/A"。
- 如果 match_type 参数为 0 且查找值为文本字符串，可以在 lookup_value 参数中使用通配符［问号（?）和星号（*）］。问号匹配任意单个字符；星号匹配任意一串字符。如果要查找实际的问号或星号，请在该字符前输入波形符(~)。

函数7	INDEX
	在引用中查找值

函数功能： 返回指定的行与列交叉处的单元格引用。如果引用由不连续的选定区域组成，可以选择某一选定区域。

函数格式： INDEX(reference, row_num, [column_num], [area_num])

参数说明：

- reference（必选）：对一个或多个单元格区域的引用。
- row_num（必选）：引用中某行的行号，函数从该行返回一个引用。
- column_num（可选）：引用中某列的列标，函数从该列返回一个引用。
- area_num（可选）：选择引用中的一个区域，以从中返回 row_num 和 column_num 的交叉区域。选中或输入的第一个区域序号为 1，第二个为 2，依次类推。如果省略 area_num，则函数 INDEX 使用区域 1。

应用范例 查找员工工资

例如，下图为某公司员工入职情况调查表，其中 A 列为员工姓名，B 列到 E 列为员工相应信息，现在需要根据员工姓名查询其工资收入，可将 MATCH 函数和 INDEX 函数配合使用。

在 H5 单元格内输入公式：

=INDEX(D2:D10,MATCH(H3&H4,A2:A10 & B2:B10,0))

按 "Ctrl+Shift+Enter" 组合键确认，即可查询 H5 单元格内对应的员工工资。

	A	B	C	D	E	F	G	H	I
1	姓名	部门	职位	月薪	工龄				
2	汪树海	营销部	普通员工	8520	4				
3	何群	技术部	中级员工	4520	1		姓名	邱文	
4	邱霞	交通部	中级员工	5860	5		所在部门	客服部	
5	白小米	运输部	部门经理	4850	4		员工工资	8620	
6	邱文	客服部	部门经理	8620	7				
7	明威	营销部	高级员工	4850	9				
8	张庄	维修部	部门经理	7520	7				
9	杨横	营运部	部门经理	6520	8				
10	王蕊	技术部	部门经理	4530	4				
11									

注意事项:

- 参数 reference 和 area_num 选择了特定的区域后,参数 row_num 和 column_num 将进一步选择特定的单元格:row_num 1 为区域的首行,column_num 1 为首列,依次类推。函数返回的引用即为 row_num 和 column_num 的交叉区域。
- 如果将参数 row_num 或 column_num 设置为 0,则函数分别返回对整列或整行的引用。
- 参数 row_num、column_num 和 area_num 必须指向 reference 中的单元格;否则函数返回错误值"#REF!"。如果省略 row_num 和 column_num,则函数返回由 area_num 指定的引用中的区域。

函数 8	INDEX 在数组中查找值	

函数功能: 返回表格或数组中的元素值,此元素由行号和列号的索引值给定。
函数格式: INDEX(array, row_num, [column_num])
参数说明:
- array(必选):单元格区域或数组常量。
- row_num(必选):选择数组中的某行,函数从该行返回数值。如果省略 row_num,则必须有 column_num。
- column_num(可选):选择数组中的某列,函数从该列返回数值。如果省略 column_num,则必须有 row_num。

应用范例 查找员工指定月份的销量

例如,下图为某公司 2021 年前 4 个月商品的销量,A 列为商品名称,B 列到 E 列为商品前 4 个月各月份的销量,F 列为商品总销量,现在需要根据单元格 B9 中的值查找商品在四月份的销量,可使用 INDEX 函数。

在 B10 单元格内输入公式:

=INDEX(A2:F7,1,5)

按"Enter"键确认,即可查看该商品四月份的销量。

	A	B	C	D	E	F	G
1	商品	一月份	二月份	三月份	四月份	总销量	
2	文件夹	392	590	490	485	1957	
3	显示屏	362	496	325	775	1958	
4	装饰画	297	590	700	756	2343	
5	书夹	607	987	555	582	2731	
6	打印机	586	360	570	482	1998	
7	台灯	470	501	460	485	1916	
8							
9	商品	文件夹					
10	四月销量	485					
11							

注意事项：

- 如果数组只包含一行或一列，则相对应的参数 row_num 或 column_num 为可选参数。如果数组有多行和多列，但只使用参数 row_num 或 column_num，则函数返回数组中的整行或整列，且返回值也为数组。
- 如果同时使用参数 row_num 和 column_num，则函数返回参数 row_num 和 column_num 交叉处的单元格中的值。
- 如果将参数 row_num 或 column_num 设置为 0，则函数分别返回整个列或行的数组数值。若要使用以数组形式返回的值，则需要将函数以数组公式形式输入，对于行以水平单元格区域的形式输入，对于列以垂直单元格区域的形式输入。若要输入数组公式，则需要按"Ctrl+Shift+Enter"组合键。
- 参数 row_num 和 column_num 必须指向数组中的一个单元格，否则函数返回错误值"#REF!"。

6.2 引用表中数据

函数9	ADDRESS
	以文本形式将引用值返回工作表的单个单元格

函数功能： 在给出指定行数和列数的情况下，可以使用 ADDRESS 函数获取工作表单元格的地址。

函数格式： ADDRESS(row_num, column_num, [abs_num], [a1], [sheet_text])

参数说明：

- row_num（必选）：一个数值，指定要在单元格引用中使用的行号。
- column_num（必选）：一个数值，指定要在单元格引用中使用的列号。
- abs_num（可选）：一个数值，指定要返回的引用类型。该参数的取值与返回引用类型见表 6-2。
- a1（可选）：一个逻辑值，指定 A1 或 R1C1 引用样式。在 A1 引用样式中，列和行分别按字母和数字顺序添加标签；在 R1C1 引用样式中，列和行均按数字顺序添加标签。
- sheet_text（可选）：一个文本值，指定要用作外部引用的工作表的名称。

表 6-2 参数 abs_num 取值与返回引用类型

abs_num 取值	返回的引用类型	例　　如
1 或省略	绝对单元格引用	$A$1
2	绝对行号，相对列标	A$1
3	相对行号，绝对列标	$A1
4	相对单元格引用	A1

第6章 查找和引用函数

应用范例 查找成绩最大值的单元格

例如，下图为某公司年底考核情况表，其中 A 列为员工姓名，B 列为员工多项考核的平均成绩，现在需要对平均成绩最高的员工给予特别奖励，此时可将 ADDRESS 函数和多个函数配合使用。

在 E2 单元格内输入公式：
=ADDRESS(MAX(IF(B2:B11=MAX(B2:B11),ROW(2:11))),2)

按"Ctrl+Shift+Enter"键确认，即可显示出成绩最高的单元格。

	A	B	C	D	E
1	姓名	成绩			
2	童书	70		最大值地址	$B$8
3	张明	80			
4	吴宇彤	56			
5	郑怡然	90			
6	王建国	60			
7	蔡佳佳	50			
8	明威	99			
9	张庄	73			
10	杨横	75			
11	王蕊	68			

注意事项：

如果参数 a1 为 TRUE 或被省略，则函数返回 A1 样式引用；如果 a1 为 FALSE，则函数返回 R1C1 样式引用。

函数 10 | **AREAS**
返回引用中涉及的区域个数

函数功能：返回引用中包含的区域个数。区域表示连续的单元格区域或某个单元格。
函数格式：AREAS(reference)
参数说明：reference（必选）：对某个单元格或单元格区域的引用，也可以引用多个区域。

应用范例 统计引用区域个数

例如，某员工在操作表格时需要统计引用单元格或引用区域的个数，此时可使用 AREAS 函数。在 D1 单元格内输入公式：
=AREAS((A3:B9,D3:E6))

按"Enter"键确认，即可统计出引用区域的个数。

![表格图片：=AREAS((A3:B9,D3:E6)) 示例]

提示

在上述公式中使用了多个区域的引用，所以需要使用括号将区域括起来，否则公式会产生错误。

函数 11	COLUMN
	返回引用的列号

函数功能：返回指定单元格引用的列号。

函数格式：COLUMN([reference])

参数说明：reference（可选）：要返回其列号的单元格或单元格区域。

应用范例 返回当前所在列数

例如，在操作表格时，如果需要返回当前单元格所在的列数，可在 B1 单元格内输入公式：

=COLUMN()

按"Enter"键确认，即可显示单元格所在列数。

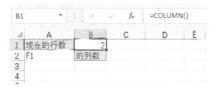

若要返回某个单元格引用的列数，可在 C2 单元格内输入公式：

=COLUMN(INDIRECT(A2))

按"Enter"键确认，即可显示指定单元格引用的列数。

注意事项：
- 如果省略参数 reference 或该参数为一个单元格区域，并且 COLUMN 函数是以水平数组公式的形式输入的，则函数将以水平数组的形式返回参数 reference 的列号。将公式作为数组公式输入从公式单元格开始，选择要包含数组公式的区域。按"F2"键，然后按"Ctrl+Shift+Enter"组合键。
- 如果参数 reference 为一个单元格区域，并且 COLUMN 函数不是以水平数组公式的形式输入的，则函数将返回最左侧列的列号。
- 如果省略参数 reference，则假定该参数为对函数所在单元格的引用。
- 参数 reference 不能引用多个区域。

函数 12	COLUMNS
	返回引用中包含的列数

函数功能： 返回数组或引用的列数。
函数格式： COLUMNS(array)
参数说明： array（必选）：需要得到其列数的数组、数组公式或对单元格区域的引用。

应用范例　返回引用区域的列数

例如，某员工在操作表格时需要计算单元格引用区域的列数，此时可使用 COLUMNS 函数。在 F1 单元格内输入公式：

=COLUMNS(销售)

按"Enter"键确认，即可计算出单元格引用区域的列数。

	A	B	C	D	E	F	G	H
1	销售数据		行数	5	列数	7		
2	日期	1月1日	1月2日	1月3日	1月4日	1月5日	1月6日	
3	商品	显示屏	装饰画	书夹	打印机	台灯	文件夹	
4	单价	4545	70	25	4520	488	29	
5	数量	2	7	6	3	4	10	
6	金额	9090	490	150	13560	1952	290	
7								

提示

COLUMNS 函数计算的是列数，所以输入公式"=COLUMNS(A:G)"和"=COLUMNS(A1:G1)"，与上述范例的公式结果是相同的。

函数 13	ROW
	返回引用的行号

函数功能： 返回引用的行号。
函数格式： ROW([reference])
参数说明： reference（可选）：需要得到其行号的单元格或单元格区域。

应用范例 产生每两行空一行后累加 1 的编号

例如,假设需要在 A 列产生自然数序列编号,从 1 开始,且每隔两行空一行,即让每个组的成员之间产生一个空行,以便查看。选中 A1 单元格,在其中输入公式:
=IF(ROW()=1,1,IF(MOD(ROW(),3),COUNT(OFFSET(A$1,,,ROW()-1))+1,""))

按"Enter"键确认,公式将返回 1。用填充柄功能填充,在 A 列每两行空一行产生递加 1 的序列,在编号右侧输入成员姓名即可。

	A	B
1	1	章书
2	2	张明
3		
4	3	郑怡然
5	4	王建国
6		
7	5	蔡佳佳
8	6	明威
9		

提示

先使用 ROW 函数判断当前行的行号,若等于 1 则返回 1;对于其他行,当行号为 3 的整数倍数时,返回空白;相邻的下一行则从 A1 开始至当前行的上一行结束的区域中的数字个数加 1。

注意事项:
◆ 在 ROW 函数中,如果省略 reference 参数,则假定是对函数所在单元格的引用。
◆ 如果参数 reference 为一个单元格区域,并且函数 ROW 作为垂直数组输入,则函数将以垂直数组的形式返回 reference 参数的行号。
◆ 在 ROW 函数中参数 reference 不能引用多个区域。

函数 14 ROWS
返回引用中的行数

函数功能: 返回引用或数组的行数。
函数格式: ROWS(array)
参数说明: array(必选):需要得到其行数的数组、数组公式或对单元格区域的引用。

应用范例 返回数组或引用的行数

例如,某员工在操作表格时需要计算单元格引用区域的行数,此时可使用 ROWS 函数。在需要显示结果的单元格中输入公式:

=ROWS(A2:H5)

按"Enter"键确认，即可计算区域中的行数。

函数 15	OFFSET	
	从给定引用中返回引用偏移量	

函数功能：以指定的引用为参照系，通过给定偏移量得到新的引用。返回的引用可以为一个单元格或单元格区域，并可以指定返回的行数或列数。

函数格式：OFFSET(reference, rows, cols, [height], [width])

参数说明：

◆ reference（必选）：作为偏移量参照系的引用区域。reference 必须为对单元格或相连单元格区域的引用；否则，OFFSET 返回错误值"#VALUE!"。

◆ rows（必选）：相对于偏移量参照系的左上角单元格，上（下）偏移的行数。如果使用 5 作为参数 rows,则说明目标引用区域的左上角单元格比 reference 低 5 行。行数可为正数（代表在起始引用的下方）或负数（代表在起始引用的上方）。

◆ cols（必选）：相对于偏移量参照系的左上角单元格，左（右）偏移的列数。如果使用 5 作为参数 cols,则说明目标引用区域的左上角单元格比 reference 靠右 5 列。列数可为正数（代表在起始引用的右边）或负数（代表在起始引用的左边）。

◆ height（可选）：高度，即所要返回的引用区域的行数。height 必须为正数。

◆ width（可选）：宽度，即所要返回的引用区域的列数。width 必须为正数。

应用范例 对每月的销量累计求和

例如，下图为某公司一年内某类产品的总销量，其中 A 列为销售月份，B 列为与之对应的销量，现在需要对每月的销量累计求和，并求出产品的总销量，可将 OFFSET 函数和 SUM 函数配合使用。

在 C2 单元格内输入公式：
=SUM(OFFSET($B$2,0,0,ROW()-1))

按"Enter"键确认，即可计算出每月销量的累计值。在该公式中，先用 OFFSET 函数偏移行列，从单元格 B2 开始向下扩展，动态地引用一个区域，该区域范围从 B2 单元格开始，一直到 ROW()-1，也就是当前行减 1 的位置，最后再使用 SUM 函数对该区域求和，即可计算出销量累计值。

	A	B	C	D	E	F	G
1	月份	销量	累积销量				
2	一月	58	58				
3	二月	480	538				
4	三月	259	797				
5	四月	175	972				
6	五月	250	1222				
7	六月	500	1722				
8	七月	90	1812				
9	八月	89	1901				
10	九月	70	1971				
11	十月	680	2651				
12	十一月	592	3243				
13	腊月	750	3993				
14							

C2 =SUM(OFFSET($B$2,0,0,ROW()-1))

注意事项：

◆ 如果行数和列数偏移量超出工作表边缘，函数将返回错误值"#REF!"。

◆ 如果省略参数 height 或 width，则假设其高度或宽度与 reference 相同。

◆ 函数 OFFSET 实际上并不移动任何单元格或更改选定区域，它只是返回一个引用。函数可用于任何需要将引用作为参数的函数。例如，公式 SUM(OFFSET(C2,1,2,3,1))将计算比单元格 C2 靠下 1 行并靠右 2 列的 3 行 1 列的区域的总值。

函数 16　TRANSPOSE　返回数组的转置

函数功能： 函数可返回转置单元格区域，即将行单元格区域转置成列单元格区域，还可以转置数组或工作表中单元格区域的垂直和水平方向。

函数格式： TRANSPOSE(array)

参数说明： array（必选）：需要进行转置的数组或工作表中的单元格区域。所谓数组的转置就是，将数组的第一行作为新数组的第一列，数组的第二行作为新数组的第二列，依次类推。

应用范例　将行转置成列

例如，某员工在编辑表格时，为了操作方便，需要将原来的 11 行 2 列数据转换为 11 列 2 行的数据，此时可使用 TRANSPOSE 函数。

选中单元格 A14:K15 区域，在函数输入框内输入公式：

=TRANSPOSE(A1:B11)

按"Ctrl+Shift+Enter"组合键，即可将行转置为列。

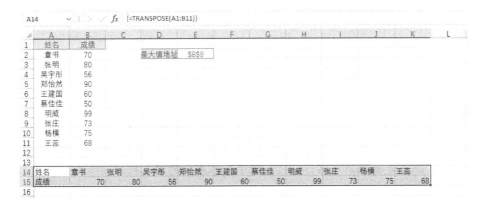

提示

若需要转换的内容中包含日期数据,则要将目的单元格设置为日期格式才能显示出正确的日期,否则将显示日期序列号。

注意事项:

为了使函数能够按预期效果运行,范例中的公式必须以数组公式的形式输入。如果公式不是以数组公式输入的,则返回单个结果值。

函数 17　INDIRECT
返回由文本值指定的引用

函数功能: 返回由文本字符串指定的引用。此函数立即对引用进行计算,并显示其内容。

函数格式: INDIRECT(ref_text, [a1])

参数说明:
- ref_text(必选):对单元格的引用,此单元格包含 A1 样式的引用、R1C1 样式的引用、定义为引用的名称或对作为文本字符串的单元格的引用。
- a1(可选):一个逻辑值,用于指定包含在单元格 ref_text 中的引用的类型。

应用范例　判定字母处于第几列

例如,Excel 工作表的列表默认显示为 "A" "B" "C" 等,若超过 26 列则以两个字母表示,如 "AB" "IV" 等,若超过 702 列则以 3 位字符表示。现在需要查询单元格中的字母对应的是第几列。

在 B9 单元格中输入公式:
=COLUMN(INDIRECT(A9&1))

按 "Enter" 键确认,公式返回指定列标为工作表中的第几列。

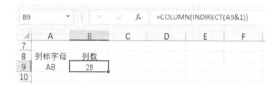

提示

在上述公式中，先利用 INDIRECT 函数将单元格中的字母连接数字 1，将其转换为单元格引用，即将字符串"AB1"转换为引用单元格"AB1"，然后再利用 COLUMN 函数计算出单元格"AB1"位于工作表中的第几列。

注意事项：
- 如果参数 ref_text 不是合法的单元格的引用，则函数返回错误值"#REF!"。
- 如果参数 ref_text 是对另一个工作簿的引用（外部引用），则外部工作簿必须被打开。如果工作簿没有打开，则函数返回错误值"#REF!"。
- 如果参数 ref_text 引用的单元格区域超出行限制 1048576 或列限制 16384(XFD)，则函数返回错误值"#REF!"。
- 如果 a1 为 TRUE 或省略，则将 ref_text 解释为 A1 样式的引用。
- 如果 a1 为 FALSE，则将 ref_text 解释为 R1C1 样式的引用。

函数 18 — GETPIVOTDATA
返回存储在数据透视表中的数据

函数功能： 返回存储在数据透视表中的数据。

函数格式： GETPIVOTDATA(data_field, pivot_table, [field1, item1, field2, item2], ...)

参数说明：
- data_field（必选）：包含要检索的数据的数据字段的名称，用引号引起来。
- pivot_table（必选）：在数据透视表中对任何单元格、单元格区域或命名的单元格区域的引用。此信息用于决定哪个数据透视表包含要检索的数据。
- field1, item1, field2, item2, ...（可选）：1～126 对用于描述要检索的数据的字段名和项名称，可以按任意顺序排列。字段名和项名称（而不是日期和数字）用引号引起来。

应用范例 提取数据透视表中的数据

例如，下图为某公司 1、2 月份销售的数据整理而成的数据透视表，现在需要在该数据表内根据员工姓名和销售产品名称，查找与之相应的销售额，可使用 GETPIVOTDATA 函数。

在 I3 单元格内输入公式：
=GETPIVOTDATA("销售额",A1,H1,I1,H2,I2)

按"Enter"键确认，即可得到结果。在公式中，因为 H3 单元格内最后返回数据为销售额，所以将该函数第一参数设置为"销售额"，第二参数可根据需要设置为任意位于数据透视表内的某区域，第三和第四参数则需要确定查找数据的行，第五和第六参数可确定查找数据的列，最后取其交叉结果即可提取出销售额。

注意事项：

◆ 如果参数 pivot_table 为包含两个或更多个数据透视表的区域，则将从区域中最新创建的报表中检索数据。

◆ 如果字段和项的参数描述的是单个单元格，则返回此单元格的数值，无论是文本串、数字、错误值或其他的值。

◆ 如果某个项包含日期，则值必须表示为序列号或使用 DATE 函数填充，以便在其他位置打开工作表时保留该值。例如，某个项引用了日期"1999 年 3 月 5 日"，则应输入 36224 或 DATE(1999,3,5)。时间可以输入为小数值或使用 TIME 函数来输入。

◆ 如果参数 pivot_table 并不代表找到了数据透视表的区域，则函数返回错误值"#REF!"。

◆ 如果参数未描述可见字段，或者参数包含其中未显示筛选数据的报表字段，则函数返回错误值"#REF!"。

函数 19　HYPERLINK　创建快捷方式

函数功能：创建快捷方式或跳转，用以打开存储在网络服务器、Intranet 或 Internet 中的文档。

函数格式：HYPERLINK(link_location, [friendly_name])

参数说明：
- link_location（必选）：要打开的文档的路径和文件名。link_location 可以指向文档中的某个位置。
- friendly_name（可选）：单元格中显示的跳转文本或数字值。friendly_name 显示为蓝色并带有下画线。如果省略 friendly_name，单元格会将 link_location 显示为跳转文本。

应用范例 为指定邮箱添加超链接

例如，某员工在整理顾客信息时需要为顾客电子邮箱添加超链接，顾客邮箱为 frdhsbns2012@163.com，此时可使用 HYPERLINK 函数。

在 B3 单元格内输入公式：
=HYPERLINK("mailto:frdhsbns2012@163.com","邮箱地址")

按"Enter"键确认即可。

提示

在 link_location 参数中需要包含"mailto:"文本内容，否则在单击链接时将提示"无法打开指定文件"。

注意事项：
- 参数 link_location 可以为引在引号中的文本字符串，也可以是对包含文本字符串链接的单元格的引用。如果在参数 link_location 中指定的跳转不存在或不能访问，则当单击单元格时将出现错误信息。
- friendly_name 参数可以为数值、文本字符串、名称或包含跳转文本或数值的单元格。
- 如果 friendly_name 参数返回错误值（如"#VALUE!"），单元格将显示错误值以替代跳转文本。

函数 20	RTD
	从支持 COM 自动化的程序中检索实时数据

函数功能： 从支持 COM 自动化的程序中检索实时数据。

函数格式：RTD(ProgID, server, topic1, [topic2], ...)

参数说明：

◆ ProgID（必选）：已安装在本地计算机上、经过注册的 COM 自动化加载项的 ProgID 名称，该名称用引号引起来。

◆ server（必选）：运行加载项的服务器的名称。如果没有服务器，程序将在本地计算机上运行，那么该参数为空白。否则，用引号（""）将服务器的名称引起来。

◆ topic1（必选）：第 1 个参数，代表一个唯一的实时数据。

◆ topic2, ...（可选）：第 2~253 个参数，这些参数放在一起代表一个唯一的实时数据。

应用范例 快速表示时间

例如，某员工在制作公司安排时，需要快速地显示当前时间，此时可使用 RTD 函数。在 B2 单元格内输入公式：

=RTD("excelrtd.rtdfunctions",,B1,D1)

按下"Enter"键确认即可。

提示

上述公式的结果为错误值"#N/A"，其原因是在本地计算机上并未创建和注册 RTD COM 自动化加载宏。有关该服务器的更多内容可参看微软官网。

注意事项：

◆ 必须在本地计算机上创建并注册 RTD COM 自动化加载宏。如果未安装实时数据服务器，则在试图使用 RTD 函数时将在单元格中出现错误消息。

◆ 如果服务器继续更新结果，则与其他函数不同，RTD 公式将在 Microsoft Excel 处于自动计算模式时进行更改。

第 7 章

数学和三角函数

Excel 提供了 63 个数学和三角函数,用来进行数学和三角函数的计算,而数学计算又可以分为常规计算、舍入计算、指数与对数计算、阶乘和矩阵计算、随机数及其他一些计算。本章将详细介绍数学和三角函数的基本用法及其在实际中的应用。

本章导读

- 常规计算
- 零数处理
- 指数与对数函数
- 阶乘、矩阵与随机数
- 三角函数计算
- 其他计算

7.1 常规计算

函数 1	SUM
	求参数的和

函数功能：SUM 将指定为参数的所有数字相加。每个参数都可以是区域、单元格引用、数组、常量、公式或另一个函数的结果。

函数格式：SUM(number1, [number2], ...)

参数说明：
- number1（必选）：想要相加的第 1 个数值参数。
- number2, ...（可选）：想要相加的第 2~255 个数值参数。

应用范例 计算多个值重复出现的次数

例如，下图为某部门本月开具发票情况，现在需要计算员工甲和员工丙开具发票的次数，可通过 IF 函数和 SUM 函数实现。

在 A10 单元格内输入公式：
=SUM(IF((A2:A7="甲")+(A2:A7="丙"),1,0))

按"Ctrl+Shift+Enter"组合键，即可计算出员工甲和员工丙开具发票的次数。

若需要计算面额大于 9000 且小于 19000 的发票数，可在 A11 单元格内输入公式：

=SUM(IF((B2:B7<9000)+(B2:B7>19000),1,0))

按"Ctrl+Shift+Enter"组合键确认即可。

A11 　 fx `{=SUM(IF((B2:B7<9000)+(B2:B7>19000),1,0))}`

	A	B	C	D	E	F
1	销售人员	发票				
2	甲	9000				
3	乙	8000				
4	丙	12500				
5	甲	6000				
6	丙	14000				
7	甲	20000				
8						
9	公式应用	说明				
10	5	记录甲和丙的发票次数				
11	3	面额大于9000且小于19000的发票数				
12						

注意事项：

◆ 如果参数是一个数组或引用，则只计算其中的数字。数组或引用中的空白单元格、逻辑值或文本将被忽略。

◆ 如果任意参数为错误值或为不能转换为数字的文本，Excel 将会显示错误。

函数 2 PRODUCT

求参数的积

函数功能： 计算用作参数的所有数字的乘积，然后返回乘积。

函数格式： PRODUCT(number1, [number2], ...)

参数说明：

◆ number1（必选）：要相乘的第 1 个数字或区域。

◆ number2, ...（可选）：要相乘的其他数字或单元格区域，最多可以使用 255 个参数。

应用范例 计算货架体积

例如，某商店在年初为了增加商品种类，需要新置一批商品展示架，如下图所示，其中列出了各个货架的长、宽和高，现在需要计算货架的总体积，可使用 PRODUCT 函数。

在 D2 单元格内输入公式：

=PRODUCT(A2,B2,C2)

按“Enter”键确认并将结果向下填充，即可计算出货架所占空间。

D2 　 fx =PRODUCT(A2,B2,C2)

	A	B	C	D	E
1	长（米）	宽（米）	高（米）	体积（立方米）	
2	8	1.2	2.3	22.08	
3	6.5	1.2	2.4	18.72	
4					

注意事项：

如果参数为数组或引用，则只有其中的数字被计算乘积。数组或引用中的空白单元格、逻辑值和文本将被忽略。

函数 3	SUMPRODUCT	
	返回对应数组元素的乘积和	

函数功能： 在给定的几组数组中，将数组间对应的元素相乘，并返回乘积之和。
函数格式： SUMPRODUCT(array1, [array2], [array3], ...)
参数说明：
◆ array1（必选）：相应元素需要进行相乘并求和的第 1 个数组参数。
◆ array2, array3, ...（可选）：第 2~255 个数组参数，其相应元素需要进行相乘并求和。

应用范例 求商品合计金额

例如，某商店做年底促销，根据不同商品拟定不一样的折扣率，该店在一天之内商品的销量情况如下图所示，其中列出了商品名称、商品单价、商品数量及折扣率，现在需要计算所有商品在促销期间的总销售额，可使用 SUMPRODUCT 函数。

在 C9 单元格内输入公式：
=SUMPRODUCT(B2:B7,C2:C7,(1-D2:D7))

按"Enter"键确认，即可计算出促销期间的商品总销售额。

注意事项：
◆ 数组参数必须具有相同的维数，否则函数将返回错误值"#VALUE!"。
◆ 函数将非数值型的数组元素作为 0 处理。

函数 4　SIGN　返回数字的符号

函数功能：返回数字的符号，当数字为正数时返回 1，为零时返回 0，为负数时返回 −1。

函数格式：SIGN(number)

参数说明：number（必选）：任意实数。

应用范例　检查销量是否达标

例如，下图为某商场当月商品的销量情况，其中 A 列为商品名称，B 列为相应的商品销量，现在需要检测该月销量是否达到目标销售值，可使用 SIGN 函数。

在 E2 单元格内输入公式：

=SIGN(D2)

按"Enter"键确认并将结果向下填充，即可检查商品的销量是否达标。其中 E 列单元格内数据小于 0 为不达标，反之则达标。

	A	B	C	D	E	F
1	商品名	销售成绩	月次目标	目标之差	判定	
2	显示屏	12	15	−3	−1	
3	装饰画	20	19	1	1	
4	书夹	50	45	5	1	
5	打印机	3	5	−2	−1	
6	台灯	26	25	1	1	
7						

函数 5　ABS　返回数字的绝对值

函数功能：返回数字的绝对值，绝对值没有符号。

函数格式：ABS(number)

参数说明：number（必选）：需要计算其绝对值的实数。

应用范例　比较员工销量差值

例如，下图为某商场专柜商品的销量情况，其中 B、C 列分别为员工 A 与员工 B 的销量，现在需要比较两位员工的销量，计算出销量之间的差值，可使用 ABS 函数。

在 D2 单元格内输入公式：

=ABS(B2-C2)

按"Enter"键确认并将结果向下填充，即可计算出销量差值。

第 7 章 数学和三角函数

	A	B	C	D	E
1	商品名	A员工销量	B员工销量	销量差值	
2	显示屏	12	15	3	
3	装饰画	20	19	1	
4	书夹	50	45	5	
5	打印机	3	5	2	
6	台灯	26	25	1	

D2 =ABS(B2-C2)

函数 6	SQRT
	返回正平方根

函数功能： 返回正的平方根。

函数格式： SQRT(number)

参数说明： number（必选）：要计算平方根的数。

应用范例 计算货架边长

例如，某商店在年初为了增加商品种类，需要新置一批正方体的商品展示架，单个货架的计划占地面积为 121，现在需要计算货架边长，可使用 SQRT 函数。

在 B2 单元格内输入公式：

=SQRT(B1)

按"Enter"键确认，即可计算出货架边长。

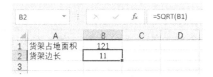

注意事项：

如果参数 number 为负值，函数 SQRT 将返回错误值"#NUM!"。

函数 7	MOD
	返回除法的余数

函数功能： 返回两数相除的余数，结果的正负号与除数相同。例如，分子为 8，分母为 3，公式为 8/3，用 8 除以 3 得整数 2，余数 2，即 MOD 函数返回余数 2。

函数格式： MOD(number, divisor)

参数说明：

◆ number（必选）：被除数。

◆ divisor（必选）：除数。

应用范例 计算购买商品后的余额

例如，某公司为了拓宽业务新租赁了多个办公室，并计划购置一批办公装饰用品，下表列出了用品名称和单价，现在需要计算预算金购买相应的商品后是否有余，可使用 MOD 函数。

在 D2 单元格内输入公式：

=MOD(C2,B2)

按"Enter"键确认并将结果向下填充，即可计算出购买商品后的余额。

商品名	单价	预算	余额
显示屏	2500	3000	500
装饰画	150	1550	50
书夹	18	1900	10
打印机	5000	12000	2000
台灯	80	420	20

注意事项：
◆ 参数为指定数值以外的文本时，函数返回错误值"#VALUE!"。
◆ 如果参数 divisor 为 0，函数将返回错误值"#DIV/0!"。

函数 8   GCD

返回最大公约数

函数功能： 返回两个或多个整数的最大公约数，最大公约数是分别能将所有参数除尽的最大整数。

函数格式： GCD(number1, [number2], ...)

参数说明：
◆ number1（必选）：需要计算最大公约数的第 1 个数字。如果该数值为非整数，则截尾取整。
◆ number2,…（可选）：需要计算最大公约数的第 2～255 个数字，如果任意数值为非整数，则截尾取整。

应用范例 计算数据列最大公约数

例如，某员工在编辑工作表时，需要计算出一系列数据的最大公约数，可使用 GCD 函数，在 E1 单元格内输入公式：

=GCD(B2:B8)

按"Enter"键确认，即可计算出该数据列的最大公约数。

第 7 章 数学和三角函数

	A	B	C	D	E	F
1	编号	数据		最大公约数	5	
2	AS001	50				
3	AS002	45				
4	AS003	90				
5	AS004	55				
6	AS005	75				
7	AS006	20				
8	AS007	95				
9						

注意事项：
- 如果参数为非数值型，则函数返回错误值"#VALUE!"。
- 如果参数小于0，则函数返回错误值"#NUM!"。
- 任何数都能被1整除，但素数只能被其本身和1整除。

函数 9　LCM　返回最小公倍数

函数功能： 返回整数的最小公倍数。最小公倍数是所有整数参数的最小正整数倍数。

函数格式： LCM(number1, [number2], ...)

参数说明：
- number1（必选）：需要计算最小公倍数的第1个数字。如果该数值为非整数，则截尾取整。
- number2,…（可选）：需要计算最小公倍数的第2～255个数字，如果任意数值为非整数，则截尾取整。

应用范例　计算数据列最小公倍数

例如，某员工在编辑工作表时，需要计算出一系列数据的最小公倍数，可使用 LCM 函数，在 E1 单元格内输入公式：

=LCM(B2:B8)

按"Enter"键确认，即可计算出该数据列的最小公倍数。

	A	B	C	D	E	F
1	编号	数据		最小公倍数	188100	
2	AS001	50				
3	AS002	45				
4	AS003	90				
5	AS004	55				
6	AS005	75				
7	AS006	20				
8	AS007	95				
9						

注意事项：
- 如果参数为非数值型，函数将返回错误值"#VALUE!"。
- 如果有任何参数小于0，函数将返回错误值"#NUM!"。

函数 10	SUMIF
	按给定条件对指定单元格求和

函数功能：对区域中符合指定条件的值求和。

函数格式：SUMIF(range, criteria, [sum_range])

参数说明：

◆ range（必选）：用于条件计算的单元格区域。每个区域中的单元格都必须是数字或名称、数组或包含数字的引用。空值和文本值将被忽略。

◆ criteria（必选）：用于确定对哪些单元格求和的条件，其形式可以为数字、表达式、单元格引用、文本或函数。例如，条件可以表示为 32、">32"、B5、"32"、"苹果"或 TODAY()。

◆ sum_range（可选）：要求和的实际单元格。如果 sum_range 参数被省略，Excel 会对在 range 参数中指定的单元格（即应用条件的单元格）求和。

应用范例 统计商品上半个月和下半个月的销量

例如，某商店按照销售日期统计了商品的销售记录，为了更好地查看销售情况，现在需要统计出上半个月的销售金额，可使用 SUMIF 函数。

在 F4 单元格内输入公式：

=SUMIF(A2:A11,"<=2021-5-15",C2:C11)

按"Enter"键确认，即可计算出该商品上半个月的销售情况。

	A	B	C	D	E	F	G
F4			fx	=SUMIF(A2:A11,"<=2021-5-15",C2:C11)			
1	日期	类别	金额				
2	2021/5/1	文件夹	180				
3	2021/5/2	显示屏	9090				
4	2021/5/12	装饰画	490		前半月销售金额	25270	
5	2021/5/7	书夹	1950				
6	2021/5/5	打印机	13560		后半月销售金额		
7	2021/5/16	台灯	488				
8	2021/5/17	灯座	750				
9	2021/5/16	书架	12300				
10	2021/5/28	玻璃纸	560				
11	2021/5/24	香薰	230				
12							

若要计算该商品在下半个月的销售情况，可在 F6 单元格内输入公式：

=SUMIF(A2:A11,">2021-5-15",C2:C11)

按"Enter"键确认即可。

	A	B	C	D	E	F	G
1	日期	类别	金额				
2	2021/5/1	文件夹	180				
3	2021/5/2	显示屏	9090				
4	2021/5/12	装饰画	490		前半月销售金额	25270	
5	2021/5/7	书夹	1950				
6	2021/5/5	打印机	13560		后半月销售金额	39598	
7	2021/5/16	台灯	488				
8	2021/5/17	灯座	750				
9	2021/5/16	书架	12300				
10	2021/5/28	玻璃纸	560				
11	2021/5/24	香薰	230				

F6 单元格公式：=SUMIF(A2:A11,">2021-5-15",C2:C11)

注意事项：

◆ 任何文本条件或任何含有逻辑或数学符号的条件都必须使用双引号（""）括起来。如果条件为数字，则无须使用双引号。

◆ sum_range 参数与 range 参数的大小和形状可以不同。求和的实际单元格通过以下方法确定：使用 sum_range 参数中左上角的单元格作为起始单元格，然后包括与 range 参数大小和形状相对应的单元格。

◆ 可以在 criteria 参数中使用通配符[包括问号（?）和星号（*）]。问号匹配任意单个字符；星号匹配任意一串字符。如果要查找实际的问号或星号，请在该字符前输入波形符（~）。

函数 11　SUMIFS
对区域中满足多个条件的单元格求和

函数功能： 对区域中满足多个条件的单元格求和。

函数格式： SUMIFS(sum_range, criteria_range1, criteria1, [criteria_range2, criteria2], ...)

参数说明：

◆ sum_range（必选）：对一个或多个单元格求和，包括数字或包含数字的名称、区域或单元格引用，忽略空值和文本值。

◆ criteria_range1（必选）：在其中计算关联条件的第一个区域。

◆ criteria1（必选）：条件的形式为数字、表达式、单元格引用或文本，可用来定义将对 criteria_range1 参数中的哪些单元格求和。例如，条件可以表示为 32、">32"、B4、"苹果" 或 "32"。

◆ criteria_range2, criteria2,...（可选）：附加的区域及其关联条件。最多允许有 127 个区域/条件对。

应用范例　统计商品在指定时间内的销售额

例如，某商店按照销售日期统计了商品的销售记录，为了更好地查看销售情况，现在需要统计出商品在该月中旬的销售金额，可使用 SUMIFS 函数。

在 F4 单元格内输入公式：

=SUMIFS(C2:C9,A2:A9,">2021-5-10",A2:A9,"<2021-5-20")

按"Enter"键确认，即可计算出该商品在该月中旬的销售情况。

注意事项：

◆ 仅在 sum_range 参数中的单元格满足所有相应的指定条件时，才对该单元格求和。例如，假设一个公式中包含两个 criteria_range 参数，如果 criteria_range1 的第一个单元格满足 criteria1，而 criteria_range2 的第一个单元格满足 criteria2，则 sum_range 的第一个单元格计入总和中。对于指定区域中的其余单元格，依次类推。

◆ sum_range 中包含 TRUE 的单元格计算为 1；sum_range 中包含 FALSE 的单元格计算为 0。

◆ 与 SUMIF 函数中的区域和条件参数不同，SUMIFS 函数中每个 criteria_range 参数包含的行数和列数必须与 sum_range 参数相同。

◆ 可以在条件中使用通配符，即问号（?）和星号（*）。问号匹配任一单个字符；星号匹配任一字符序列。如果要查找实际的问号或星号，请在字符前输入波形符（~）。

函数 12	SUMSQ
	返回参数的平方和

函数功能：返回参数的平方和。

函数格式：SUMSQ(number1, [number2], ...)

参数说明：

◆ number1（必选）：表示要求平方和的第 1 个数字。

◆ number2,...（可选）：表示要求平方和的第 2~255 个数字。也可以用单一数组或对某个数组的引用来代替用逗号分隔的参数。

应用范例　求参数的平方和

例如，某员工在编辑数据表时，需要计算参数的平方和，可使用 SUMSQ 函数进行计算，在 D2 单元格内输入公式：

=SUMSQ(A2,B2,C2)

按"Enter"键确认并将公式向下填充,即可计算出参数的平方和。

	A	B	C	D	E
1	数值A	数值B	数值C	平方和	
2	4	7		65	
3	-7	2		53	
4	-4	-2	3	29	
5					

D2 fx =SUMSQ(A2,B2,C2)

注意事项:
- 参数可以是数字或包含数字的名称、数组或引用。
- 逻辑值和直接输入参数列表中代表数字的文本被计算在内。
- 如果参数是一个数组或引用,则只计算其中的数字。数组或引用中的空白单元格、逻辑值、文本或错误值将被忽略。
- 如果参数为错误值或不能转换为数字的文本,将会导致错误。

函数 13	SUMXMY2
	返回两个数组中对应值差的平方和

函数功能: 返回两数组中对应数值之差的平方和。

函数格式: SUMXMY2(array_x, array_y)

参数说明:
- array_x(必选):第一个数组或数值区域。
- array_y(必选):第二个数组或数值区域。

应用范例 求参数差的平方和

例如,某员工在编辑数据表时,需要计算参数差的平方和,可使用 SUMXMY2 函数进行计算,在 C2 单元格内输入公式:

=SUMXMY2(A2,B2)

按"Enter"键确认,即可计算出参数差的平方和。

C2 fx =SUMXMY2(A2,B2)

	A	B	C	D	E
1	数值A	数值B	平方差		
2	4	7	9		
3	-7	2	81		
4	-4	-2	4		
5					

注意事项:
- 参数可以是数字或包含数字的名称、数组或引用。
- 如果数组或引用参数包含文本、逻辑值或空白单元格,则这些值将被忽略;但包含 0 值的单元格将计算在内。
- 如果参数 array_x 和 array_y 的元素数目不同,函数将返回错误值"#N/A"。

函数 14	SUMX2MY2
	返回两个数组中对应值的平方差之和

函数功能：返回两个数组中对应数值的平方差之和。

函数格式：SUMX2MY2(array_x, array_y)

参数说明：
- array_x（必选）：第一个数组或数值区域。
- array_y（必选）：第二个数组或数值区域。

应用范例 求参数对应值的平方差之和

例如，某员工在编辑数据表时，需要计算参数对应值的平方差之和，可使用 SUMX2MY2 函数进行计算，在 D2 单元格内输入公式：

=SUMX2MY2(A2:A8,B2:B8)

按"Enter"键确认，即可计算出参数对应值的平方差之和。

	A	B	C	D	E	F
1	数值A	数值B		平方差之和		
2	4	7		-4070		
3	-7	2				
4	-4	9				
5	-18	-8				
6	10	7				
7	4	9				
8	59	88				

注意事项：
- 参数可以是数字或包含数字的名称、数组或引用。
- 如果数组或引用参数包含文本、逻辑值或空白单元格，则这些值将被忽略；但包含 0 值的单元格将计算在内。
- 如果参数 array_x 和 array_y 的元素数目不同，函数将返回错误值"#N/A"。

函数 15	SUMX2PY2
	返回两个数组中对应值的平方和之和

函数功能：返回两个数组中对应数值的平方和之和，平方和之和在统计计算中经常使用。

函数格式：SUMX2PY2(array_x, array_y)

参数说明：
- array_x（必选）：第一个数组或数值区域。
- array_y（必选）：第二个数组或数值区域。

应用范例 求参数对应值的平方和之和

例如，某员工在编辑数据表时，需要计算参数对应值的平方和之和，可使用 SUMX2PY2 函数进行计算，在 C2 单元格内输入公式：

=SUMX2PY2(A2:A8,B2:B8)

按“Enter”键确认，即可计算出参数对应值的平方和之和。

C2 =SUMX2PY2(A2:A8,B2:B8)

	A	B	C	D	E	F
1	数值A	数值B	平方和之和			
2	4	7	12074			
3	-7	2				
4	-4	9				
5	-18	-8				
6	10	7				
7	4	9				
8	59	88				
9						

注意事项：

- 参数可以是数字或包含数字的名称、数组或引用。
- 如果数组或引用参数包含文本、逻辑值或空白单元格，则这些值将被忽略；但包含 0 值的单元格将计算在内。
- 如果参数 array_x 和 array_y 的元素数目不同，函数将返回错误值“#N/A”。

7.2 零数处理

函数 16 INT

将数字向下舍入到最接近的整数

函数功能： 将数字向下舍入到最接近的整数。

函数格式： INT(number)

参数说明： number（必选）：需要向下舍入取整的实数。

应用范例 统计员工总销售额

例如，下图为某公司员工在该月产品的销量情况，现在需要统计该公司员工的总销售额，并取整，可将 SUM 函数和 INT 函数配合使用。

在单元格 E2 中输入公式：

=INT(SUM(C2:C10))

按“Enter”键确认，即可显示出取整后的总销售金额。

Excel 公式与函数从入门到精通

（此处为截图：E2=INT(SUM(C2:C10))，显示员工编号、员工姓名、总销售额数据，E2单元格值为317502）

> 💡 **提示**
> 上例中先使用 SUN 函数对区域 C2:C10 中的数据计算后，再使用 INT 函数取整；若反过来，先用 INT 函数对区域 C2:C10 取整，再使用 SUM 函数计算，结果会有所不同，且需要使用数组公式。

函数 17	TRUNC
	将数字截尾取整

函数功能：将数字的小数部分截去，返回整数。

函数格式：TRUNC(number, [num_digits])

参数说明：
- ◆ number（必选）：需要截尾取整的数字。
- ◆ num_digits（可选）：用于指定取整精度的数字，默认值为 0。

应用范例 统计商品销售利润

例如，某商店在月底整理出办公类商品的销售数据，包括商品名称、销售数量及相应的单个数量商品的利润,现在需要计算出各类商品的利润,并保留两位小数，可使用 TRUNC 函数。

在 D2 单元格内输入公式：
=TRUNC(B2*C2,2)

按"Enter"键确认并将结果向下填充，即可统计出各类商品的销售利润。

（截图：D2=TRUNC(B2*C2,2)，产品名称 销售数 单个利润 利润额：文件夹 53 5.21 276.1；显示屏 45 253.23 11395.35；装饰画 493 56.86 28031.98；书夹 191 2.59 494.69；打印机 137 458.26 62781.62；台灯 485 263.35 127724.75）

注意事项：
- TRUNC 函数和 INT 函数类似，都返回整数。TRUNC 直接去除数字的小数部分，而 INT 则是依照给定的小数部分的值，将其四舍五入到最接近的整数。
- INT 和 TRUNC 在处理负数时有所不同：TRUNC(-4.3)返回-4，而 INT(-4.3) 返回-5，因为-5 是较小的数。

函数 18	ROUND
	将数字按指定位数舍入

函数功能： 将某个数字四舍五入为指定的位数。
函数格式： ROUND(number, num_digits)
参数说明：
- number（必选）：要四舍五入的数字。
- num_digits（必选）：位数，按此位数对 number 参数进行四舍五入。

应用范例 计算员工平均工资

例如，下图为某公司一部门员工的日平均工资表，其中请假、工伤等无薪人员也在内，要求计算该部门的平均工资，且四舍五入保留两位小数，此时可将 ROUND 函数和 AVERAGEA 函数配合使用。

在 A10 单元格内输入公式：
=ROUND(AVERAGEA(B2:B7),2)

按"Enter"键确认，即可计算出员工平均工资。

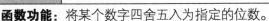

注意事项：
- 如果参数 num_digits 大于 0，则将数字四舍五入到指定的小数位。
- 如果参数 num_digits 等于 0，则将数字四舍五入到最接近的整数。
- 如果参数 num_digits 小于 0，则在小数点左侧进行四舍五入。

函数 19	ROUNDDOWN
	向绝对值减小的方向舍入数字

函数功能：靠近零值，向下（沿绝对值减小的方向）舍入数字。
函数格式：ROUNDDOWN(number, num_digits)
参数说明：
- number（必选）：需要向下舍入的任意实数。
- num_digits（必选）：四舍五入后的数字的位数。

应用范例　汇总产品销售总额

例如，下图为某公司员工在该月产品的销量情况，现在需要统计该公司产品的总销售额，并保留一位小数，可将 SUM 函数和 ROUNDDOWN 函数配合使用。

在单元格 E2 中输入公式：
=SUM(ROUNDDOWN(C2:C10,1))

按"Ctrl+Shift+Enter"键确认，即可显示出取整后的总销售额。

	A	B	C	D	E
1	员工编号	员工姓名	总销售额（元）		总销售额
2	AP101	汪树海	14615.35		317501.9
3	AP102	何群	19040.25		
4	AP103	邱霞	41799.43		
5	AP104	白小米	36872.12		
6	AP105	邱文	86412.14		
7	AP106	明威	12041.11		
8	AP107	张庄	11761.23		
9	AP108	杨横	78145.89		
10	AP109	王蕊	16814.75		

提示
函数 ROUNDDOWN 和 ROUND 功能相似，不同之处在于函数 ROUNDDOWN 总是向下舍入数字。

注意事项：
- 如果参数 num_digits 大于 0，则函数向下舍入到指定的小数位。
- 如果参数 num_digits 等于 0，则函数向下舍入到最接近的整数。
- 如果参数 num_digits 小于 0，则函数在小数点左侧向下进行舍入。

函数 20	ROUNDUP
	向绝对值增大的方向舍入数字

函数功能：远离零值，向上（沿绝对值增大的方向）舍入数字。
函数格式：ROUNDUP(number, num_digits)

参数说明：
- number（必选）：需要向上舍入的任意实数。
- num_digits（必选）：四舍五入后的数字的位数。

应用范例 计算员工加班费用

例如，下图为某公司 1 月份财务部的加班情况，其中 A 列为员工姓名，B 列为员工加班时长，员工每加班 1 小时加班费为 100，现在需要计算每个员工的加班费，可将 ROUNDUP 函数和多个函数配合使用。

在 C2 单元格内输入公式：
=ROUNDUP(TIMEVALUE(SUBSTITUTE(SUBSTITUTE(B2,"min",""),"h",":"))*24*100,1)

按"Enter"键确认并将结果向下填充，即可计算出每个员工应得的加班费。

公式含义为，先使用 SUBSTITUTE 函数将 B 列中的"min"替换为空，然后再使用 SUBSTITUTE 函数将"h"替换为"："，将所得结果用 TIMEVALUE 函数转换为可计算时间并乘以 24，即转换为小时数再乘以 100，最后使用 ROUNDUP 函数将结果保留一位小数。

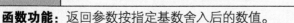

注意事项：
- 如果参数 num_digits 大于 0，则函数向上舍入到指定的小数位。
- 如果参数 num_digits 等于 0，则函数向上舍入到最接近的整数。
- 如果参数 num_digits 小于 0，则函数在小数点左侧向上进行舍入。

函数 21	MROUND
	返回一个舍入到所需倍数的数字

函数功能： 返回参数按指定基数舍入后的数值。
函数格式： MROUND(number, multiple)
参数说明：

- number（必选）：要舍入的值。
- multiple（必选）：要将数值 number 舍入到的倍数。

应用范例 将数据舍入到合适的倍数

例如，某公司市场营销部需要采购一批货物，如下图所示，其中列出了商品名及购买清单，现在需要计算满足订货单位要求的订货数量，可使用 MROUND 函数。

在 E2 单元格内输入公式：
=MROUND(C2,D2)

按"Enter"键确认并将结果向下填充，即可计算出满足订货单位要求的订货数量。

编号	品名	必要定货数	定货单位	订货数量
1	文件夹	110	18	108
2	显示屏	38	16	32
3	装饰画	36	14	42
4	书夹	51	26	52
5	打印机	25	24	24

注意事项：

如果数值 number 除以基数的余数大于或等于基数的一半，则函数向远离 0 的方向舍入。

函数 22 CEILING
将数字舍入为最接近的整数或最接近的指定基数的倍数

函数功能：将数值向上（沿绝对值增大的方向）舍入为最接近数值的倍数。

函数格式：CEILING(number, significance)

参数说明：
- number（必选）：要舍入的值。
- significance（必选）：要舍入到的倍数。

应用范例 计算通话费用

例如，某公司客服部需要根据通话时长计算电话费用，在计费时，一般以 7 秒为单位，不足 7 秒也按 7 秒计算，此时可使用 SEILING 函数。

在单元格 E2 中输入公式：
=CEILING(CEILING(C2/7,1)*D2,0.1)

按"Enter"键确认并将结果向下填充，即可计算出通话费用。

	A	B	C	D	E	F	G
1	序号	通话时间	通话秒数	计费单价	通话费用		
2	1	0:00:25	25	0.12	0.5		
3	2	0:03:15	195	0.12	3.4		
4	3	0:14:01	841	0.12	14.6		
5	4	0:13:59	839	0.12	14.4		
6	5	0:39:00	2340	0.12	40.2		
7	6	1:29:05	5345	0.12	91.7		

E2 =CEILING(CEILING(C2/7,1)*D2,0.1)

注意事项：

◆ 如果参数为非数值型，则CEILING返回错误值"#VALUE!"。

◆ 无论数字符号如何，都按远离0的方向向上舍入。如果数字已经为significance的倍数，则不进行舍入。

◆ 如果参数number和significance都为负，则对值按远离0的方向进行向下舍入。

◆ 如果参数number为负，significance为正，则对值按朝向0的方向进行向上舍入。

函数23

CEILING.PRECISE

将数字向上舍入为最接近的整数或最接近的指定基数的倍数

函数功能： 返回一个数字，该数字向上舍入为最接近的整数或最接近的有效位的倍数。无论该数字的符号如何，该数字都向上舍入。但是，如果该数字或有效位为0，则将返回0。

函数格式： CEILING.PRECISE(number, [significance])

参数说明：

◆ number（必选）：要进行舍入计算的值。

◆ significance（可选）：要将数字舍入的倍数。如果忽略该参数，则其默认值为1。

应用范例 将数据向上舍取求值

例如，需要将任意数据向上舍取求值，可使用CEILING.PRECISE函数，在C2单元格内输入公式：

=CEILING.PRECISE(A2,B2)

按"Enter"键确定，并将其向下填充到C6单元格，即可计算出数据舍入后的结果。

注意事项：

◆ 如果参数为非数值型，函数将返回错误值"#VALUE!"。
◆ 无论参数 number 和 significance 的符号如何，函数都将对 number 按数值增大的方向进行舍入。如果数字已经为 significance 的倍数，则不进行舍入。

函数 24	FLOOR
	向绝对值减小的方向舍入数字

函数功能：将数值向下（向零的方向）舍入到最接近数值的倍数。

函数格式：FLOOR(number, significance)

参数说明：
◆ number（必选）：要舍入的值。
◆ significance（必选）：要舍入到的倍数。

应用范例 计算销售提成

例如，某公司在月底统计出员工当月产品销售总额，现在需要根据整理的数据统计出员工销售提成，提成规定为每超过 5000 元提成 300 元，剩余金额若小于 5000 元则忽略不计，此时可使用 FLOOR 函数。

在 C2 单元格内输入公式：
=FLOOR(B2,5000)/5000*300

按"Enter"键确定，并将结果向下填充到 C7 单元格，即可计算出员工提成金额。

注意事项：
- 如果任一参数为非数值型，则函数返回错误值"#VALUE!"。
- 如果参数 number 的符号为正，significance 的符号为负，则函数返回错误值"#NUM!"。
- 如果参数 number 的符号为正，函数值会向靠近 0 的方向舍入；如果 number 的符号为负，函数值会向远离 0 的方向舍入；如果 number 恰好是 significance 的整数倍，则不进行舍入。

函数 25 FLOOR.PRECISE
将数字向下舍入为最接近的整数或最接近的指定基数的倍数

函数功能： 返回一个数字，该数字向下舍入为最接近的整数或最接近的指定基数的倍数。无论该数字的符号如何，该数字都向下舍入。但是，如果该数字或有效位为 0，则将返回 0。

函数格式： FLOOR.PRECISE(number, [significance])

参数说明：
- number（必选）：要进行舍入计算的值。
- significance（可选）：要将数字舍入的倍数，如果忽略该参数，则其默认值为 1。

应用范例 将数据向下取舍求值

例如，需要将任意数值位数向下四舍五入，可使用 FLOOR.PRECISE 函数，在 C2 单元格内输入公式：

=FLOOR.PRECISE(A2,B2)

按"Enter"键确定，并将结果向下填充到 C6 单元格，即可计算出数据舍入后的结果。

	A	B	C
1	数据	按N位小数进行向下舍入	舍入值
2	8	3	6
3	-4	3	-6
4	4.3	-2	4
5	4	3	3
6	3.4	2	2

注意事项：

由于使用了倍数的绝对值，因此无论参数 number 和 significance 的符号如何，函数都返回算术最小值。

函数 26	EVEN
	将数字向上舍入为最接近的偶数

函数功能：返回沿绝对值增大方向取整后最接近的偶数。使用该函数可以处理那些成对出现的对象。

函数格式：EVEN(number)

参数说明：number（必选）：要舍入的值。表 7-1 列出了参数取值与函数的返回值。

表 7-1　number 取值与函数的返回值

number 取值	函数返回值
1.5	将 1.5 向上舍入到最接近的偶数（2）
3	将 3 向上舍入到最接近的偶数（4）
2	将 2 向上舍入到最接近的偶数（2）
−1	将−1 向上舍入到最接近的偶数（−2）

应用范例　计算房间人数

例如，某旅行社地接社需要根据旅游团参团人数合理分配入住房间，当参加人数和房间人数不一致时，需要把参加人数向上舍入到最接近偶数的房间数，以此来决定房间分配。此时可使用 EVEN 函数。

在 E2 单元格内输入公式：

=EVEN(D2)

按"Enter"键确定并将其向下填充到 E4 单元格，即可计算出最接近的偶数房间数。

注意事项：

◆ 如果参数 number 为非数值参数，则函数返回错误值"#VALUE!"。

◆ 无论参数 number 的正负如何，函数都向远离 0 的方向舍入，如果 number 恰好是偶数，则无须进行任何舍入处理。

第 7 章 数学和三角函数

函数 27	ODD
	将数字向上舍入为最接近的奇数

函数功能： 返回对指定数值进行向上舍入后的奇数。
函数格式： ODD(number)
参数说明： number（必选）：要舍入的值。表 7-2 列出了参数取值与函数的返回值。

表 7-2　number 取值与函数的返回值

number 取值	函数返回值
1.5	将 1.5 向上舍入到最近的奇数（3）
3	将 3 向上舍入到最近的奇数（3）
2	将 2 向上舍入到最近的奇数（3）
−1	将−1 向上舍入到最近的奇数（−1）
−2	将−2 向上舍入到最近的奇数（−3）

应用范例　随机抽取员工姓名

例如，某公司在年底设置了一定的奖励项目，需要从下表随机抽取一位男员工赠与奖品，其中 A 列为员工姓名，B 列为员工性别，男员工位于奇数行，现在可将 ODD 函数和多个函数配合使用。

在 E1 单元格内输入公式：
=INDEX(A1:A13,ODD(RANDBETWEEN(2,13)))

按"Enter"键确认，即可显示出随机抽取的男员工姓名。

> **提示**
> 在上述公式中，先使用 RANDBETWEEN 函数在 2~13 这 12 个数字之间随机抽取一个，然后再使用 ODD 函数判断是否为奇数，因为男员工在奇数行，如果是奇数则直接用于 INDEX 函数的第 2 个参数，并根据提取到的行数提取出男员工姓名。

注意事项：
- 如果参数 number 为非数值参数，则函数返回错误值"#VALUE!"。
- 无论参数 number 的正负如何，函数都向远离 0 的方向舍入。如果参数 number 恰好是奇数，则无须进行任何舍入处理。

7.3 指数与对数函数

函数 28	POWER
	返回数的乘幂

函数功能： 返回给定数字的乘幂。
函数格式： POWER(number, power)
参数说明：
- number（必选）：底数，可以为任意实数。
- power（必选）：指数，可以为任意实数。

应用范例 求任意数值的 4 次方或多次方

例如，需要求任意数值的 4 次方或者多次方可使用 POWER 函数，在 C2 单元格内输入公式：

=POWER(A2,B2)

按"Enter"键确认，即可计算数值多次方的值。

	A	B	C	D
1	底数	指数	幂值	
2	5	4	625	
3	4	6	4096	
4	10.11	7	10795881.01	
5				

注意事项：
- 所有参数必须为数值类型，即数字、文本格式的数字或逻辑值，如果是文本，则函数返回错误值"#VALUE!"。
- 参数可为任意实数，当参数 power 的值为小数时，表示计算开方。当参数 number 取值小于 0 且参数 power 为小数时，函数将返回错误值"#NUM!"。
- 可以用运算符"^"代替函数 POWER 来表示对底数乘方的幂，如 5^2。

函数 29	EXP
	返回 e 的 n 次方

函数功能： 返回 e 的 n 次幂。常数 e 约等于 2.71828182845904，是自然对数的底数。
函数格式： EXP(number)
参数说明： number（必选）：应用于底数 e 的指数。

应用范例 返回 e 的 n 次方

例如，需要计算底数 e 的 n 次方可使用 EXP 函数，在 B2 单元格内输入公式：
=EXP(A2)

按"Enter"键确认并将其向下填充，即可返回 e 的 n 次方的值。

	A	B	C
1	指数n	底数e的n次幂	
2	4	54.59815003	
3	9	8103.083928	
4	3	20.08553692	
5	7	1096.633158	
6	0	1	
7	5	148.4131591	
8	-4	0.018315639	
9	-7	0.000911882	

注意事项：

若需要计算以其他常数为底的幂，则要使用指数运算符（^）。

函数 30	LN
	返回数字的自然对数

函数功能： 返回一个数的自然对数。自然对数以常数项 e（2.71828182845904）为底。
函数格式： LN(number)
参数说明： number（必选）：想要计算其自然对数的正实数。

应用范例 求任意正数的自然对数值

例如，需要计算任意正数的自然对数值，可使用 LN 函数，在 B2 单元格内输入公式：
=LN(A2)

按"Enter"键确定并将其向下填充，即可返回数字的自然对数值。

	A	B	C	D
1	正数值	对数值		
2	3	1.098612289		
3	7	1.945910149		
4	2	0.693147181		
5	20	2.995732274		
6	50	3.912023005		
7				

B2 =LN(A2)

注意事项：

参数必须为数值类型，即数字、文本格式的数字或逻辑值，如果是文本，则返回错误值"#VALUE!"。

函数31

LOG

返回数字以指定数为底的对数

函数功能： 按所指定的底数，返回一个数的对数。

函数格式： LOG(number, [base])

参数说明：

◆ number（必选）：要计算其对数的正实数。
◆ base（可选）：对数的底数。如果省略底数，则假定其值为10。

应用范例 计算指定正数和底数的对数值

例如，需要计算指定正数和底数的对数值，可使用 LOG 函数，在 C2 单元格内输入公式：

=LOG(A2,B2)

按"Enter"键确认并将公式向下填充即可。

C2 =LOG(A2,B2)

	A	B	C	D
1	正数值	底数	对数值	
2	3	2	1.5849625	
3	7	3	1.77124375	
4	2	4	0.5	
5	20	7	1.53950185	
6	50	2	5.64385619	
7				

注意事项：

参数必须为数值类型，即数字、文本格式的数字或逻辑值，如果是文本，则返回错误值"#VALUE!"。

第 7 章 数学和三角函数

函数 32	LOG10
	返回数字以 10 为底的对数

函数功能： 返回数字以 10 为底的对数。

函数格式： LOG10(number)

参数说明： number（必选）：要计算其对数的正实数。

应用范例　计算以 10 为底的对数

例如，需要计算任意正数以 10 为底数的对数值，可使用 LOG10 函数，在 B2 单元格内输入公式：

=LOG10(A2)

按"Enter"键确认并将公式向下填充即可。

	A	B	C	D
1	正数值	对数值		
2	2	0.301029996		
3	1	0		
4	9	0.954242509		
5	25	1.397940009		
6	19	1.278753601		
7				

注意事项：

参数必须为数值类型，即数字、文本格式的数字或逻辑值，如果是文本，则返回错误值"#VALUE!"。

7.4　阶乘、矩阵与随机数

函数 33	COMBIN
	返回给定数目对象的组合数

函数功能： 计算从给定数目的对象集合中提取若干对象的组合数。利用该函数可以确定一组对象所有可能的组合数。

函数格式： COMBIN(number, number_chosen)

参数说明：

◆ number（必选）：项目的数量。

◆ number_chosen（必选）：每个组合中项目的数量。

应用范例 统计组合数

例如，某公司年会抽奖，需要从 100 个球中抽出两个颜色相同的球，才能获得相应的奖品。现在要求从 100 个球中抽出两个球的组合数，可使用 COMBIN 函数。

在 B3 单元格内输入公式：
=COMBIN(B1,B2)

按"Enter"键确认，即可计算出组合数。

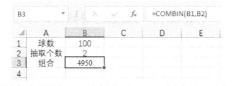

注意事项：
◆ 如果参数中包含小数，则该参数将被截尾取整，保留整数部分。
◆ 参数必须为数值类型，即数字、文本格式的数字或逻辑值，如果是文本，函数将返回错误值"#VALUE!"。
◆ 如果参数 number<0、number_chosen<0 或 number<number_chosen，函数将返回错误值"#NUM!"。
◆ 不论其内部顺序如何，对象组合是对象整体的任意集合或子集。组合与排列不同，排列数与对象内部顺序有关。

| 函数34 | FACT 返回数字的阶乘 | |

函数功能： 返回某数的阶乘。一个数的阶乘等于小于及等于该数的正整数的积，如 4 的阶乘为 $4×3×2×1$。

函数格式： FACT(number)

参数说明： number（必选）：要计算阶乘的非负数。如果 number 不是整数，则截尾取整。

应用范例 计算任意数值的阶乘

例如，要计算任意数值的阶乘，可使用 FACT 函数，在 B1 单元格内输入公式：
=FACT(A1)

按"Enter"键确认并将公式向下填充即可。

注意事项：

◆ 参数必须为数值类型，即数字、文本格式的数字或逻辑值，如果是文本，则返回错误值"#VALUE!"。
◆ 如果参数小于0，函数将返回错误值"#NUM!"。
◆ 当参数为0或者1时，函数返回值都为1。
◆ 当参数为数组形式时，函数只返回数组中第一个元素的阶乘。

函数 35　FACTDOUBLE
返回数字的双倍阶乘

函数功能：返回数字的双倍阶乘。
函数格式：FACTDOUBLE(number)
参数说明：number（必选）：要计算双倍阶乘的数值。如果number不是整数，则截尾取整。

应用范例　计算1~50间偶数的乘积

例如，要计算1~50间偶数的乘积，可使用FACTDOUBLE函数，在B1单元格内输入公式：
=FACTDOUBLE(50)

按"Enter"键确认，即可显示出1~50间偶数的乘积。

注意事项：

◆ 参数必须为数值类型，即数字、文本格式的数字或逻辑值，如果是文本，则返回错误值"#VALUE!"。
◆ 如果参数为负值，函数将返回错误值"#NUM!"。

函数 36	MULTINOMIAL
	返回一组数字的多项式

函数功能：返回参数和的阶乘与各参数阶乘乘积的比值。

函数格式：MULTINOMIAL(number1, [number2], ...)

参数说明：

- number1（必选）：要计算的第 1 个数字，该参数可以是直接输入的数字或单元格引用。
- number2,...（可选）：要计算的第 2~255 个数字，该参数可以是直接输入的数字或单元格引用。

应用范例 计算参数和的阶乘与各参数阶乘乘积的比值

例如，要计算参数和的阶乘与各参数阶乘乘积的比值，可使用 MULTINOMIAL 函数，在 B2 单元格内输入公式：

=MULTINOMIAL(A2,A3,A4)

按"Enter"键确认即可。

注意事项：

- 参数必须为数值类型，即数字、文本格式的数字或逻辑值，如果是文本，则返回错误值"#VALUE!"。
- 如果有小于 0 的参数，函数将返回错误值"#NUM!"。

函数 37	MDETERM
	返回数组的矩阵行列式的值

函数功能：返回一个数组的矩阵行列式的值。

函数格式：MDETERM(array)

参数说明：array（必选）：行数和列数相等的数值数组。

应用范例 计算二次元方程组

例如，要计算二次元方程组，可使用 MDETERM 函数，在 G2 单元格内输入公式：

=MDETERM(E2:F3)

按"Enter"键确认,即可计算出 a 的分子值。然后在 G4 单元格内输入公式:

=MDETERM(E4:F5)

按"Enter"键确认,即可计算出 a 的分母值。此时即可计算出 a 的值。

在 G8 单元格内输入公式:

=MDETERM(E8:F9)

按"Enter"键确认,即可计算出 b 的分子值。然后在 G10 单元格内输入公式:

=MDETERM(E10:F11)

按"Enter"键确认,即可计算出 b 的分母值。此时即可计算出 b 的值。

注意事项:

- array 可以是单元格区域,如 A1:C3;或者是一个数组常量,如{1,2,3;4,5,6;7,8,9};还可以是区域或数组常量的名称。
- 当 array 中的单元格为空或包含文字,或者 array 的行和列的数目不相等时,函数返回错误值"#VALUE!"。
- 矩阵的行列式值是由数组中的各元素计算而来的。对一个 3 行 3 列的数组 A1:C3,其行列式的值定义如下:MDETERM(A1:C3)等于 A1*(B2*C3-B3*C2)+A2*(B3*C1-B1*C3)+A3*(B1*C2-B2*C1)。
- 函数的精确度可达 16 位有效数字,因此运算结果因位数的取舍可能导致某些微小误差。例如,奇异矩阵的行列式值可能与零存在 1E-16 的误差。

函数 38	MINVERSE
	返回数组的逆矩阵

函数功能： 返回数组中存储的矩阵的逆距阵。
函数格式： MINVERSE(array)
参数说明： array（必选）：行数和列数相等的数值数组。

应用范例 计算多元联立方程组

例如，要计算三元方程组，此时可使用 MINVERSE 函数，计算 A2 到单元格区域 A4 中 a、b、c 的值，选中单元格 B6:B8，输入公式：
=MMULT(MINVERSE(D2:F4),G2:G4)

按"Ctrl+Shift+Enter"组合键确认即可。

	A	B	C	D	E	F	G	H
1	三元方程组			a	b	c	方程右侧数值	
2	a+2b+c=7		第一个方程的系数：	1	2	1	7	
3	2a-b+3c=7		第二个方程的系数：	2	-1	3	7	
4	3a+b+2c=18		第三个方程的系数：	3	1	2	18	
5								
6	a的值：	7						
7	b的值：	1						
8	c的值：	-2						
9								

注意事项：

◆ 参数 array 可以是单元格区域，如 A1:C3；可以是数组常量，如{1,2,3;4,5,6;7,8,9}；还可以是单元格区域或数组常量的名称。

◆ 如果数组中有空白单元格或包含文字的单元格，则函数返回错误值"#VALUE!"。

◆ 如果数组的行数和列数不相等，则函数也返回错误值"#VALUE!"。

◆ 对于返回结果为数组的公式，必须以数组公式的形式输入，即按"Ctrl+Shift+Enter"组合键结束。

◆ 与求行列式的值一样，求解矩阵的逆常被用于求解多元联立方程组。矩阵和它的逆矩阵相乘为单位矩阵：对角线的值为 1，其他值为 0。

◆ 函数 MINVERSE 的精确度可达 16 位有效数字，因此运算结果因位数的取舍可能会导致小的误差。

◆ 对于一些不能求逆的矩阵，函数将返回错误值"#NUM!"。不能求逆的矩阵的行列式值为 0。

函数 39	MMULT
	返回两个数组的矩阵乘积

函数功能： 返回两个数组的矩阵乘积。结果矩阵的行数与 array1 的行数相同，列数与 array2 的列数相同。
函数格式： MMULT(array1, array2)
参数说明： array1, array2（必选）：要进行矩阵乘法运算的两个数组。

应用范例 计算商店商品销售量

例如，下图为某商店在 9 月的商品销售情况，其中 A 列为商品名称，B 列为商品销售量，现在需要计算商品"书夹"的最大销售量，可将 MMULT 函数和多个函数配合使用。

在 E1 单元格内输入公式：
=MAX(MMULT(N(A2:A10="书夹"),TRANSPOSE((B2:B10)*(A2:A10="书夹"))))
按"Ctrl+Shift+Enter"组合键确认，即可得出指定商品的最大销售量。

	A	B	C	D	E
1	产品	销量		书夹的最大销量	254
2	文件夹	110			
3	显示屏	138			
4	装饰画	136			
5	书夹	254			
6	打印机	251			
7	装饰画	132			
8	装饰画	142			
9	书夹	152			
10	显示屏	124			

注意事项：
◆ array1 的列数必须与 array2 的行数相同，且两个数组中都只能包含数值。
◆ array1 和 array2 可以是单元格区域、数组常量或引用。
◆ 当任意单元格为空或包含文字，或者 array1 的列数与 array2 的行数不相等时，函数返回错误值"#VALUE!"。
◆ 对于返回结果为数组的公式，必须以数组公式的形式输入，即按"Ctrl+Shift+Enter"组合键结束。

函数 40	RAND
	返回 0 和 1 之间的一个随机数

函数功能： 返回大于或等于 0 且小于 1 的均匀分布的随机实数。每次计算工作表时都将返回一个新的随机实数。

函数格式：RAND()
参数说明：该函数没有参数。

应用范例 随机显示数字

例如，要随机显示出 1～100 之间的任意数值，可将 RAND 函数和 INT 函数配合使用，选中单元格区域 A1:E6，然后输入公式：
=INT(RAND()*100)+1

按"Ctrl+Shift+Enter"组合键确认，即可在单元格区域内显示随机数字。

注意事项：

◆ 如果要生成 a 与 b 之间的随机实数，可使用公式 RAND()*(b-a)+a。
◆ 如果要使用函数 RAND 生成一个随机数，并且使之不随单元格计算而改变，可以在编辑栏中输入"=RAND()"，保持编辑状态，然后按 F9 键，将公式结果永久性地改为随机数。

函数 41	RANDBETWEEN 返回位于指定两个数之间的一个随机数	

函数功能：返回位于指定的两个数之间的一个随机整数。每次计算工作表时都将返回一个新的随机整数。

函数格式：RANDBETWEEN(bottom, top)

参数说明：

◆ bottom（必选）：函数将返回的最小整数。
◆ top（必选）：函数将返回的最大整数。

应用范例 生成 1～100 之间的随机偶数

例如，要随机显示出 1～100 之间的任意偶数，可使用 RANDBETWEEN 函数，选中 B1 单元格，然后输入公式：
=RANDBETWEEN(1,50)*2

按"Enter"键确认，即可在单元格区域内显示 1～100 之间的随机偶数。

注意事项：
- ◆ 所有参数必须为数值类型，即数字、文本格式的数字或逻辑值，如果是文本，则返回错误值"#VALUE!"。
- ◆ 参数 top 不能小于参数 bottom，否则函数将返回错误值"#NUM!"。
- ◆ 如果参数中包含小数，函数将被截尾取整，只保留整数部分。

7.5 三角函数计算

函数 42	RADIANS
	将度转换为弧度

函数功能： 用于将角度转换为弧度。
函数格式： RADIANS(angle)
参数说明： angle（必选）：需要转换成弧度的角度。该参数可以为数字或单元格引用。

应用范例 将指定角度转换为弧度

例如，要计算指定角度的弧度值，可使用 RADIANS 函数，在 B2 单元格内输入公式：

=RADIANS(A2)

按"Enter"键确认并将公式向下填充，即可在单元格区域内显示出指定角度的弧度。

注意事项：

参数必须为数值类型，即数字、文本格式的数字或逻辑值，如果是文本，则函数返回错误值"#VALUE!"。

Excel 公式与函数从入门到精通

函数 43	DEGREES
	将弧度转换为角度

函数功能：用于将弧度转换为角度。

函数格式：DEGREES(angle)

参数说明：angle（必选）：待转换的弧度角。该参数可以为数字或单元格引用。

应用范例 计算图形角度

例如，下图中已知图形的弧长和半径，需要计算出弧长对应的角度，可将 DEGREES 函数和 ROUND 函数配合使用，在 C2 单元格内输入公式：

=ROUND(DEGREES(A2/B2),2)

按"Enter"键确认并将公式向下填充，即可在单元格区域内显示出相应的图形角度。

	A	B	C
1	弧长	半径	角度
2	45	58	44.45
3	25	41	34.94
4	56	55	58.34
5	75	23	186.83
6	35	89	22.53
7	20	101	11.35

注意事项：

参数必须为数值类型，即数字、文本格式的数字或逻辑值，如果是文本，则函数返回错误值"#VALUE!"。

函数 44	SIN
	返回给定角度的正弦值

函数功能：用于返回给定角度的正弦值。

函数格式：SIN(number)

参数说明：number（必选）：需要求正弦的角度，以弧度表示。

应用范例 计算指定角度的正弦值

例如，要计算指定角度对应的正弦值可使用 SIN 函数，若单位是度则还需要先使用 RADIANS 函数将度数转换为弧度，再使用 SIN 函数计算出正弦值。

在 B2 单元格内输入公式：

=SIN(RADIANS(A2))

按“Enter”键确认并将公式向下填充，即可在单元格区域内显示出指定角度的正弦值。

B2 =SIN(RADIANS(A2))

	A	B	C	D	E
1	角度	正弦值			
2	117	0.891006524			
3	176	0.069756474			
4	101	0.981627183			
5	90	1			
6	77	0.974370065			
7					

注意事项：

参数必须为数值类型，即数字、文本格式的数字或逻辑值，如果是文本，则函数返回错误值“#VALUE!”。

函数 45	ASIN
	返回数字的反正弦值

函数功能： 返回参数的反正弦值。反正弦值为一个角度，该角度的正弦值等于此函数的 number 参数。返回的角度值以弧度表示，范围为 $-\pi/2 \sim \pi/2$。

函数格式： ASIN(number)

参数说明： number（必选）：所需的角度正弦值，必须介于-1～1 之间。

应用范例 计算相应的反正弦值

例如，下图中列出了角度和正弦值，需要计算出对应的反正弦值，可使用 ASIN 函数，在 C2 单元格内输入公式：

=ASIN(B2)

按“Enter”键确认并将公式向下填充，即可在单元格区域内显示出相应的反正弦值。

C2 =ASIN(B2)

	A	B	C	D
1	角度	正弦值	反正弦值	
2	117	0.891007	1.099557429	
3	176	0.069756	0.06981317	
4	101	0.981627	1.378810109	
5	90	1	1.570796327	
6	77	0.97437	1.343903524	
7				

注意事项：

◆ 参数必须为数值类型，即数字、文本格式的数字或逻辑值，如果是文本，则函数返回错误值"#VALUE!"。
- 若需要用度表示反正弦值，则要将结果再乘以180/PI()或使用DEGREES函数表示。
- number参数的值必须介于-1～1之间，否则函数将返回错误值"#NUM!"。

函数46	SINH
	返回数字的双曲正弦值

函数功能：返回某一数字的双曲正弦值。
函数格式：SINH(number)
参数说明：number（必选）：任意实数。

应用范例 计算实数的双曲正弦值

例如，要计算任意实数的双曲正弦值，可使用SINH函数，在B2单元格内输入公式：

=SINH(A2)

按"Enter"键确认并将公式向下填充，即可在单元格区域内显示出相应的双曲正弦值。

注意事项：
- 参数必须为数值类型，即数字、文本格式的数字或逻辑值，如果是文本，则函数返回错误值"#VALUE!"。
- 若参数的单位是度，则需要将其乘以PI()/180或使用RADIANS函数进行转换。

函数47	ASINH
	返回数字的反双曲正弦值

函数功能：返回参数的反双曲正弦值。
函数格式：ASINH(number)
参数说明：number（必选）：任意实数。

应用范例　计算实数的反双曲正弦值

例如，要计算任意实数的反双曲正弦值，可使用 ASINH 函数，在 B2 单元格内输入公式：

=ASINH(A2)

按"Enter"键确认并将公式向下填充，即可在单元格区域内显示出相应的反双曲正弦值。

	A	B
1	实数	反双曲正弦值
2	-1	-0.881373587
3	2	1.443635475
4	0	0
5	7	2.644120761
6	12	3.179785438

注意事项：
◆ 参数必须为数值类型，即数字、文本格式的数字或逻辑值，如果是文本，则函数返回错误值"#VALUE!"。
◆ 若参数的单位是度，则需要将其乘以 PI()/180 或使用 RADIANS 函数进行转换。

函数 48	COS
	返回数字的余弦值

函数功能： 返回给定角度的余弦值。
函数格式： COS(number)
参数说明： number（必选）：要求余弦的角度，以弧度表示。

应用范例　计算角度对应的余弦值

例如，要计算指定角度对应的余弦值可使用 COS 函数，若单位是度则还需要先使用 RADIANS 函数将度数转换为弧度，再使用 COS 函数计算出余弦值。

在 B2 单元格内输入公式：

=COS(RADIANS(A2))

按"Enter"键确认并将公式向下填充，即可在单元格区域内显示出指定角度的余弦值。

Excel 公式与函数从入门到精通

（图示：B2 单元格公式 =COS(RADIANS(A2))，角度与余弦值表格）

注意事项：
- ◆ 参数必须为数值类型，即数字、文本格式的数字或逻辑值，如果是文本，则函数返回错误值"#VALUE!"。
- ◆ 若参数的单位是度，则需要将其乘以 PI()/180 或使用 RADIANS 函数进行转换。

函数 49	ACOS 返回数字的反余弦值	

函数功能： 返回数字的反余弦值。反余弦值是角度，它的余弦值为数字。返回的角度值以弧度表示，范围是 0～π。

函数格式： ACOS(number)

参数说明： number（必选）：所需的角度余弦值，必须介于 –1～1 之间。

应用范例　计算数字对应的反余弦值

例如，要计算指定数字对应的反余弦值，可使用 ACOS 函数，在 C2 单元格内输入公式：

=ACOS(B2)

按"Enter"键确认并将公式向下填充，即可在单元格区域内显示出指定角度的反余弦值。

（图示：C2 单元格公式 =ACOS(B2)，角度、余弦值、反余弦值表格）

注意事项：
- ◆ 参数必须为数值类型，即数字、文本格式的数字或逻辑值，如果是文本，则函数返回错误值"#VALUE!"。
- ◆ 若需要用度表示反余弦值，则要将结果再乘以 180/PI() 或使用 DEGREES 函数表示。

◆ number 参数的值必须介于-1~1 之间，否则函数将返回错误值"#NUM!"。

函数 50	COSH
	返回数字的双曲余弦值

函数功能： 用于返回数字的双曲余弦值。
函数格式： COSH(number)
参数说明： number（必选）：要求双曲余弦值的任意实数。

应用范例 计算实数的双曲余弦值

例如，要计算任意实数的双曲余弦值，可使用 COSH 函数，在 B2 单元格内输入公式：

=COSH(A2)

按"Enter"键确认并将公式向下填充，即可在单元格区域内显示出相应的双曲余弦值。

注意事项：
◆ 参数必须为数值类型，即数字、文本格式的数字或逻辑值，如果是文本，则函数返回错误值"#VALUE!"。
◆ 若参数的单位是度，则需要将其乘以 PI()/180 或使用 RADIANS 函数进行转换。

函数 51	ACOSH
	返回数字的反双曲余弦值

函数功能： 返回参数的反双曲余弦值。参数必须大于或等于 1。
函数格式： ACOSH(number)
参数说明： number（必选）：大于或等于 1 的任意实数。

应用范例 计算实数的反双曲余弦值

例如，要计算任意实数的反双曲余弦值，可使用 ACOSH 函数，计算后的反双曲余弦值有多位小数，此时可使用 ROUND 函数将数据保留两位小数。

在 B2 单元格内输入公式：

=ROUND(ACOSH(A2),2)

按"Enter"键确认并将公式向下填充，即可在单元格区域内显示出相应的反双曲余弦值。

	A	B
1	实数	反双曲余弦值
2	4	2.06
3	2	1.32
4	3	1.76
5	7	2.63
6	6	2.48

注意事项：

◆ 参数必须为数值类型，即数字、文本格式的数字或逻辑值，如果是文本，则函数返回错误值"#VALUE!"。

◆ number 参数的值必须大于或等于 1，否则函数将返回错误值"#NUM!"。

函数 52 TAN
返回数字的正切值

函数功能：返回给定角度的正切值。

函数格式：TAN(number)

参数说明：number（必选）：要求正切的角度，以弧度表示。

应用范例 计算给定角度的正切值

例如，要计算指定角度对应的正切值可使用 TAN 函数，在 B2 单元格内输入公式：

=ROUND(TAN(RADIANS(A2)),3)

按"Enter"键确认并将公式向下填充，即可在单元格区域内显示出指定角度的正切值。

	A	B
1	角度	正切值
2	117	-1.963
3	176	-0.07
4	101	-5.145
5	91	-57.29
6	77	4.331

第7章 数学和三角函数

注意事项：
◆ 参数必须为数值类型，即数字、文本格式的数字或逻辑值，如果是文本，则函数返回错误值"#VALUE!"。
◆ 若参数的单位是度，则需要将其乘以PI()/180或使用RADIANS函数进行转换。

函数 53	ATAN
	返回数字的反正切值

函数功能： 返回数字的反正切值。反正切值为角度，其正切值为数字。返回的角度值以弧度表示，范围为$-\pi/2 \sim \pi/2$。

函数格式： ATAN(number)

参数说明： number（必选）：所需的角度正切值。

应用范例 计算数字的反正切值

例如，下图中列出了角度和正切值，需要计算出对应的反正切值，可使用ATAN函数，在C2单元格内输入公式：

=ROUND(ATAN(B2),2)

按"Enter"键确认并将公式向下填充，即可在单元格区域内显示出相应的反正切值。

	A	B	C
1	角度	正切值	反正切值
2	117	-1.963	-1.1
3	176	-0.07	-0.07
4	101	-5.145	-1.38
5	91	-57.29	-1.55
6	77	4.331	1.34

注意事项：
◆ 参数必须为数值类型，即数字、文本格式的数字或逻辑值，如果是文本，则函数返回错误值"#VALUE!"。
◆ 若参数的单位是度，则需要将其乘以PI()/180或使用RADIANS函数进行转换。

函数 54	TANH
	返回数字的双曲正切值

函数功能： 返回某一数字的双曲正切值。

函数格式： TANH(number)

参数说明： number（必选）：任意实数。

应用范例 计算实数的双曲正切值

例如，要计算任意实数的双曲正切值，可使用 TANH 函数，在 B2 单元格内输入公式：

=TANH(A2)

按"Enter"键确认并将公式向下填充，即可在单元格区域内显示出相应的双曲正切值。

	A	B
1	实数	双曲正切值
2	4	0.9993293
3	1	0.761594156
4	9	0.99999997
5	10	0.999999996
6	2	0.96402758

注意事项：
◆ 参数必须为数值类型，即数字、文本格式的数字或逻辑值，如果是文本，则函数返回错误值"#VALUE!"。
◆ 若参数的单位是度，则需要将其乘以 PI()/180 或使用 RADIANS 函数进行转换。

函数 55	ATANH	
	返回数字的反双曲正切值	

函数功能： 返回参数的反双曲正切值。参数必须介于-1～1之间（除去-1和1）。
函数格式： ATANH(number)
参数说明： number（必选）：-1～1之间的任意实数（不含-1和1）。

应用范例 计算实数的反双曲正切值

例如，要计算实数的反双曲正切值，可使用 ATANH 函数，在 B2 单元格内输入公式：

=ROUND(ATANH(A2),3)

按"Enter"键确认并将公式向下填充，即可在单元格区域内显示出相应的反双曲正切值。

	A	B	C	D
1	实数	双曲反正切值		
2	0.1	0.1		
3	0.7	0.867		
4	-0.9	-1.472		
5	0.5	0.549		
6	0			
7				

B2 单元格公式：=ROUND(ATANH(A2),3)

注意事项：

◆ 参数必须为数值类型，即数字、文本格式的数字或逻辑值，如果是文本，则函数返回错误值"#VALUE!"。

◆ 若参数的单位是度，则需要将其乘以 PI()/180 或使用 RADIANS 函数进行转换。

◆ number 参数的值必须在 -1～1 之间（不含 -1 和 1），否则 ATANH 函数将返回错误值"#NUM!"。

7.6 其他计算

函数 56	PI
	返回 π 的值

函数功能： 返回数字 3.14159265358979，即数学常量 π，精确到小数点后 14 位。

函数格式： PI()

参数说明： 该函数没有参数。

应用范例 计算圆面积

例如，下图为列出的圆半径，现在需要根据半径计算出圆面积，可将 PI 函数、POWER 函数和 ROUND 函数配合使用。

在 B2 单元格内输入公式：

=ROUND(PI()*POWER(A2,2),3)

按"Enter"键确认并将公式向下填充，即可在单元格区域内计算出圆面积。其中公式 POWER(A2,2)，表示 A2 单元格内值的平方，即半径的平方。

	A	B	C	D	E	F
1	半径	圆面积				
2	5	78.54				
3	2.5	19.635				
4	1.7	9.079				
5	4.6	66.476				
6	15	706.858				
7	66	13684.778				
8	101	32047.387				
9						

B2 单元格公式：=ROUND(PI()*POWER(A2,2),3)

函数 57	SQRTPI 返回某数与π的乘积的平方根	

函数功能：返回某数与π的乘积的平方根。
函数格式：SQRTPI(number)
参数说明：number（必选）：与π相乘的数。

应用范例 求圆周率倍数的平方根

例如，要计算圆周率倍数的平方根，可直接使用 SQRTPI 函数。在 B2 单元格内输入公式：

=SQRTPI(A2)

按"Enter"键确认并将公式向下填充，即可在单元格区域内显示出圆周率相应倍数的平方根。

	A	B
1	倍数	函数返回值
2	2.5	2.802495608
3	3	3.069980124
4	3.7	3.409383055
5	4.2	3.632449469
6	5.8	4.268634136

函数 58	SUBTOTAL 返回列表或数据库中的分类汇总	

函数功能：返回列表或数据库中的分类汇总。
函数格式：SUBTOTAL(function_num, ref1, [ref2], ...)
参数说明：

◆ function_num（必选）：1~11（包含隐藏值）或 101~111（忽略隐藏值）之间的数字，用于指定使用何种函数在列表中进行分类汇总计算。关于该参数的取值情况如表 7-3 所示。
◆ ref1（必选）：要对其进行分类汇总计算的第 1 个命名区域或引用。
◆ ref2,...（可选）：要对其进行分类汇总计算的第 2~254 个命名区域或引用。

表 7-3 function_num 取值与对应函数

function_num 取值（包含隐藏值）	function_num 取值（忽略隐藏值）	对 应 函 数
1	101	AVERAGE
2	102	COUNT
3	103	COUNTA

续表

function_num 取值（包含隐藏值）	function_num 取值（忽略隐藏值）	对应函数
4	104	MAX
5	105	MIN
6	106	PRODUCT
7	107	STDEV
8	108	STDEVP
9	109	SUM
10	110	VAR
11	111	VARP

应用范例 统计产品加工所耗时间

例如，A工厂在加工某产品时为了保证产品质量需要三项制作工序，且对时间严格控制，下图为该产品三项工序所耗的具体时间。现在需要计算该产品加工所耗的总时间，可使用 SUBTOTAL 函数。

在 B5 单元格中输入公式：
=SUBTOTAL(109,B2:B4)

按"Enter"键确认即可。

	A	B
1	工序	工序时间
2	工序1	1:59:12
3	工序2	3:07:15
4	工序3	5:01:25
5	总时间	10:07:52

注意事项：

◆ 如果在参数 ref1、ref2…中有其他的分类汇总（嵌套分类汇总），函数将忽略这些嵌套分类汇总，以避免重复计算。

◆ 当 function_num 参数为 1～11 的常数时，SUBTOTAL 函数将包含通过"隐藏行"命令所隐藏的行中的值，该命令位于"开始"选项卡上"单元格"组中"格式"命令的"隐藏和取消隐藏"子菜单下面。当要对列表中的隐藏和非隐藏数字进行分类汇总时，请使用这些常数。当 function_num 参数为 101～111 的常数时，SUBTOTAL 函数将忽略通过"隐藏行"命令所隐藏的行中的值。当只想对列表中的非隐藏数字进行分类汇总时，请使用这些常数。

◆ 函数忽略任何不包含在筛选结果中的行，不论使用何种 function_num 参数值。

◆ 函数适用于数据列或垂直区域，不适用于数据行或水平区域。例如，当参数 function_num 大于或等于 101、需要分类汇总某个水平区域时，如

SUBTOTAL(109,B2:G2)，则隐藏某一列不影响分类汇总，但是隐藏分类汇总的垂直区域中的某一行就会对其产生影响。
- 如果所指定的某一引用为三维引用，函数将返回错误值"#VALUE!"。

函数 59　AGGREGATE　返回列表或数据库中的聚合数据

函数功能：返回列表或数据库中的聚合数据。
函数格式：AGGREGATE(function_num, options, ref1, [ref2], ...)
参数说明：
- function_num（必选）：一个介于 1~19 之间的数字，指定要使用的函数。关于该参数的取值情况如表 7-4 所示。
- options（必选）：一个数值，决定在函数的计算区域内要忽略哪些值。关于该参数的取值情况如表 7-5 所示。
- ref1（必选）：函数的第 1 个数值参数。
- ref2,...（可选）：要为其计算聚合值的第 2~253 个数值参数。

表 7-4　参数 function_num 取值与对应函数

function_num 取值	对应函数	function_num 取值	对应函数
1	AVERAGE	11	VAR.P
2	COUNT	12	MEDIAN
3	COUNTA	13	MODE.SNGL
4	MAX	14	LARGE
5	MIN	15	SMALL
6	PRODUCT	16	PERCENTILE.INC
7	STDEV.S	17	QUARTILE.INC
8	STDEV.P	18	PERCENTILE.EXC
9	SUM	19	QUARTILE.EXC
10	VAR.S		

表 7-5　参数 options 取值及作用

options 取值	作用
0 或省略	忽略嵌套 SUBTOTAL 和 AGGREGATE 函数
1	忽略隐藏行、嵌套 SUBTOTAL 和 AGGREGATE 函数
2	忽略错误值、嵌套 SUBTOTAL 和 AGGREGATE 函数
3	忽略隐藏行、错误值、嵌套 SUBTOTAL 和 AGGREGATE 函数
4	忽略空值

续表

options 取值	作 用
5	忽略隐藏行
6	忽略错误值
7	忽略隐藏行和错误值

应用范例 统计商品折扣总金额

例如,某商店做年底促销,根据不同商品拟定不一样的折扣率。该店在一天之内商品的销量情况如下图所示,其中列出了商品名称、商品单价、商品数量及折扣率,现在需要计算各个商品在促销期间的折扣总额,可使用 AGGREGATE 函数。

在 E2 单元格内输入公式:
=AGGREGATE(6,7,B2:D2)

按"Enter"键确认并将结果向下填充,即可计算出各个商品在促销期间的折扣总金额。

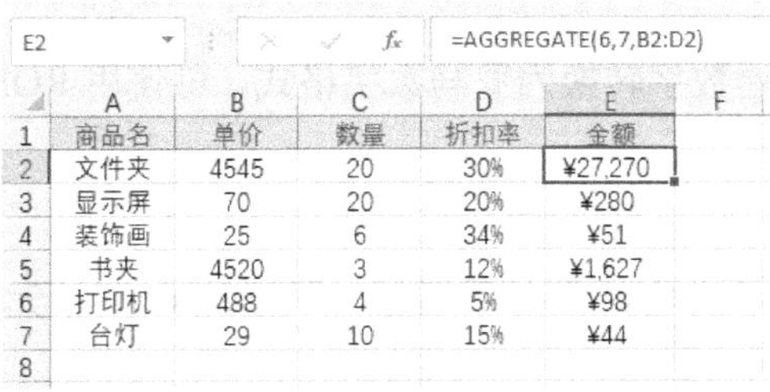

	A	B	C	D	E
1	商品名	单价	数量	折扣率	金额
2	文件夹	4545	20	30%	¥27,270
3	显示屏	70	20	20%	¥280
4	装饰画	25	6	34%	¥51
5	书夹	4520	3	12%	¥1,627
6	打印机	488	4	5%	¥98
7	台灯	29	10	15%	¥44

注意事项:

◆ 对于使用数组的函数,ref1 可以是一个数组或数组公式,也可以是对要为其计算聚合值的单元格区域的引用。当 function_num 参数的值为 14~19 时,ref2 为必选参数。

◆ 如果函数的第 2 引用参数为必选,但未提供或者有一个或多个引用是三维引用,函数将返回错误值"#VALUE!"。

◆ 如果 AGGREGATE 函数的引用中包含 SUBTOTAL 和 AGGREGATE,AGGREGATE 函数将忽略这两个函数。

函数 60 ROMAN 将阿拉伯数字转换为文本式罗马数字

函数功能: 将阿拉伯数字转换为文本形式的罗马数字。
函数格式: ROMAN(number, [form])
参数说明:

- number（必选）：需要转换的阿拉伯数字。
- form（可选）：一个数字，指定所需的罗马数字类型。罗马数字的样式范围可以从经典到简化，随着 form 值的增加趋于简单。关于该参数的取值与转换类型如表 7-6 所示。

表 7-6　参数 form 取值及转换类型

form 取值	转 换 类 型
0 或省略	经典
1	更简化
2	比 1 更简化
3	比 2 更简化
4	简化
TRUE	经典
FALSE	简化

应用范例　将数字转换为罗马数字格式

例如，需要将普通数字转换为罗马数字格式，可使用 ROMAN 函数，在 B2 单元格内输入公式：

=ROMAN(A2,3)

按"Enter"键确认并将结果向下填充，即可在 B 列单元格中显示出罗马格式的数字。

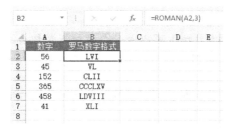

注意事项：
- 参数必须为数值类型，即数字、文本格式的数字或逻辑值，如果是文本，则返回错误值"#VALUE!"。
- 如果参数为负值，函数将返回错误值"#VALUE!"。
- 如果参数的值大于 3999，函数将返回错误值"#VALUE!"。

第8章 统计函数

随着信息化时代的到来,越来越多的数据信息被存放于数据库中,灵活地运用 Excel 中的统计函数,对存储在数据库中的数据进行分类统计就显得尤为重要。本章主要介绍统计函数的使用方法和相关应用,以便用户从复杂的数据中快速筛选有效数据。

本章导读

- 基础统计量
- 统计数据的散布度
- 概率分布
- 协方差、相关与回归
- 数据的倾向性

8.1 基础统计量

函数 1	COUNT
	计算参数列表中数字的个数

函数功能：计算包含数字的单元格及参数列表中数字的个数。
函数格式：COUNT(value1, [value2], ...)
参数说明：
- value1（必选）：要计算其中数字的个数的第一个项、单元格引用或区域。
- value2, ...（可选）：要计算其中数字的个数的其他项、单元格引用或区域，最多可包含 255 个。

应用范例 计算参数列表中数字的个数

例如，某员工在整理数据时，需要统计指定数据中包含数字的单元格个数，可使用 COUNT 函数。

在要显示结果的单元格中输入公式：
=COUNT(B2:B7)

按"Enter"键确认即可。

注意事项：
- 如果参数为数字、日期或者代表数字的文本（例如，用引号引起的数字，如 "1"），则将被计算在内；逻辑值和直接输入到参数列表中代表数字的文本也将被计算在内，但是如果参数为错误值或不能转换为数字的文本，则不会被计算在内。
- 如果参数为数组或引用，则只计算数组或引用中数字的个数，不会计算数组或引用中的空单元格、逻辑值、文本或错误值。

函数 2	COUNTA
	计算参数列表中值的个数

函数功能：计算区域中不为空的单元格的个数。

函数格式：COUNTA(value1, [value2], ...)

参数说明：
- value1（必选）：表示要计数的值的第一个参数。
- value2, ...（可选）：表示要计数的值的其他参数，最多可包含 255 个参数。

应用范例　计算参数列表中值的个数

例如，某员工在整理数据时，需要统计指定数据中包含值的单元格的个数，可使用 COUNTA 函数。

在需要显示结果的单元格中输入公式：

=COUNTA(A2:A6)

按"Enter"键确认，即可返回包含值的单元格个数。

注意事项：

COUNTA 函数可对包含任何类型信息的单元格进行计数，这些信息包括错误值和空文本("")。例如，如果区域包含一个返回空字符串的公式，则 COUNTA 函数会将该值计算在内。COUNTA 函数不会对空单元格进行计数。

函数 3	COUNTBLANK
	计算区域内空白单元格的数量

函数功能：计算指定单元格区域中空白单元格的个数。

函数格式：COUNTBLANK(range)

参数说明：range（必选）：需要计算其中空白单元格个数的区域。

应用范例　统计外勤人数

例如，某销售部管理人员分配销售区域，需要统计外出办理业务人数，以便对正在公司办公人员进行合理的任务分配，此时可在 E1 单元格内输入公式：
=COUNTBLANK(B2:B10)

按"Enter"键确认，即可显示出外勤人数。

注意事项：

即使单元格中含有返回值为空文本（""）的公式，该单元格也会计算在内，但包含零值的单元格不计算在内。

函数 4	COUNTIF	
	计算区域内符合给定条件的单元格的数量	

函数功能： 对区域中满足单个指定条件的单元格进行计数。

函数格式： COUNTIF(range, criteria)

参数说明：

- range（必选）：要对其进行计数的一个或多个单元格，其中包括数字或名称、数组或包含数字的引用。空值和文本值将被忽略。
- criteria（必选）：用于定义将对哪些单元格进行计数的数字、表达式、单元格引用或文本字符串。例如，条件可以表示为 32、">32"、B4、"苹果"或"32"。

应用范例 统计本月上旬产品销售记录

例如，某商店按照销售日期统计了商品的销售记录，为了更好地查看商品销售情况，现在需要统计商品在该月上旬的销售记录，可使用 COUNTIF 函数。

在 F1 单元格内输入公式：
=COUNTIF(A2:A9,"<2021-5-11")

按"Enter"键确认，即可在目标单元格内显示记录条数。

第8章 统计函数

	A	B	C	D	E	F	G
1	日期	类别	金额		上旬销售记录	4	
2	2021/5/1	文件夹	180				
3	2021/5/2	显示屏	9090				
4	2021/5/12	装饰画	490				
5	2021/5/7	书夹	1950				
6	2021/5/5	打印机	13560				
7	2021/5/16	台灯	488				
8	2021/5/17	灯座	750				
9	2021/5/16	书架	12300				

公式栏：=COUNTIF(A2:A9,"<2021-5-11")

注意事项：

◆ 在参数 criteria 中可以使用通配符，即问号（?）和星号（*）。问号匹配任意单个字符，星号匹配任意一系列字符。若要查找实际的问号或星号，则需要在该字符前输入波形符（~）。

◆ 参数 criteria 中数值不区分大小写，例如，字符串"apples"和字符串"APPLES"将匹配相同的单元格。

函数 5	COUNTIFS 计算区域内符合多个条件的单元格的数量	

函数功能： 将条件应用于跨多个区域的单元格，并计算符合所有条件的次数。

函数格式： COUNTIFS(criteria_range1, criteria1, [criteria_range2, criteria2],…)

参数说明：

◆ criteria_range1（必选）：在其中计算关联条件的第 1 个区域。

◆ criteria1（必选）：表示要进行判断的第 1 个条件，条件的形式为数字、表达式、单元格引用或文本，可用来定义将对哪些单元格进行计数。例如，条件可以表示为 32、">32"、B4、"苹果"或"32"。

◆ criteria_range2（可选）：表示要进行判断的第 2~127 个单元格区域。

◆ criteria2,…（可选）：表示要进行判断的第 2~127 个条件。

应用范例 统计成绩为合格的男员工的数量

例如，某公司在年底对员工进行考核，下图为员工的考核情况，A 列为员工姓名，C 列为考核总成绩，其中成绩大于或等于 140 为合格，D 列为相应的考评结果，现在需要统计考评结果为 140~160 之间合格的男员工人数，可使用 COUNTIFS 函数。

在 D12 单元格内输入公式：
=COUNTIFS(B2:B10,"男",C2:C10,">140",C2:C10,"<=160",D2:D10,"合格")

按"Enter"键确认，即可判定员工考核情况。

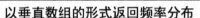

注意事项：

◆ 每个区域的条件一次应用于一个单元格。如果所有第一个单元格都满足其关联条件，则计数增加 1；如果所有第二个单元格都满足其关联条件，则计数再增加 1；依次类推，直到计算完所有单元格。

◆ 如果条件参数是对空单元格的引用，则函数会将该单元格的值视为 0。

◆ 在参数 criteria 中可使用通配符，即问号（?）和星号（*）。问号匹配任意单个字符，星号匹配任意字符序列。如果要查找实际的问号或星号，请在字符前输入波形符（~）。

函数 6 | FREQUENCY
以垂直数组的形式返回频率分布

函数功能： 计算数值在某个区域内的出现频率，然后返回一个垂直数组。

函数格式： FREQUENCY(data_array, bins_array)

参数说明：

◆ data_array（必选）：表示计算频率的一个值数组或对一组数值的引用。如果该参数中不包含任何数值，函数 FREQUENCY 将返回一个零数组。

◆ bins_array（必选）：对 data_array 中的数值进行分组的一个区间数组或对区间的引用。如果该参数中不包含任何数值，则函数 FREQUENCY 返回的值与 data_array 中的元素个数相等。

应用范例 计算成绩在 60～90 分的人数

例如，需要计算某个得分区间内的人员个数，如计算外语成绩在 60～90 分的学生人数，可以使用 FREQUENCY 函数和 INDEX 函数。

选中需要显示结果的单元格，输入公式：
=INDEX(FREQUENCY(D2:D7,{60,90}),2)

按"Enter"键确认，即可得到此工作表中外语成绩在 60～90 分的人数结果。

	A	B	C	D	E	F	G
1	学生姓名	语文	数学	外语	理综	总成绩	
2	章书	70	90	73	159	392	
3	张明	80	60	75	147	362	
4	吴宇彤	56	50	68	123	297	
5	郑怡然	124	99	128	256	607	
6	王建国	98	145	104	239	586	
7	蔡佳佳	101	94	89	186	470	
8							
9							
10	在60~90分的人数			4			
11							

D10 =INDEX(FREQUENCY(D2:D7,{60,90}),2)

注意事项：

◆ 选择了用于显示返回的分布结果的相邻单元格区域后，函数应以数组公式的形式输入。

◆ 返回的数组中的元素个数比参数 bins_array 中的元素个数多 1。多出来的元素表示最高区间之上的数值个数。例如，如果要为三个单元格中输入的三个数值区间计数，则需要在四个单元格中输入 FREQUENCY 函数获得计算结果。多出来的单元格将返回 data_array 参数中第三个区间值以上的数值个数。

◆ 对于返回结果为数组的公式，必须以数组公式的形式输入。

函数 7　AVEDEV

返回数据点与它们的平均值的绝对偏差平均值

函数功能： 返回一组数据与其均值的绝对偏差的平均值。AVEDEV 函数用于评测这组数据的离散度。

函数格式： AVEDEV(number1, [number2], ...)

参数说明：

◆ number1（必选）：用于计算绝对偏差平均值的第 1 组参数，该参数可以是直接输入的数字、单元格引用或数组。

◆ number2, ...（可选）：用于计算绝对偏差平均值的第 2~225 组参数，该参数可以是直接输入的数字、单元格引用或数组。

应用范例　计算考核成绩的平均偏差

例如，某公司在年内对员工进行了三次考核，下图为员工三次考核的详细数据，现在需要计算该组数据的平均偏差，可在 C9 单元格内输入公式：

=AVEDEV(B2:D7)

按"Enter"键确认即可。

注意事项：

◆ 输入数据所使用的计量单位将影响函数的计算结果。
◆ 参数必须是数字或者包含数字的名称、数组或引用，逻辑值和直接输入到参数列表中代表数字的文本被计算在内，但是若数组或引用参数包含文本、逻辑值或空白单元格，则这些值将被忽略，但包含 0 值的单元格将计算在内。

函数 8	AVERAGE
	返回参数的平均值

函数功能：返回参数的平均值（算术平均值）。

函数格式：AVERAGE(number1, [number2], ...)

参数说明：

◆ number1（必选）：要计算平均值的第一个数字、单元格引用或单元格区域。
◆ number2, ...（可选）：要计算平均值的其他数字、单元格引用或单元格区域，最多可包含 255 个。

应用范例 计算商品各月销量平均值

例如，下图为商品在某年前 4 个月的销量，其中 A 列为销售商品名称，其他几列为与之对应各月份的商品销售情况，现在需要统计出前 4 个月商品的平均销量，可使用 AVERAGE 函数，为了以整数显示计算结果还需配合 ROUND 函数使用。

在 F2 单元格内输入公式：

=ROUND(AVERAGE(B2:E2),0)

按"Enter"键确认并将结果向下填充，即可在 F 列单元格中显示各种商品每月的平均销量。

注意事项：
- 如果在函数中直接输入参数的值，则参数必须为数值类型，即数字、文本格式的数字或逻辑值，如果是文本，则返回错误值"#VALUE!"。
- 如果使用单元格引用或数组作为函数的参数，则参数必须为数字，其他类型的值都将被忽略。

函数 9	AVERAGEA	
	返回参数的平均值，包括数字、文本和逻辑值	

函数功能： 计算参数列表中数值的平均值（算术平均值）。
函数格式： AVERAGEA(value1, [value2], ...)
参数说明：
- value1（必选）：要计算平均值的第一个单元格、单元格区域或值。
- value2, ...（可选）：要计算平均值的其他数字、单元格引用或单元格区域，最多可包含 255 个。

应用范例 计算员工的日均工资

例如，下图为一组人员的日平均工资，其中请假、工伤等无薪人员也在内，要求计算平均工资，并且四舍五入保留两位小数，可将 AVERAGEA 函数和 ROUND 函数配合使用。

在 E1 单元格内输入公式：
=ROUND(AVERAGEA(B2:B7),2)

按"Enter"键确认即可。

	A	B	C	D	E	F
1	姓名	日平均工资		计算日平均工资	87.5	
2	吴宇彤	230				
3	郑怡然	60				
4	王建国	请假				
5	蔡佳佳	85				
6	苏安	150				
7	李玉	工伤				
8						

提示

本例是利用 AVERAGEA 函数计算所有人员的日平均工资，对于请假、工伤等无薪人员的工资按照 0 元来参与求平均值，最后将结果保留两位小数。

注意事项：
- 参数可以是数值；包含数值的名称、数组或引用；数字的文本表示；或者引用中的逻辑值，如 TRUE 和 FALSE，其中逻辑值包含 TRUE 的参数作为 1

计算，包含 FALSE 的参数作为 0 计算。包含文本的数组或引用参数将作为 0 计算，空文本（""）也作为 0 计算。
- 如果参数为数组或引用，则只使用其中的数值。数组或引用中的空白单元格和文本值将被忽略。
- 如果参数为错误值或不能转换为数字的文本，将导致错误。

函数 10	AVERAGEIF	
	返回区域中满足给定条件的所有单元格的平均值	

函数功能： 返回某个区域内满足给定条件的所有单元格的平均值 (算术平均值)。

函数格式： AVERAGEIF(range, criteria, [average_range])

参数说明：
- range（必选）：要计算平均值的一个或多个单元格，其中包括数字或包含数字的名称、数组或引用。
- criteria（必选）：数字、表达式、单元格引用或文本形式的条件，用于定义要对哪些单元格计算平均值。例如，条件可以表示为 32、"32"、">32"、"苹果"或 B4。
- average_range(可选)：要计算平均值的实际单元格集。如果忽略,则使用 range。

应用范例 计算销售额大于 200000 的平均销量

例如，下图为某公司销售数据统计表，某员工在整理该数据时需要计算所有销售总额>200000 元的平均销量，可使用 AVERAGEIF 函数。

在 C9 单元格内输入公式：

=AVERAGEIF(D2:D7,">200000")

按"Enter"键确认即可。

	A	B	C	D	E	F
1	姓名	销售量	销售单价	销售总额		
2	明威	392	590	231280		
3	张庄	362	496	179552		
4	杨横	297	590	175230		
5	王蕊	607	987	599109		
6	文华	586	360	210960		
7	汪树海	470	501	235470		
8						
9	销售额大于200000的		319204.75			
10	平均销量					
11						

注意事项：
- 如果参数 average_range 中的单元格为空单元格,或区域中包含逻辑值 TRUE 或 FALSE，AVERAGEIF 将忽略它。
- 如果参数 range 为空值或文本值，或区域中没有满足条件的单元格，则

AVERAGEIF 会返回错误值"#DIV0!"。
- 如果条件中的单元格为空单元格，AVERAGEIF 会将其视为 0 值。
- 可以在条件中使用通配符，即问号（?）和星号（*）。问号匹配任意单个字符，星号匹配任意字符序列。如果要查找实际的问号或星号，则需要在字符前输入波形符（~）。

函数 11	AVERAGEIFS 返回满足多个条件的所有单元格的平均值	

函数功能：返回满足多重条件的所有单元格的平均值。

函数格式：AVERAGEIFS(average_range, criteria_range1, criteria1, [criteria_range2, criteria2], ...)

参数说明：

- average_range（必选）：要计算平均值的一个或多个单元格，其中包括数字或包含数字的名称、数组或引用。
- criteria_range1（必选）：在其中计算关联条件的 1 个区域。
- criteria1（必选）：数字、表达式、单元格引用或文本形式的 1～127 个条件，用于定义将对哪些单元格求平均值。例如，条件可以表示为 32、"32"、">32"、"苹果"或 B4。
- criteria_range2（可选）：在其中计算关联条件的 2～127 个区域。
- criteria2（可选）：数字、表达式、单元格引用或文本形式的 2～127 个条件，用于定义将对哪些单元格求平均值。

应用范例 计算比赛最终成绩

例如，某公司年底举办年会，选取 8 个员工作为评委对年会节目进行打分，假设在计算比赛成绩时，需要去掉一个最高分和一个最低分，然后再求平均值，将该平均值作为节目的最后得分，此时可使用 AVERAGEIFS 函数。

在要显示平均值的单元格中输入公式：
=AVERAGEIFS(B2:B9,B2:B9,">"&MIN(B2:B9),B2:B9,"<"&MAX(B2:B9))

按"Enter"键确认，即可计算出该年会节目的最后得分。

	A	B	C	D	E	F
1	评委	评分		去掉首尾求平均值		8.58
2	评委1	9.7				
3	评委2	8				
4	评委3	8.8				
5	评委4	9.2				
6	评委5	6.9				
7	评委6	7.6				
8	评委7	8.4				
9	评委8	9.5				

注意事项：

- 如果 average_range 参数为空值或文本值，或者没有满足所有条件的单元格，则 AVERAGEIFS 会返回错误值"#DIV0!"。
- 如果条件区域中的单元格为空，则 AVERAGEIFS 将其视为 0 值。
- 区域中包含 TRUE 的单元格计算为 1，区域中包含 FALSE 的单元格计算为 0。
- 仅当 average_range 中的每个单元格都满足为其指定的所有相应条件时，才对这些单元格进行平均值计算。
- 与 AVERAGEIF 函数中的区域和条件参数不同，AVERAGEIFS 中每个 criteria_range 的大小和形状必须与 sum_range 相同。
- 如果 average_range 中的单元格无法转换为数字，则 AVERAGEIFS 会返回错误值"#DIV0!"。
- 可以在条件中使用通配符，即问号（?）和星号（*）。问号匹配任意单个字符，星号匹配任意字符序列。如果要查找实际的问号或星号，请在字符前输入波形符（~）。

函数 12　GEOMEAN　返回几何平均值

函数功能：返回正数数组或区域的几何平均值。

函数格式：GEOMEAN(number1, [number2], ...)

参数说明：

- number1（必选）：用于计算几何平均值的第 1 组参数，也可以用单一数组或对某个数组的引用来代替用逗号分隔的参数。
- number2, ...（可选）：用于计算几何平均值的第 2~255 组参数，也可以用单一数组或对某个数组的引用来代替用逗号分隔的参数。

应用范例　计算下半年销售量的几何平均值

例如，下图为某公司下半年的销售数量统计表，现在需要根据下半年各月的销售值，返回下半年销售量的几何平均值，可使用 GEOMEAN 函数。

在 D9 单元格内输入公式：

=GEOMEAN(D2:D7)

按"Enter"键确认，即可计算出下半年销售量的几何平均值。

月份	销售量	销售单价	销售总额
7月	392	590	231280
8月	362	496	179552
9月	297	590	175230
10月	607	987	599109
11月	586	360	210960
12月	470	501	235470
下半年销售几何平均值			245054.7106

注意事项：

- 参数可以是数字或包含数字的名称、数组或引用，逻辑值和直接输入到参数列表中代表数字的文本被计算在内。但若数组或引用参数包含文本、逻辑值或空白单元格，则这些值将被忽略；包含 0 值的单元格将计算在内。
- 如果参数为错误值或不能转换为数字的文本，将会导致错误。
- 如果任一参数小于 0，函数将返回错误值"#NUM!"。

函数 13	HARMEAN
	返回调和平均值

函数功能： 返回数据集合的调和平均值。调和平均值与倒数的算术平均值互为倒数。

函数格式： HARMEAN(number1, [number2], ...)

参数说明：

- number1（必选）：用于计算调和平均值的第 1 组参数，也可以用单一数组或对某个数组的引用来代替用逗号分隔的参数。
- number2, ...（可选）：用于计算调和平均值的第 2~255 组参数，也可以用单一数组或对某个数组的引用来代替用逗号分隔的参数。

应用范例　计算 7—12 月的平均销量

例如，下图为某公司下半年的销售数量统计表，现在需要根据下半年各月的销售值返回下半年的平均销量，可使用 HARMEAN 函数。

在 D9 单元格内输入公式：

=HARMEAN(D2:D7)

按"Enter"键确认，即可计算出下半年的平均销量。

注意事项：

- 调和平均值总是小于几何平均值，而几何平均值总是小于算术平均值。
- 参数可以是数字或包含数字的名称、数组或引用，逻辑值和直接输入到参数列表中代表数字的文本也被计算在内。但若数组或引用参数包含文本、逻辑值或空白单元格，则这些值将被忽略；包含 0 值的单元格将计算在内。

- 如果参数为错误值或不能转换为数字的文本,将会导致错误。
- 如果任一参数的值小于或等于0,函数将返回错误值"#NUM!"。

函数14　TRIMMEAN

返回数据集的内部平均值

函数功能:返回数据集的内部平均值。

函数格式:TRIMMEAN(array, percent)

参数说明:
- array(必选):需要进行整理并求平均值的数组或数值区域。
- percent(必选):计算时要除去的数据点的比例。例如,如果 percent=0.2,在 20 个数据点的集合中就要除去 4 个数据点(20×0.2):头部除去 2 个,尾部除去 2 个。

应用范例　计算参赛人员得分

例如,某公司举行技能大赛,4 位评委分别对进入决赛的 8 名参赛人员进行打分,各参赛人员的得分情况见下图,计分人员需要根据计分结果计算出各参赛人员的最后得分,可将 TRIMMEAN 函数和 ROUND 函数配合使用。

在 F2 单元格内输入公式:

=ROUND(TRIMMEAN(A2:E2,0.4),2)

按"Enter"键确认并向下填充,即可在 F 列单元格内显示各参赛人员的最后得分。

姓名	评委1	评委2	评委3	评委4	最后得分
章书	9.70	9.50	9.65	9.50	9.59
张明	8.90	8.95	9.10	9.25	9.05
吴宇彤	9.40	9.30	9.00	9.10	9.20
郑怡然	8.90	9.40	9.50	9.60	9.35
王建国	9.50	9.70	9.55	9.65	9.60
罗伞	8.90	8.75	8.80	9.00	8.86
蔡佳佳	9.00	9.70	9.20	9.30	9.30
明威	9.35	8.95	9.15	9.20	9.16

注意事项:
- 如果参数 percent 小于 0 或大于 1,则函数返回错误值"#NUM!"。
- 函数将除去的数据点数目向下舍入为最接近的 2 的倍数。如果 percent=0.1,30 个数据点的 10%等于 3 个数据点,函数将对称地在数据集的头部和尾部各除去 1 个数据。

第 8 章 统计函数

函数 15	MEDIAN
	返回给定数值集合的中值

函数功能： 返回给定数值集合的中值。中值是在一组数值中居于中间的数值。

函数格式： MEDIAN(number1, [number2], ...)

参数说明：

◆ number1（必选）：需要计算中值的第 1 个数字，参数可以是数字或者包含数字的名称、数组或引用。

◆ number2, ...（可选）：需要计算中值的第 2~255 个数字，参数可以是数字或者包含数字的名称、数组或引用。

应用范例 计算销量中间值

例如，某商店按照销售日期统计了商品的销售记录，为了更好地查看销售情况，现在需要统计出该月销量的中间值。

在 F1 单元格内输入公式：

=MEDIAN(C2:C9)

按"Enter"键确认，即可在单元格内显示销量的中间值。

	A	B	C	D	E	F	G
1	日期	类别	金额		销量中间值	1350	
2	2021/5/1	文件夹	180				
3	2021/5/2	显示屏	9090				
4	2021/5/12	装饰画	490				
5	2021/5/7	书夹	1950				
6	2021/5/5	打印机	13560				
7	2021/5/16	台灯	488				
8	2021/5/17	灯座	750				
9	2021/5/16	书架	12300				
10							

注意事项：

◆ 如果参数集合中包含偶数个数字，函数将返回位于中间的两个数的平均值。

◆ 参数可以是数字或者包含数字的名称、数组或引用，逻辑值和直接输入到参数列表中代表数字的文本也被计算在内；如果数组或引用参数包含文本、逻辑值或空白单元格，则这些值将被忽略；但包含 0 值的单元格将计算在内。

◆ 如果参数为错误值或不能转换为数字的文本，将会导致错误。

函数 16	MODE.SNGL
	返回在数据集内出现次数最多的值

函数功能： 返回在某一数组或数据区域中出现频率最高的数值（该数称为众数）。

函数格式： MODE.SNGL(number1,[number2],...])

参数说明：
- number1（必选）：用于计算众数的第 1 个参数。
- number2,…（可选）：用于计算众数的第 2~254 个参数，也可以用单一数组或对某个数组的引用来代替用逗号分隔的参数。

应用范例　统计频率出现最高的数

例如，下图为随机录入的一组数据，现在需要统计出该组数据中出现频率最高的数，可在 E1 单元格内输入公式：
=MODE.SNGL(A2:A7)

按"Enter"键确认，即可在单元格内显示频率出现最高的数。

注意事项：
- 参数可以是数字或者包含数字的名称、数组或引用，但若数组或引用参数包含文本、逻辑值或空白单元格，则这些值将被忽略；包含 0 值的单元格将计算在内。
- 如果参数为错误值或不能转换为数字的文本，将会导致错误。
- 如果数据集中不含有重复的数据，函数将返回错误值"N/A"。

函数 17	MODE.MULT	
	返回数据中出现频率最高或重复出现的数值的垂直数组	

函数功能： 返回一组数据或数据区域中出现频率最高或重复出现的数值的垂直数组。
函数格式： MODE.MULT((number1,[number2],...])
参数说明：
- number1（必选）：要计算众数的第 1 个数字参数。
- number2,…（可选）：要计算众数的第 2~254 个数字参数，也可以用单一数组或对某个数组的引用来代替用逗号分隔的参数。

应用范例　统计得票次数最多的产品

例如，某公司计划设计一款新产品，在前期准备了 4 个产品方案，现在需要通过投票选出得票最多的产品方案，可在 E1 单元格内输入公式：

=MODE.MULT(B2:B9)&"产品"

按"Enter"键确认,即可在单元格内显示得票最多的产品。

	A	B	C	D	E	F
1	投票次数	投票		得票最多产品编号	2产品	
2	第1轮	1				
3	第2轮	1				
4	第3轮	2				
5	第4轮	2				
6	第5轮	2				
7	第6轮	4				
8	第7轮	2				
9	第8轮	1				
10						

注意事项:

◆ 参数可以是数字或者包含数字的名称、数组或引用,如果数组或引用参数包含文本、逻辑值或空白单元格,则这些值将被忽略;但包含0值的单元格将计算在内。

◆ 如果参数为错误值或不能转换为数字的文本,将会导致错误。

◆ 如果数据集不包含重复的数据,则函数返回错误值"#N/A"。

函数 18	MAX	
	返回参数列表中的最大值	

函数功能: 返回一组值中的最大值。

函数格式: MAX(number1, [number2], ...)

参数说明:

◆ number1(必选):需要从中找出最大值的第1个数字参数。

◆ number2, ...(可选):需要从中找出最大值的第1~255个数字参数。

应用范例 统计最高销售额

例如,下图为某公司下半年的销售情况统计表,现在需要统计最高销售额。
在C9单元格内输入公式:

=MAX(D2:D7)

按"Enter"键确认,即可计算出下半年的最高销售额。

	A	B	C	D	E
1	月份	销售量	销售单价	销售总额	
2	7月	392	590	231280	
3	8月	362	496	179552	
4	9月	297	590	175230	
5	10月	607	987	599109	
6	11月	586	360	210960	
7	12月	470	501	235470	
8					
9	最高销售额		599109		
10					

注意事项：
- 参数可以是数字或者包含数字的名称、数组或引用，逻辑值和直接输入到参数列表中代表数字的文本也被计算在内。但若参数为数组或引用，则只使用该数组或引用中的数字，数组或引用中的空白单元格、逻辑值或文本将被忽略。
- 如果参数不包含数字，则函数返回0。
- 如果参数为错误值或不能转换为数字的文本，将会导致错误。

函数 19	MAXA	
	返回参数列表中的最大值，包括数字、文本和逻辑值	

函数功能： 返回参数列表中的最大值。
函数格式： MAXA(value1, [value2], ...)
参数说明：
- value1（必选）：需要从中找出最大值的第1个数值参数。
- value2, ...（可选）：需要从中找出最大值的第2~255个数值参数。

应用范例 统计分数最大值

例如，某班在月底对学生进行了一次模拟考试，为了更好地掌握学生情况，现在需要统计出"数学"成绩的最高分数，可在D9单元格内输入公式：
=MAXA(C2:C7)

按"Enter"键确认即可。

	A	B	C	D	E	F	G
1	学生姓名	语文	数学	外语	理综	总成绩	
2	童书	70	90	73	159	392	
3	张明	80	60	75	147	362	
4	吴宇彤	56	50	68	123	297	
5	江成钢	107	86	127	210	530	
6	黄明明	89	76	92	138	395	
7	宋祖耀	92	84	103	168	447	
8							
9	返回"数学"列的最大值			90			

注意事项：
- 参数可以是数值；包含数值的名称、数组或引用；数字的文本表示；或者引用中的逻辑值，如TRUE和FALSE，其中包含TRUE的参数作为1来计算，包含文本或FALSE的参数作为0来计算。
- 如果参数为数组或引用，则只使用其中的数值，数组或引用中的空白单元格和文本值将被忽略。
- 如果参数为错误值或不能转换为数字的文本，将会导致错误。
- 如果参数不包含任何值，则函数返回0。

第8章 统计函数

函数 20	MIN
	返回参数列表中的最小值

函数功能： 返回一组值中的最小值。

函数格式： MIN(number1, [number2], ...)

参数说明：
- number1（必选）：需要从中找出最小值的第1个数值参数。
- number2, ...（可选）：需要从中找出最小值的第2～255个数值参数。

应用范例 统计非0数字的最小值

例如，下图为某公司一部门员工考核的结果，其中A列为员工编号，B列和C列为与之对应的员工姓名与考核成绩，其中一位员工因请假未参加考核，所以成绩记为0，现在需要统计除该缺考员工之外，其他员工成绩中的最低分，可将MIN函数和IF函数配合使用。

在B9单元格内输入公式：
=MIN(IF(C2:C7<>0,C2:C7))

按"Ctrl+Shift+Enter"组合键确认，即可在目标单元格内显示除0以外其余数字的最小值。

	A	B	C
1	员工编号	员工姓名	考核成绩
2	253	章书	392
3	254	张明	362
4	255	吴宇彤	297
5	256	江成钢	0
6	257	黄明明	395
7	258	宋祖耀	447
8			
9		最低分	297
10			

B9 单元格公式：{=MIN(IF(C2:C7<>0,C2:C7))}

注意事项：
- 参数可以是数字或者包含数字的名称、数组或引用，逻辑值和直接输入到参数列表中代表数字的文本也被计算在内。但若参数为数组或引用，则只使用该数组或引用中的数字，数组或引用中的空白单元格、逻辑值或文本将被忽略。
- 如果参数中不含数字，则函数返回0。
- 如果参数为错误值或不能转换为数字的文本，将会导致错误。

函数 21	MINA
	返回参数列表中的最小值，包括数字、文本和逻辑值

函数功能： 返回参数列表中的最小值。

函数格式：MINA(value1, [value2], ...)

参数说明：
- value1（必选）：需要从中找出最小值的第 1 个数值参数。
- value2, ...（可选）：需要从中找出最小值的第 2~255 个数值参数。

应用范例 统计数据组中的最小值

例如，下图为随机录入的一组数据，现在需要统计出该组数据中的最小值，可使用 MINA 函数实现。

在 D2 单元格内输入公式：
=MINA(A2:A7)

按"Enter"键确认，即可在单元格内显示数据组中的最小值。

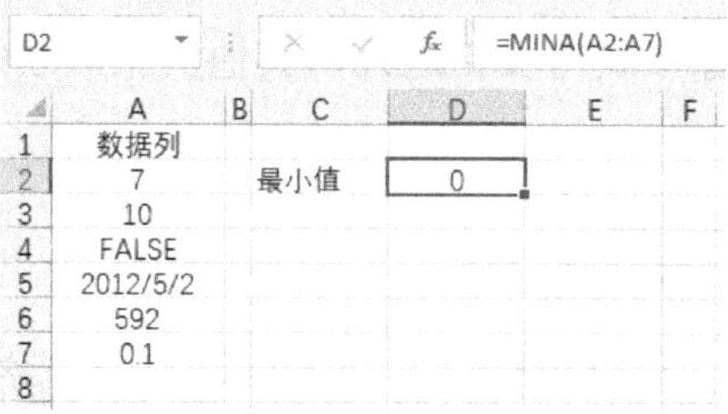

	A	B	C	D	E	F
1	数据列					
2	7		最小值	0		
3	10					
4	FALSE					
5	2012/5/2					
6	592					
7	0.1					
8						

注意事项：
- 参数可以是数值；包含数值的名称、数组或引用；数字的文本表示；或者引用中的逻辑值，如 TRUE 和 FALSE，其中包含 TRUE 的参数作为 1 来计算，包含文本或 FALSE 的参数作为 0 来计算。
- 如果参数为数组或引用，则只使用其中的数值，数组或引用中的空白单元格和文本值将被忽略。
- 如果参数不包含任何值，函数将返回 0。

函数 22 LARGE
返回数据集中第 k 个最大值

函数功能：返回数据集中第 k 个最大值。
函数格式：LARGE(array, k)
参数说明：
- array（必选）：需要确定第 k 个最大值的数组或数据区域。
- k（必选）：返回值在数组或数据单元格区域中的位置（按从大到小排）。

应用范例 统计前两名销量的平均值

例如，下图为门市部 5 月的产品销量情况表，其中 B 列为产品类别，C 列为与之对应的销售金额，现在需要统计出前两名销售金额的平均数，可将 LARGE 函数和 AVERAGE 函数配合使用。

在 F1 单元格内输入公式：
=AVERAGE(LARGE(C2:C9,{1,2}))

按"Enter"键确认，即可在单元格内显示出前两名销量的平均值。

	A	B	C	D	E	F	G
1	日期	类别	销售金额		销量中间值	12930	
2	2021/5/1	洗衣机	2180				
3	2021/5/2	电视	9090				
4	2021/5/12	冰箱	490				
5	2021/5/7	文具	1950				
6	2021/5/5	打印机	13560				
7	2021/5/16	台灯	488				
8	2021/5/17	灯座	750				
9	2021/5/16	书架	12300				

注意事项：
- 如果数组为空，函数将返回错误值"#NUM!"。
- 如果参数 k 小于或等于 0 或者大于数据点的个数，函数将返回错误值"#NUM!"。
- 如果区域中数据点的个数为 n，则函数 LARGE(array,1)返回最大值，函数 LARGE(array,n)返回最小值。

函数 23　SMALL
返回数据集中第 k 个最小值

函数功能： 返回数据集中第 k 个最小值。使用此函数可以返回数据集中特定位置上的数值。

函数格式： SMALL(array, k)

参数说明：
- array（必选）：需要找到第 k 个最小值的数组或数字型数据区域。
- k（必选）：要返回的数据在数组或数据区域里的位置（按从小到大排）。

应用范例　统计销售额后两位的总和

例如，下图为某门市 5 月的产品销量情况表，其中 B 列为产品类别，C 列为与之对应的销售金额，现在需要统计出后两位销售金额的总和，可将 SMALL 函数和 SUM 函数配合使用。

在 F1 单元格内输入公式：
=SUM(SMALL(C2:C9,{1,2}))

按"Enter"键确认，即可在单元格内显示出销售金额后两位的总和。

	A	B	C	D	E	F	G
1	日期	类别	销售金额		销量后两位的和	978	
2	2021/5/1	洗衣机	2180				
3	2021/5/2	电视	9090				
4	2021/5/12	冰箱	490				
5	2021/5/7	文具	1950				
6	2021/5/5	打印机	13560				
7	2021/5/16	台灯	488				
8	2021/5/17	灯座	750				
9	2021/5/16	书架	12300				
10							

F1 单元格公式：=SUM(SMALL(C2:C9,{1,2}))

注意事项：

◆ 如果参数 array 为空，则函数返回错误值"#NUM!"。
◆ 如果参数 k 小于或等于 0 或者大于数据点的个数，则函数返回错误值"#NUM!"。
◆ 如果 n 为数组中数据点的个数，则 SMALL(array,1) 返回最小值，SMALL(array,n) 返回最大值。

函数 24　RANK.EQ

返回一列数字的数字排位

函数功能： 返回一个数字在数字列表中的排位。其大小与列表中的其他值相关。如果多个值具有相同的排位，则返回该组数值的最高排位。

函数格式： RANK.EQ(number, ref, [order])

参数说明：

◆ number（必选）：需要找到排位的数字。
◆ ref（必选）：数字列表数组或对数字列表的引用。ref 中的非数值型值将被忽略。
◆ order（可选）：表示数字排位的方式。如果 order 为 0 或省略，对数字的排位是基于参数 ref 为按照降序排列的列表；如果 order 不为 0，对数字的排位是基于参数 ref 为按照升序排列的列表。

应用范例　统计当月销售额排名

例如，下图为某门市 5 月的产品销量情况表，A 列为员工姓名，B 列、C 列为与之对应的商品类别和销售金额，现在需要统计出该月商品的销售额排名，可使用 RANK.EQ 函数。

在 D2 单元格内输入公式：
=RANK.EQ(C2,$C$2:$C$9,0)

按"Enter"键确认并将公式向下填充，即可在 D 列单元格内显示出销售额排名。

第 8 章 统计函数

	A	B	C	D	E	F
1	姓名	类别	销售金额	销售排名		
2	王蕊	洗衣机	42180	7		
3	文华	电视	69090	3		
4	汪树海	冰箱	74900	1		
5	何群	文具	31950	8		
6	邱霞	打印机	53560	6		
7	白小米	台灯	74880	2		
8	邱文	灯座	57500	5		
9	郑华	书架	62300	4		

D2 单元格公式：=RANK.EQ(C2,$C$2:$C$9,0)

注意事项：

函数 RANK.EQ 对重复数的排位相同，但重复数的存在将影响后续数值的排位。例如，在一列按升序排列的整数中，如果数字 10 出现两次，其排位为 5，则 11 的排位为 7（没有排位为 6 的数值）。

函数 25　RANK.AVG
返回一列数字的数字排位

函数功能： 返回一个数字在数字列表中的排位。数字的排位是其大小与列表中其他值的比较；如果多个值具有相同的排位，则返回平均排位。

函数格式： RANK.AVG(number, ref, [order])

参数说明：

- number（必选）：要查找其排位的数字。
- ref（必选）：数字列表数组或对数字列表的引用。ref 中的非数值型值将被忽略。
- order（可选）：一个指定数字的排位方式的数字。如果 order 为 0 或忽略，对数字的排位是基于 ref 为按照降序排序的列表；如果 order 不为 0，对数字的排位是基于 ref 为按照升序排序的列表。

应用范例 统计当月销售额的升序排名

例如，下图为某门市 5 月的产品销量情况表，A 列为员工姓名，B 列、C 列为与之对应的商品类别和销售金额，现在需要统计出该月商品的销售额排名，并以升序的方式进行排列，可使用 RANK.AVG 函数。

在 D2 单元格内输入公式：
=RANK.AVG(C2,$C$2:$C$9,1)

按"Enter"键确认并将公式向下填充，即可在 D 列单元格中显示出以升序方式排列的销售额排名。

	A	B	C	D	E	F
1	姓名	类别	销售金额	销售排名		
2	王蕊	洗衣机	42180	2		
3	文华	电视	69090	6		
4	汪树海	冰箱	74900	8		
5	何群	文具	31950	1		
6	邱霞	打印机	53560	3		
7	白小米	台灯	74880	7		
8	邱文	灯座	57500	4		
9	郑华	书架	62300	5		

D2 单元格公式：=RANK.AVG(C2,$C$2:$C$9,1)

注意事项：

◆ 当数字区域中包含重复数字时，函数将返回重复数字的平均排位。例如，单元格区域含 1~6 之间的 6 个数，如果按照降序排列，数字 2 的排列将为 5；如果将这几个数字改为 1、2、3、3、5、6，数字 3 出现两次，降序排列时两个数字 3 的排位分别为 3 和 4，函数将取两次排位的平均值进行排位，即 3 与 4 的平均值，结果为 3.5。

◆ 重复数字的排位结果相同，也会影响后续数值排位。在一组按升序排列的整数中，如果数字 10 出现两次，其排位为 5，则 11 的排位为 7（没有排位为 6 的数值）。

函数 26　PERCENTRANK.INC
返回数据集中值的百分比排位

函数功能： 将某个数值在数据集中的排位作为数据集的百分比值返回，此处的百分比值的范围为 0~1（含 0 和 1）。

函数格式： PERCENTRANK.INC(array, x, [significance])

参数说明：

◆ array（必选）：定义相对位置的数组或数字区域。

◆ x（必选）：数组中需要得到其排位的值。

◆ significance（可选）：一个用来标识返回的百分比值的有效位数的值。如果省略，函数保留 3 位小数（0.xxx）。

应用范例　统计某员工销售量在整体销售中的百分比排名

例如，下图为某公司员工在今年前 4 个月产品的销量情况，现在需要计算 B12 单元格内销量所占的百分比排位，在 C12 单元格内输入公式：

=PERCENTRANK.INC(B2:E9,B12)

按"Enter"键确认，即可在该单元格内显示出 B12 单元格内销量所占百分比排名。

第 8 章 统计函数

	A	B	C	D	E	F
1	姓名	1月	2月	3月	4月	
2	蔡佳佳	190	90	49	195	
3	明威	140	75	123	36	
4	张庄	120	55	59	482	
5	杨横	75	89	77	59	
6	王蕊	39	78	69	79	
7	文华	90	56	150	80	
8	汪树海	101	59	29	69	
9	何群	99	78	26	70	
10						
11	销售员	销量	百分比排位			
12	A	200	96.80%			
13						

C12 单元格公式：=PERCENTRANK.INC(B2:E9,B12)

注意事项：

◆ 如果数组为空，函数将返回错误值 "#NUM!"。
◆ 如果参数 significance 小于 1，函数将返回错误值 "#NUM!"。
◆ 如果数组里没有与参数 x 相匹配的值，函数将进行插值以返回正确的百分比排位。

函数 27 PERCENTRANK.EXC
返回某个数值在数据集中的排位、作为数据集的百分点值

函数功能： 返回某个数值在一个数据集中的百分比（0~1，不包括 0 和 1）排位。

函数格式： PERCENTRANK.EXC(array, x, [significance])

参数说明：

◆ array（必选）：定义相对位置的数值数组或数值数据区域。
◆ x（必选）：需要返回百分比排位的值。
◆ significance（可选）：一个确定返回的百分比值的有效位数的值。如果忽略，则保留 3 位小数（0.xxx）。

应用范例 统计员工销售额的百分比排名

例如，下图为某公司员工在一年内产品的销量情况，A 列为员工姓名，B 列为与之对应的一年内产品的总销售额，现在需要计算各个员工的销售额占总销售额的百分比排位。

在 C2 单元格内输入公式：
=PERCENTRANK.EXC(B2:B9,B2,1)

按 "Enter" 键确认并将公式向下填充，即可在 C 列单元格内显示出各个员工销售额占总销售额的百分比排位。

| C2 | | × ✓ fx | =PERCENTRANK.EXC(B2:B9,B2,1) |

	A	B	C	D	E	F
1	姓名	总销售额	百分比排位			
2	蔡佳佳	42180	0.2			
3	明威	69090	0.6			
4	张庄	74900	0.8			
5	杨横	31950	0.1			
6	王蕊	53560	0.3			
7	文华	74880	0.7			
8	汪树海	57500	0.4			
9	何群	62300	0.5			
10						

注意事项：

◆ 如果参数 array 为空，则函数返回错误值"#NUM!"。
◆ 如果参数 significance 小于 1，则函数返回错误值"#NUM!"。
◆ 如果参数 x 与数组中的任何一个值都不匹配，则函数将插入值以返回正确的百分比排位。

函数 28　QUARTILE.INC　返回一组数据的四分位点

函数功能： 根据 0～1 之间（包含 0 和 1）的百分点值返回数据集的四分位数。

函数格式： QUARTILE.INC(array, quart)

参数说明：

◆ array（必选）：需要求得四分位值的数组或数值型单元格区域。
◆ quart（必选）：决定返回哪一个四分位值。关于该参数的取值与函数返回值如表 8-1 所示。

表 8-1　参数 quart 取值与函数返回值

参数 quart 取值	函数返回值
0	最小值
1	第一个四分位数（第 25 个百分点值）
2	中分位数（第 50 个百分点值）
3	第三个四分位数（第 75 个百分点值）
4	最大值

应用范例　统计销量的四分位数

例如，下图为某公司员工在今年前 4 个月产品的销量情况，现在需要根据销售数据计算销量的四分位数，可使用 QUARTILE.INC 函数。

在 H1 单元格内输入公式：
=QUARTILE.INC($B$2:$E$9,0)

按"Enter"键确认，即可在该单元格内显示出最低销量值。

在 H2、H3、H4、H5 单元格内分别输入公式：

=QUARTILE.INC($B$2:$E$9,1)

=QUARTILE.INC($B$2:$E$9,2)

=QUARTILE.INC($B$2:$E$9,3)

=QUARTILE.INC($B$2:$E$9,4)

可分别计算出其他几个分位的数值。

注意事项：
- 如果参数 array 为空，则函数返回错误值"#NUM!"。
- 如果参数 quart 不为整数，参数中的值将被截尾取整。
- 如果参数 quart 小于 0 或大于 4，则函数返回错误值"#NUM!"。
- 当参数 quart 分别等于 0、2 和 4 时，函数 MIN、MEDIAN 和 MAX 返回的值与函数 QUARTILE.INC 返回的值相同。

函数 29	QUARTILE.EXC
	基于百分点值返回数据集的四分位数

函数功能：基于 0~1 之间（不包括 0 和 1）的百分点值返回数据集的四分位数。

函数格式：QUARTILE.EXC(array, quart)

参数说明：
- array（必选）：需要求得四分位值的数组或数值型单元格区域。
- quart（必选）：指示要返回哪一个值。

应用范例 统计销售总额的四分位数

例如，下图为某公司员工在一年内产品的销售额情况，现在需要根据销售额数据，计算销售总额的四分位数，可使用 QUARTILE.EXC 函数。

在 E2 单元格内输入公式：

=QUARTILE.EXC($B$2:$B$9,1)

按“Enter”键确认，即可在该单元格内显示出指定数组中 25%处值。

E2 =QUARTILE.EXC($B$2:$B$9,1)

	A	B	C	D	E	F	G
1	姓名	总销售额					
2	蔡佳佳	42180		25%处值	45025		
3	明威	69090		50%处值			
4	张庄	74900		75%处值			
5	杨横	31950					
6	王蕊	53560					
7	文华	74880					
8	汪树海	57500					
9	何群	62300					
10							

在 E3、E4 单元格内输入公式：

=QUARTILE.EXC($B$2:$B$9,2)

=QUARTILE.EXC($B$2:$B$9,3)

可分别计算出其他几个分位的数值。

E4 =QUARTILE.EXC($B$2:$B$9,3)

	A	B	C	D	E	F	G
1	姓名	总销售额					
2	蔡佳佳	42180		25%处值	45025		
3	明威	69090		50%处值	59900		
4	张庄	74900		75%处值	73432.5		
5	杨横	31950					
6	王蕊	53560					
7	文华	74880					
8	汪树海	57500					
9	何群	62300					
10							

注意事项：

- 如果参数 array 为空，则函数返回错误值“#NUM!”。
- 如果参数 quart 不为整数，函数将对其截尾取整。
- 如果 quart 小于或等于 0 或者大于或等于 4，则函数返回错误值“#NUM!”。
- 当参数 quart 分别等于 1、2 和 3 时，函数 MIN、MEDIAN 和 MAX 返回的值与函数 QUARTILE.EXC 返回的值相同。

函数 30	PERCENTILE.INC
	返回区域中数值的第 k 个百分点的值

函数功能：返回区域中数值的第 k 个百分点的值，k 为 0～1 之间的百分点值，包含 0 和 1。

函数格式：PERCENTILE.INC(array, k)

参数说明：
- array（必选）：用于定义相对位置的数组或数据区域。
- k（必选）：0～1 之间的百分点值，包含 0 和 1。

应用范例 统计数据区域内 90%处的数值

例如，下图为某公司员工在今年前 4 个月产品的销量情况，现在需要根据销量数据，统计出 90%处的数值。

在 H1 单元格内输入公式：
=PERCENTILE.INC($B$2:$E$9,0.9)

按"Enter"键确认，即可在该单元格内显示出销售数据中 90%处的数值。

	A	B	C	D	E	F	G	H	I
1	姓名	1月	2月	3月	4月		90%处值	149	
2	蔡佳佳	190	90	49	195				
3	明威	140	75	123	36				
4	张庄	120	55	59	482				
5	杨横	75	89	77	59				
6	王蕊	39	78	69	79				
7	文华	90	56	150	80				
8	汪树海	101	59	29	69				
9	何群	99	78	26	70				

注意事项：
- 如果参数 array 为空，则函数返回错误值"#NUM!"。
- 如果参数 k 为非数值型，则函数返回错误值"#VALUE!"。
- 如果参数 k 小于 0 或大于 1，则函数返回错误值"#NUM!"。
- 如果参数 k 不是 1/(n-1) 的倍数，则函数使用插值法来确定第 k 个百分点的值。

函数 31	PERCENTILE.EXC
	返回区域中数值的第 k 个百分点的值

函数功能：返回区域中数值的第 k 个百分点的值，k 为 0～1 之间的值，不包含 0 和 1。

函数格式：PERCENTILE.EXC(array, k)

参数说明：
- array（必选）：用于定义相对位置的数组或数据区域。
- k（必选）：0～1 之间的百分点值，不包含 0 和 1。

应用范例 统计 0.4 个百分点的销售额

例如，下图为某公司员工在一年内产品的销售情况，A 列为员工姓名，B 列为与之对应的一年内产品销售总额，现在需要统计 0.4 个百分点的销售额。

在 E1 单元格内输入公式：
=PERCENTILE.EXC(B2:B9,0.4)

按"Enter"键确认，即可在单元格内显示 0.4 个百分点的销售额。

	A	B	C	D	E	F	G
1	姓名	总销售额		百分点值	55924		
2	蔡佳佳	42180					
3	明威	69090					
4	张庄	74900					
5	杨横	31950					
6	王蕊	53560					
7	文华	74880					
8	汪树海	57500					
9	何群	62300					
10							

注意事项：
◆ 如果参数 array 为空，则函数返回错误值"#NUM!"。
◆ 如果参数 k 为非数值型，则函数返回错误值"#VALUE!"。
◆ 如果参数 k 小于或等于 0 或者大于或等于 1，则函数返回错误值"#NUM!"。
◆ 如果参数 k 不是 1/(n-1) 的倍数，则函数将插入值以确定第 k 个百分点的值。
◆ 当指定百分点的值位于数组中的两个值之间时，函数将插入值。如果不能通过插入值来确定指定的第 k 个百分点的值，函数将返回错误值"#NUM!"。

函数 32	PERMUT 返回给定数目对象的排列数	

函数功能：返回从给定数目的对象集合中选取的若干对象的排列数。
函数格式：PERMUT(number, number_chosen)
参数说明：
◆ number（必选）：表示对象个数的整数。
◆ number_chosen（必选）：表示每个排列中对象个数的整数。

应用范例 计算彩票中奖率

例如，假设每个彩票号码分别有 3 位数，每个数的范围为 0～99，包括 0 和 99，计算彩票中奖的可能性。

在 B4 单元格内输入公式：

=1/PERMUT(B1, B2)

按"Enter"键确认,即可在单元格内显示彩票中奖概率。

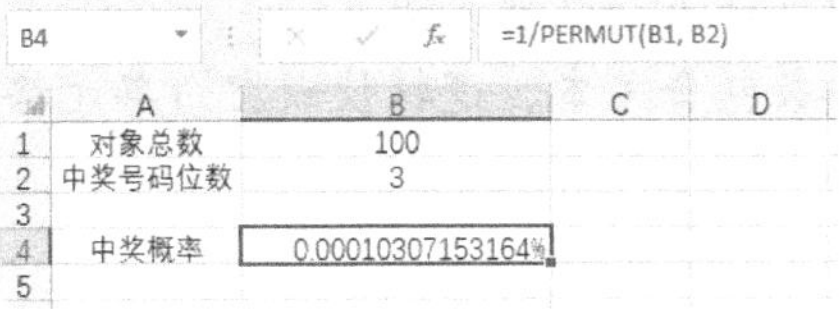

注意事项:
- 如果参数 number 或 number_chosen 为非数值型,函数将返回错误值"#VALUE!"。
- 如果参数 number 小于或等于 0 或者 number_chosen 小于 0,函数将返回错误值"#NUM!"。
- 如果参数 number 小于参数 number_chosen,函数将返回错误值"#NUM!"。

8.2 统计数据的散布度

函数 33	DEVSQ
	返回偏差的平方和

函数功能: 返回数据点与各自样本平均值偏差的平方和。
函数格式: DEVSQ(number1, [number2], ...)
参数说明:
- number1(必选):用于计算偏差平方和的第 1 个参数。
- number2, ...(可选):用于计算偏差平方和的第 2~255 个参数。

应用范例 计算数据与样本平均值偏差的平方和

例如,下图为随机录入的一组数据,现在计算其与各自样本平均值偏差的平方和,可在 E1 单元格内输入公式:
=DEVSQ(A2:A6)

按"Enter"键确认即可。

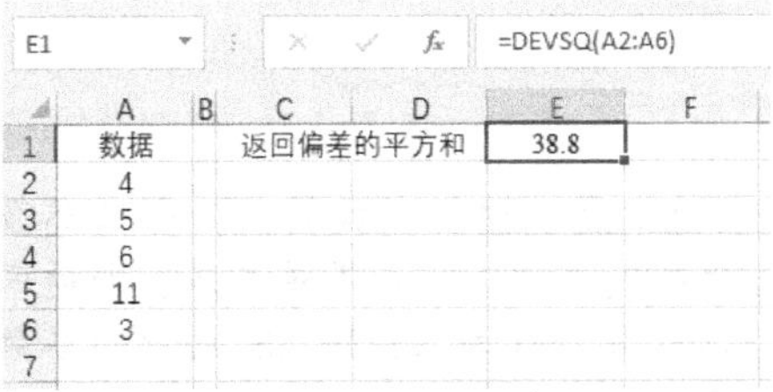

注意事项:
- 参数可以是数字或者包含数字的名称、数组或引用,逻辑值和直接输入到参数列表中代表数字的文本被计算在内。
- 如果数组或引用参数包含文本、逻辑值或空白单元格,则这些值将被忽略;但包含 0 值的单元格将计算在内。

函数 34	STDEV.S
	基于样本估算标准偏差

函数功能: 返回数据点与各自样本平均值偏差的平方和。
函数格式: STDEV.S(number1, [number2], ...)
参数说明:
- number1(必选):对应于总体样本的第 1 个数值参数。也可以用单一数组或对某个数组的引用来代替用逗号分隔的参数。
- number2, ...(可选):对应于总体样本的第 2~255 个数值参数。也可以用单一数组或对某个数组的引用来代替用逗号分隔的参数。

应用范例 计算抗断强度的标准值偏差

例如,某工厂新制作了一批零件,为了确定完成后的产品是否达到既定标准,抽取其中的一部分进行检测,下图为该零件的部分抽查结果,现在需要计算零件的标准值偏差,可使用 STDEV.S 函数。

在 E1 单元格内输入公式:
=STDEV.S(A2:A11)

按"Enter"键确认,即可在该单元格内显示偏差值。

	A	B	C	D	E	F
1	强度		抗断强度的标准偏差		27.46391572	
2	1345					
3	1301					
4	1368					
5	1322					
6	1310					
7	1370					
8	1318					
9	1350					
10	1303					
11	1299					

注意事项:
- 如果在 STDEV.S 函数中直接输入参数的值,那么参数必须为数值类型,即数字、文本格式的数字或逻辑值,如果是文本,则返回错误值"#VALUE!"。
- 如果使用单元格引用或数组作为 STDEV.S 函数的参数,那么参数必须为数字,其他类型的值都将被忽略。

函数 35	STDEVA
	基于样本估算标准偏差

函数功能：估算基于样本的标准偏差。标准偏差反映数值相对于平均值（mean）的离散程度。

函数格式：STDEVA(value1, [value2], ...)

参数说明：
- value1（必选）：对应于总体样本的第 1 个数值参数。
- value2, ...（可选）：对应于总体样本的第 2~255 个数值参数。

应用范例 计算全部数据的标准值偏差

例如，某工厂新制作了一批零件，为了确定完成后的产品是否达到既定标准，抽取其中的一部分进行检测，下图为该零件的部分抽查结果，现在需要计算所有零件的标准值偏差，可使用 STDEVA 函数。

在 E1 单元格内输入公式：

=STDEVA(A2:A8)

按"Enter"键确认，即可在该单元格内显示偏差值。

注意事项：
- 参数可以是数值；包含数值的名称、数组或引用；数字的文本表示；或者引用中的逻辑值，如 TRUE 和 FALSE，其中包含 TRUE 的参数作为 1 来计算，包含文本或 FALSE 的参数作为 0 来计算。
- 如果参数为数组或引用，则只使用其中的数值。数组或引用中的空白单元格和文本值将被忽略。

函数 36	STDEV.P
	基于整个样本总体计算标准偏差

函数功能：计算基于以参数形式给出的整个样本总体的标准偏差（忽略逻辑值和文本）。

函数格式：STDEV.P(number1, [number2], ...)

参数说明:
- number1（必选）：对应于样本总体的第 1 个数值参数。
- number2,...（可选）：对应于样本总体的第 2~255 个数值参数。也可以用单一数组或对某个数组的引用来代替用逗号分隔的参数。

应用范例 计算零件样本总体的标准值偏差

例如，某工厂投资制作了一批零件，为了确定完成后的产品是否达到既定标准，抽取其中的一部分进行检测，下图为该零件的部分抽查结果，其中个别零件因为客观原因并未进行检测，现在需要计算已检测零件强度的标准值偏差，可使用 STDEV.P 函数。

在 E1 单元格内输入公式：
=STDEV.P(A2:A10)

按"Enter"键确认，即可在该单元格内显示偏差值。

	A	B	C	D	E	F
1	检测强度		抗断强度的标准偏差		24.60795	
2	345					
3	301					
4	368					
5	322					
6	未检测					
7	370					
8	未检测					
9	325					
10	315					
11						

注意事项:
- 参数可以是数字或者包含数字的名称、数组或引用，逻辑值和直接输入到参数列表中代表数字的文本被计算在内。
- 如果参数是一个数组或引用，则只计算其中的数字。数组或引用中的空白单元格、逻辑值、文本或错误值将被忽略。

函数 37　STDEVPA
基于总体（包括数字、文本和逻辑值）计算标准偏差

函数功能：返回以参数形式给出的整个样本总体的标准偏差，包含文本和逻辑值。标准偏差反映数值相对于平均值（mean）的离散程度。

函数格式：STDEVPA(value1, [value2], ...)

参数说明:
- value1（必选）：对应于样本总体的第 1 个数值参数。
- value2,...（可选）：对应于样本总体的第 2~255 个数值参数。也可以用单一数组或对某个数组的引用来代替用逗号分隔的参数。

应用范例 计算零件样本总体的标准值偏差

例如,某工厂投资制作了一批零件,为了确定完成后的产品是否达到既定标准,抽取其中的一部分进行检测,下图为该零件的部分抽查结果,其中有几个零件因为客观原因并未进行检测,现在需要计算已检测零件强度的标准值偏差,可使用 STDEVPA 函数。

在 E1 单元格内输入公式:
=STDEVPA(A2:A10)

按"Enter"键确认,即可在该单元格内显示偏差值。

	A	B	C	D	E	F
1	检测强度			抗断强度的标准偏差	160.8761	
2	345					
3	301					
4	368					
5	322					
6	未检测					
7	370					
8	未检测					
9	325					
10	未检测					
11						

注意事项:

◆ 参数可以是数值;包含数值的名称、数组或引用;数字的文本表示;或者引用中的逻辑值,如 TRUE 和 FALSE,其中包含 TRUE 的参数作为 1 来计算,包含文本或 FALSE 的参数作为 0 来计算。另外,直接输入到参数列表中代表数字的文本也被计算在内。

◆ 如果参数为数组或引用,则只使用其中的数值。数组或引用中的空白单元格和文本值将被忽略。

函数 38	VAR.S	
	基于样本估算方差	

函数功能: 估算基于样本的方差(忽略样本中的逻辑值和文本)。
函数格式: VAR.S(number1, [number2], ...)
参数说明:

◆ number1(必选):对应于总体样本的第 1 个数值参数。
◆ number2, ...(可选):对应于总体样本的第 2~255 个数值参数。

应用范例 计算抗断强度的标准值方差

例如,某工厂新制作了一批零件,为了确定制作的零件是否达标,抽取其中的一部分进行检测,下图为该零件的部分抽查结果,现在需要计算零件强度的标准值方差,可使用 VAR.S 函数。

在 E1 单元格内输入公式:

=VAR.S(A2:A10)

按"Enter"键确认,即可在该单元格内显示标准值方差。

注意事项:

◆ 参数可以是数字或者包含数字的名称、数组或引用,逻辑值和直接输入到参数列表中代表数字的文本也被计算在内。如果参数为错误值或不能转换为数字的文本,将会导致错误。

◆ 如果参数是一个数组或引用,则只计算其中的数字。数组或引用中的空白单元格、逻辑值、文本或错误值将被忽略。

| 函数 39 | VARA
基于样本(包括数字、文本和逻辑值)计算方差 | |

函数功能: 计算基于给定样本的方差。

函数格式: VARA(value1, [value2], ...)

参数说明:

◆ value1(必选):对应于总体样本的第 1 个数值参数。

◆ value2, ...(可选):对应于总体样本的第 2~255 个数值参数。

应用范例 计算产品样本的标准值方差

例如,某工厂新制作了一批零件,为了确定制作的零件是否达标,抽取其中的一部分进行检测,下图为该零件的部分抽查结果,现在需要计算产品样本的标准值方差,可使用 VARA 函数。

在 E1 单元格内输入公式:

=VARA(A2:A10)

按"Enter"键确认,即可在该单元格内显示样本方差。

注意事项：

◆ 参数可以是数值；包含数值的名称、数组或引用；数字的文本表示；或者引用中的逻辑值，如 TRUE 和 FALSE，其中包含 TRUE 的参数作为 1 来计算，包含文本或 FALSE 的参数作为 0 来计算。

◆ 如果参数为数组或引用，则只使用其中的数值。数组或引用中的空白单元格和文本值将被忽略。

函数 40	VAR.P	
	计算基于样本总体的方差	

函数功能：计算基于整个样本总体的方差（忽略样本总体中的逻辑值和文本）。

函数格式：VAR.P(number1, [number2], ...)

参数说明：

◆ number1（必选）：对应于样本总体的第 1 个数值参数。

◆ number2, ...（可选）：对应于样本总体的第 2～255 个数值参数。

应用范例 计算产品样本的总体方差

例如，下图中列出了部分产品的抽样结果，现在需要计算产品样本总体方差，可在 E1 单元格内输入公式：

=VAR.P(A2:A10)

按 "Enter" 键确认，即可在该单元格内显示样本方差。

函数 41	KURT
	返回数据集的峰值

函数功能：返回数据集的峰值。峰值反映与正态分布相比某一分布的尖锐度或平坦度。正峰值表示相对尖锐的分布，负峰值表示相对平坦的分布。

函数格式：KURT(number1, [number2], ...)

参数说明：
- number1（必选）：用于计算峰值的第 1 个数值参数。
- number2, ...（可选）：用于计算峰值的第 2~255 个数值参数。

应用范例 计算某商品在各地的价格峰值

例如，下图为某商品在某段时间内各地的市场价格表，现在需要计算该商品在该段时间内的价格峰值，在 G1 单元格内输入公式：

=KURT(A2:D7)

按"Enter"键确认，即可得出该商品的价格峰值。

	A	B	C	D	E	F	G	H
1	各地小麦市场价格（元/斤）					峰值	1.306884	
2	2.99	2.79	2.50	3.01				
3	2.21	2.36	3.45	4.36				
4	2.01	2.20	2.59	2.45				
5	3.01	3.30	2.78	2.99				
6	3.31	3.00	2.77	2.69				
7	3.29	3.99	2.78	2.99				
8								

注意事项：
- 参数可以是数字或者包含数字的名称、数组或引用，逻辑值和直接输入到参数列表中代表数字的文本也被计算在内。如果数组或引用参数包含文本、逻辑值或空白单元格，则这些值将被忽略；但包含 0 值的单元格将计算在内。
- 如果数据点少于 4 个，或样本标准偏差等于 0，则函数返回错误值"#DIV/0!"。

8.3 概率分布

函数 42	BINOM.DIST
	返回二项式分布的概率值

函数功能：返回二项式分布的概率值。

函数格式：BINOM.DIST(number_s, trials, probability_s, cumulative)

参数说明：
- number_s（必选）：试验成功的次数。

- trials（必选）：独立试验的次数。
- probability_s（必选）：每次试验成功的概率。
- cumulative（必选）：决定函数形式的逻辑值。如果该参数为 TRUE，函数将返回累积分布函数，即最多存在 number_s 次成功的概率；如果为 FALSE，则返回概率密度函数，即存在 number_s 次成功的概率。

应用范例 计算分布概率值

例如，下图为某公司试验结果情况，现在需要根据试验的成功情况和概率，计算成功概率值。

在 B5 单元格内输入公式：
=BINOM.DIST(B1,B2,B3,TRUE)

按"Enter"键确认，即可返回概率值。

注意事项：
- 如果参数 number_s、trials 或 probability_s 为非数值型，则函数返回错误值"#VALUE!"。
- 如果参数 number_s 小于 0 或 number_s 大于 trials，则函数返回错误值"#NUM!"。
- 如果参数 probability_s 小于 0 或大于 1，则函数返回错误值"#NUM"。

函数 43 BINOM.INV
返回使累积二项式分布小于或等于临界值的最小值

函数功能： 返回使累积二项式分布小于或等于临界值的最小值。
函数格式： BINOM.INV(trials, probability_s, alpha)
参数说明：
- trials（必选）：伯努利试验次数。
- probability_s（必选）：每次试验成功的概率。
- alpha（必选）：临界值。

应用范例 计算试验成功次数

例如，下图为某公司试验结果情况，现在需要根据试验次数、成功率和临界值，计算试验成功次数，在 B5 单元格内输入公式：

=BINOM.INV(B1,B2,B3)

按"Enter"键确认，即可在单元格内显示成功次数。

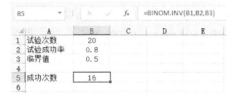

注意事项：
- 如果任意参数为非数值型，则函数返回错误值"#VALUE!"。
- 如果参数 trials 小于 0，则函数返回错误值"#NUM!"。
- 如果参数 probability_s 小于 0 或大于 1，则函数返回错误值"#NUM!"。
- 如果参数 alpha 小于 0 或大于 1，则函数返回错误值"#NUM!"。

函数 44	NEGBINOM.DIST
	返回负二项式分布

函数功能： 返回负二项式分布，即当成功概率为 probability_s 时，在 number_s 次成功之前出现 number_f 次失败的概率。

函数格式： NEGBINOM.DIST(number_f, number_s, probability_s, cumulative)

参数说明：
- number_f（必选）：失败的次数。
- number_s（必选）：成功的极限次数。
- probability_s（必选）：成功的概率。
- cumulative（必选）：决定函数形式的逻辑值。如果为 TRUE，函数返回累积分布函数；如果为 FALSE，则返回概率密度函数。

应用范例 计算符合条件产品的负二项分布值

例如，某公司预计投资生产一批产品，该产品合格率为 0.78，目前制作了 20 个产品，计算其中有 16 个产品符合要求的负二项分布值。

在 B6 单元格内输入公式：

=NEGBINOM.DIST(B2,B3,B4,TRUE)

按"Enter"键确认，即可在单元格内显示概率值。

注意事项：
- 如果任意参数为非数值型，则函数返回错误值"#VALUE!"。
- 如果参数 probability_s 小于 0 或大于 1，则函数返回错误值"#NUM!"。
- 如果参数 number_f 小于 0 或 number_s 小于 1，则函数返回错误值"#NUM!"。

函数 45	PROB	
	返回区域中的数值落在指定区间内的概率	

函数功能： 返回区域中的数值落在指定区间内的概率。
函数格式： PROB(x_range, prob_range, [lower_limit], [upper_limit])
参数说明：
- x_range（必选）：具有各自相关概率值的 x 数值区域。
- prob_range（必选）：与 x_range 中的值相关的一组概率值。
- lower_limit（可选）：用于计算概率的数值下限。
- upper_limit（可选）：用于计算概率的可选数值上限。

应用范例 统计两数之间概率值

例如，根据指定数据、数据概率值，统计数据值落在指定区间内的概率。如下图所示，统计数据值落在 3～11 之间的概率值，可在 B7 单元格内输入公式：

=PROB(A2:A5,B2:B5,3,11)

按"Enter"键确认即可。

注意事项：
- 如果参数 prob_range 中的任意值小于或等于 0 或者大于 1，函数将返回错误值"#NUM!"。
- 如果参数 prob_range 中所有值之和不等于 1，函数将返回错误值"#NUM!"。
- 如果省略参数 upper_limit，函数返回值等于参数 lower_limit 时的概率。
- 如果参数 x_range 和 prob_range 中的数据点个数不同，函数将返回错误值"#N/A"。

函数 46　NORM.DIST　返回正态累积分布函数

函数功能：返回指定平均值和标准偏差的正态分布函数。

函数格式：NORM.DIST(x, mean, standard_dev, cumulative)

参数说明：

- x（必选）：需要计算其分布的数值。
- mean（必选）：分布的算术平均值。
- standard_dev（必选）：分布的标准偏差。
- cumulative（必选）：决定函数形式的逻辑值。如果为 TRUE，函数返回累积分布函数；如果为 FALSE，则返回概率密度函数。

应用范例　统计数值正态分布的概率密度函数值

例如，下图列出了指定数值、分布算数平均值和标准偏差，计算正态分布的概率密度函数值，在 B5 单元格内输入公式：

=NORM.DIST(B1,B2,B3,FALSE)

按"Enter"键确认即可。

	A	B
1	数值	60
2	分布算数平均值	60
3	分布标准偏差	0.12
4		
5	正态分布的概率密度函数值	3.324519
6		

注意事项：

- 如果参数 mean 或 standard_dev 为非数值型，则函数返回错误值"#VALUE!"。
- 如果参数 standard_dev 小于或等于 0，则函数返回错误值"#NUM!"。
- 如果参数 mean 等于 0，参数 standard_dev 等于 1，且 cumulative 等于 TRUE，则函数 NORM.DIST 返回标准正态分布，即 NORM.S.DIST。

函数 47　NORM.INV　返回正态累积分布函数的反函数

函数功能：返回指定平均值和标准偏差的正态累积分布函数的反函数。

函数格式：NORM.INV(probability, mean, standard_dev)

参数说明：

- probability（必选）：对应于正态分布的概率。
- mean（必选）：分布的算术平均值。
- standard_dev（必选）：分布的标准偏差。

应用范例 统计正态分布函数的反函数

例如，下图列出了正态分布概率值、算数平均值和标准偏差，统计正态分布函数的反函数，在 B5 单元格内输入公式：

=NORM.INV(B1,B2,B3)

按"Enter"键确认即可。

注意事项：
- 如果任意参数为非数值型，则函数返回错误值"#VALUE!"。
- 如果参数 probability 小于或等于 0 或者大于或等于 1，则函数返回错误值"#NUM!"。
- 如果参数 standard_dev 小于或等于 0，则函数返回错误值"#NUM!"。
- 如果参数 mean 等于 0 且参数 standard_dev 等于 1，则函数使用标准正态分布。

函数 48　NORM.S.DIST
返回标准正态累积分布函数

函数功能： 返回标准正态累积分布函数（该分布的平均值为 0，标准偏差为 1）。

函数格式： NORM.S.DIST(z, cumulative)

参数说明：
- z（必选）：需要计算其分布的数值。
- cumulative（必选）：一个决定函数形式的逻辑值。如果为 TRUE，函数返回累积分布函数；如果为 FALSE，则返回概率密度函数。

应用范例 统计标准正态累积分布函数

例如，下图中列出了一组数值，现在需要计算相应数值的正态累积分布函数，可在 B2 单元格内输入公式：

=NORM.S.DIST(A2,TRUE)

按"Enter"键确认并将公式向下填充即可。

注意事项：

如果参数 z 为非数值型，则函数返回错误值"#VALUE!"。

函数 49	NORM.S.INV
	返回标准正态累积分布函数的反函数

函数功能： 返回标准正态累积分布函数的反函数（该分布的平均值为 0，标准偏差为 1）。
函数格式： NORM.S.INV(probability)
参数说明： probability（必选）：对应于正态分布的概率。

应用范例 统计标准正态累积分布函数的反函数

例如，下图中列出了一组正态分布概率值，现在需要计算其标准正态累积分布函数的反函数，可在 B2 单元格内输入公式：
=NORM.S.INV(A2)

按"Enter"键确认并将公式向下填充即可。

注意事项：

◆ 如果参数 probability 为非数值型，则函数返回错误值"#VALUE!"。
◆ 如果参数 probability 小于或等于 0 或者大于或等于 1，则函数返回错误值"#NUM!"。

函数 50	STANDARDIZE
	返回正态化数值

函数功能： 返回以 mean 为平均值，以 standard_dev 为标准偏差的分布的正态化数值。
函数格式： STANDARDIZE(x, mean, standard_dev)
参数说明：
◆ x（必选）：需要进行正态化的数值。

- mean（必选）：分布的算术平均值。
- standard_dev（必选）：分布的标准偏差。

应用范例 计算正态化数值

例如，下图中列出了一组数据，现在需要根据指定数值、算数平均值和标准偏差，统计正态化数值，可在 B5 单元格内输入公式：
=STANDARDIZE(B1,B2,B3)

按"Enter"键确认即可。

注意事项：

如果参数 standard_dev 小于或等于 0，函数将返回错误值"#NUM!"。

函数 51	LOGNORM.DIST
	返回对数累积分布函数

函数功能： 返回 x 的对数分布函数，此处的 $\ln(x)$ 是含有 mean 与 standard_dev 参数的正态分布。

函数格式： LOGNORM.DIST(x, mean, standard_dev, cumulative)

参数说明：
- x（必选）：用来进行函数计算的值。
- mean（必选）：$\ln(x)$ 的平均值。
- standard_dev（必选）：$\ln(x)$ 的标准偏差。
- cumulative（必选）：决定函数形式的逻辑值。如果为 TRUE，函数返回累积分布函数；如果为 FALSE，则返回概率密度函数。

应用范例 返回 x 的对数累积分布函数

例如，要根据下图中指定的数值、平均值和标准偏差，返回 x 的对数累积分布函数，在 B5 单元格内输入公式：
=LOGNORM.DIST(B1,B2,B3,TRUE)

按"Enter"键确认即可。

注意事项：
◆ 如果任意参数为非数值型，则函数返回错误值"#VALUE!"。
◆ 如果参数 x 小于或等于 0 或者 standard_dev 小于或等于 0，则函数返回错误值"#NUM!"。

函数 52	LOGNORM.INV
	返回对数累积分布函数的反函数

函数功能：返回 x 的对数累积分布函数的反函数，此处的 ln(x)是含有 mean 与 standard_dev 参数的正态分布。

函数格式：LOGNORM.INV(probability, mean, standard_dev)

参数说明：
◆ probability（必选）：与对数分布相关的概率。
◆ mean（必选）：ln(x)的平均值。
◆ standard_dev（必选）：ln(x)的标准偏差。

应用范例 计算 x 对数累积分布函数的反函数

例如，根据下图所列出的对数分布概率、平均值和标准偏差，返回 x 对数累积分布函数的反函数，可在 B6 单元格内输入公式：
=LOGNORM.INV(B1,B2,B3)

按"Enter"键确认即可。

注意事项：
◆ 如果任意参数为非数值型，则函数返回错误值"#VALUE!"。
◆ 如果参数 probability 小于或等于 0 或者大于或等于 1，则函数返回错误值

"#NUM!"。
- 如果参数 standard_dev 小于或等于 0，则函数返回错误值"#NUM!"。

函数 53	HYPGEOM.DIST
	返回超几何分布

函数功能：用于返回超几何分布。

函数格式：HYPGEOM.DIST(sample_s, number_sample, population_s, number_pop, cumulative)

参数说明：
- sample_s（必选）：样本中成功的次数。
- number_sample（必选）：样本容量。
- population_s（必选）：样本总体中成功的次数。
- number_pop（必选）：样本总体的容量。
- cumulative（必选）：决定函数形式的逻辑值。如果为 TRUE，函数返回累积分布函数；如果为 FALSE，则返回概率密度函数。

应用范例 计算恰好选择样本全为产品 A 的概率

例如，某工厂计划投资生产一批产品，初期试生产 200 个产品，其中 100 个为产品 A，在所有产品中随机抽取 20 个进行预检，计算在该预检产品中随机抽取 12 个全部为产品 A 的概率。

在 B6 单元格内输入公式：
=HYPGEOM.DIST(B4,B3,B2,B1,FALSE)

按"Enter"键确认即可。

	A	B
1	产品总数	200
2	产品A	100
3	抽取产品个数	20
4	选出产品A个数	12
5		
6	恰好选出12个产品A的概率	0.12114

注意事项：
- 如果任意参数为非数值型，则函数返回错误值"#VALUE!"。
- 如果参数 sample_s 小于 0 或大于 number_sample 和 population_s 中的较小值，则函数返回错误值"#NUM!"。
- 如果 sample_s 小于 0 和(number_sample-number_pop+population_s)中的较大值，则函数返回错误值"#NUM!"。

- 如果参数 number_sample 小于或等于 0 或者大于参数 number_pop，则函数返回错误值"#NUM!"。
- 如果参数 population_s 小于或等于 0 或者大于 number_pop，则函数返回错误值"#NUM!"。
- 如果参数 number_pop 小于或等于 0，则函数返回错误值"#NUM!"。

函数 54　EXPON.DIST　返回指数分布

函数功能：返回指数分布。
函数格式：EXPON.DIST(x, lambda, cumulative)
参数说明：
- x（必选）：函数的值。
- lambda（必选）：参数值。
- cumulative（必选）：一个逻辑值，指定要提供的指数函数的形式。如果为 TRUE，函数返回累积分布函数；如果为 FALSE，则返回概率密度函数。

应用范例　计算指定期限后甲公司机器故障概率

例如，甲公司新购置了一批机器投入生产，该机器故障频率为 0.2 次/年，现在需要计算机器在指定期限后在甲公司的故障概率，在 B2 单元格内输入公式：
=EXPON.DIST($A2,E$4,1)

按"Enter"键确认并将公式向下填充即可。

注意事项：
- 如果参数 x 或 lambda 为非数值型，则函数返回错误值"#VALUE!"。
- 如果参数 x 小于 0，则函数返回错误值"#NUM!"。
- 如果参数 lambda 小于或等于 0，则函数返回错误值"#NUM!"。

函数 55　WEIBULL.DIST　返回 Weibull 分布

函数功能：返回 Weibull 分布。使用此函数可以进行可靠性分析，比如计算设备的平均故障时间。

函数格式：WEIBULL.DIST(x, alpha, beta, cumulative)

参数说明：
- x（必选）：用来进行函数计算的数值。
- alpha（必选）：分布参数。
- beta（必选）：分布参数。
- cumulative（必选）：确定函数的形式。

应用范例 计算机器发生故障的概率

例如，某公司新购置了一批机器投入生产，初期机器发生故障的情况如下图所示，现在需要计算机器在固定使用年限后发生故障的概率，在 B2 单元格内输入公式：
=WEIBULL.DIST($A2,E$2,E$3,TRUE)

按"Enter"键确认并将公式向下填充即可。

	A	B	C	D	E
1	使用年限	故障发生概率			故障
2	1	0.39346934		α	1
3	6	0.950212932		β	2
4	9	0.988891003			
5					

注意事项：
- 如果参数 x、alpha 或 beta 为非数值型，则函数返回错误值"#VALUE!"。
- 如果参数 x 小于 0 或者参数 alpha 小于或等于 0 或者参数 beta 小于或等于 0，则函数返回错误值"#NUM!"。

函数 56	CONFIDENCE.NORM
	返回总体平均值的置信区间

函数功能：使用正态分布返回总体平均值的置信区间。

函数格式：CONFIDENCE.NORM(alpha, standard_dev, size)

参数说明：
- alpha（必选）：用于计算置信度的显著性水平参数。置信度等于 100×(1-alpha)%，即如果 alpha 为 0.05，则置信度为 95%。
- standard_dev（必选）：数据区域的总体标准偏差，假设为已知。
- size（必选）：样本容量。

应用范例 返回总体平均值的置信区间

例如，假设样本取自 50 名乘车上班的员工，他们花在路上的平均时间为 30 分钟，总体标准偏差为 2.5 分钟。假设 alpha=0.05，现在需要计算置信区间，在

B5 单元格内输入公式：
=CONFIDENCE.NORM(B1,B2,B3)

按"Enter"键确认，即可计算出返回值，此时相应的置信区间为30±0.692952，约为[29.3, 30.7]。

	A	B
1	显著水平参数	0.05
2	总体标准偏差	2.5
3	样本容量	50
4		
5	返回值	0.6929519

注意事项：
- 如果任意参数为非数值型，则函数返回错误值"#VALUE!"。
- 如果参数 alpha 小于或等于 0 或者大于或等于 1，则函数返回错误值"#NUM!"。
- 如果参数 standard_dev 小于或等于 0，则函数返回错误值"#NUM!"。
- 如果参数 size 小于 1，则函数返回错误值"#NUM!"。

函数 57　CONFIDENCE.T
返回总体平均值的置信区间（使用学生的 t 分布）

函数功能： 使用学生的 t 分布返回总体平均值的置信区间。

函数格式： CONFIDENCE.T(alpha, standard_dev, size)

参数说明：
- alpha（必选）：用于计算置信度的显著性水平参数。置信度等于 100×(1-alpha)%，也就是说，如果 alpha 为 0.05，则置信度为 95%。
- standard_dev（必选）：数据区域的总体标准偏差，假设为已知。
- size（必选）：样本大小。

应用范例　计算总体平均值的置信区间

例如，有 20 个样本，样本的标准高为 35 厘米，总体标准偏差为 1.8 厘米，假设置信度为 0.04，计算总体平均值的置信区间，在 B6 单元格内输入公式：
=CONFIDENCE.T(B4,B3,B1)

按"Enter"键确认，即可计算出返回值，此时置信区间为 35±0.8873752，约为[34.1, 35.9]。

注意事项：

◆ 如果任一参数为非数值型，则函数返回错误值"#VALUE!"。
◆ 如果参数 alpha 小于或等于 0 或者大于或等于 1, 则函数返回错误值"#NUM!"。
◆ 如果参数 standard_dev 小于或等于 0, 则函数返回错误值"#NUM!"。
◆ 如果参数 size 等于 1, 则函数返回错误值"#DIV/0!"。

函数 58　GAMMA.DIST　返回 γ 分布

函数功能：返回伽玛分布。可以使用此函数来研究具有偏态分布的变量。伽玛分布通常用于排队分析。

函数格式：GAMMA.DIST(x, alpha, beta, cumulative)

参数说明：

◆ x（必选）：用来计算分布的值。
◆ alpha（必选）：分布参数。
◆ beta（必选）：分布参数。如果 beta=1, 函数返回标准伽玛分布。
◆ cumulative（必选）：决定函数形式的逻辑值。如果为 TRUE, 函数返回累积分布函数；如果为 FALSE, 则返回概率密度函数。

应用范例　计算伽玛分布函数值

例如，下图单元格内录入了值 α、β，以及需要计算的分布值 X, 现在需要根据已知参数计算相应的标准伽玛分布函数值。

在 B5 单元格内输入公式：

=GAMMA.DIST(A5,$B$1,$B$2,FALSE)

按"Enter"键确认并将公式向下填充即可。

注意事项：
- 如果参数 x、alpha 或 beta 为非数值型，则函数返回错误值"#VALUE!"。
- 如果参数 x 小于 0，则函数返回错误值"#NUM!"。
- 如果参数 alpha 小于或等于 0 或者 beta 小于或等于 0，则函数返回错误值"#NUM!"。

函数59　GAMMA.INV
返回γ累积分布函数的反函数

函数功能： 用于返回伽玛累积分布函数的反函数。

函数格式： GAMMA.INV(probability, alpha, beta)

参数说明：
- probability（必选）：与伽玛分布相关的概率。
- alpha（必选）：分布参数。
- beta（必选）：分布参数。如果 beta=1，函数返回标准伽玛分布。

应用范例　计算伽玛分布函数的反函数

例如，下图单元格内录入了值 α、β，以及分布函数值，现在需要根据已知参数计算相应的伽玛分布函数的反函数，在 B5 单元格内输入公式：

=GAMMA.INV(A5,$B$1,$B$2)

按"Enter"键确认并将公式向下填充即可。

	A	B	C	D	E
1	α	2			
2	β	9			
3					
4	伽玛分布函数值	反函数值			
5	0.904837418	35.56754887			
6	0.860707976	31.21343248			
7	0.818730753	28.12307329			
8	0.778800783	25.73221032			
9	0.006737947	1.087489346			
10	0.004086771	0.839255953			

注意事项：
- 如果函数中任一参数为文本型，则函数返回错误值"#VALUE!"。
- 如果参数 probability 小于 0 或大于 1，则函数返回错误值"#NUM!"。
- 如果参数 alpha 小于或等于 0 或者 beta 小于或等于 0，则函数返回错误值"#NUM!"。

函数 60	GAMMALN
	返回 γ 函数的自然对数

函数功能： 用于返回伽玛函数的自然对数。

函数格式： GAMMALN(x)

参数说明： x（必选）：用于进行计算的数值。

应用范例 计算伽玛分布函数的自然对数

例如，需要返回伽玛分布函数的自然对数，可在 B2 单元格内输入公式：=GAMMALN(A2)

按"Enter"键确认并将公式向下填充即可。

	A	B
1	x	伽玛分布自然对数
2	0.1	2.252712652
3	0.15	1.827813776
4	0.2	1.524063822
5	0.25	1.288022525
6	0.5	0.572364943
7	5	3.17805383

注意事项：

◆ 参数可为单元格引用或直接输入，且必须为数值类型，即数字、文本格式的数字或逻辑值。如果参数 x 为非数值型，函数将返回错误值"#VALUE!"。

◆ 如果参数 x 小于或等于 0，函数将返回错误值"#NUM!"。

函数 61	GAMMALN.PRECISE
	返回 γ 函数的自然对数

函数功能： 用于返回伽玛函数的自然对数。

函数格式： GAMMALN.PRECISE(x)

参数说明： x（必选）：用于进行计算的数值。

应用范例 计算伽玛分布函数的自然对数

例如，需要返回伽玛分布函数的自然对数，可在 B2 单元格内输入公式：=GAMMALN.PRECISE(A2)

按"Enter"键确认并将公式向下填充即可。

注意事项：

◆ 参数可为单元格引用或直接输入，且必须为数值类型，即数字、文本格式的数字或逻辑值。如果参数 x 为非数值型，函数将返回错误值"#VALUE!"。
◆ 如果参数 x 小于或等于 0，函数将返回错误值"#NUM!"。

函数 62	BETA.DIST
	返回 Beta 累积分布函数

函数功能：返回 Beta 分布。Beta 分布通常用于研究样本中某一部分的变化情况。

函数格式：BETA.DIST(x, alpha, beta, cumulative, [A], [B])

参数说明：

◆ x（必选）：介于 A 和 B 之间用来进行函数计算的值。
◆ alpha（必选）：分布参数。
◆ beta（必选）：分布参数。
◆ cumulative（必选）：决定函数形式的逻辑值。如果为 TRUE，函数返回累积分布函数；如果为 FALSE，则返回概率密度函数。
◆ A（可选）：x 所属区间的下界。
◆ B（可选）：x 所属区间的上界。

应用范例 计算 Beta 累积分布函数值

例如，下图单元格内录入了值 α、β，以及需要计算的分布值 x，现在需要根据已知参数计算 Beta 累积分布函数值。

在 B5 单元格内输入公式：

=BETA.DIST(A5,$B$1,$B$2,TRUE)

按"Enter"键确认并将公式向下填充即可。

注意事项：

◆ 参数可为单元格引用或直接输入，且必须为数值类型，即数字、文本格式的数字或逻辑值。如果任一参数为非数值型，则函数返回错误值"#VALUE!"。
◆ 如果参数 alpha 小于或等于 0 或者 beta 小于或等于 0，则函数返回错误值"#NUM!"。
◆ 如果参数 x 小于 A 或者大于或等于 B，则函数返回错误值"#NUM!"。
◆ 如果省略参数 A 和 B，函数将使用标准的累积 beta 分布，即 A=0，B=1。

8.4 协方差、相关与回归

函数 63 | COVARIANCE.P
返回协方差（成对偏差乘积的平均值）

函数功能：返回总体协方差，即两个数据集中每对数据点的偏差乘积的平均值。
函数格式：COVARIANCE.P(array1, array2)
参数说明：
◆ array1（必选）：第一个所含数据为整数的单元格区域。
◆ array2（必选）：第二个所含数据为整数的单元格区域。

应用范例 计算上半月和下半月销售量的总体方差

例如，下图为某商店在一月内各商品上半月和下半月的销售量对比情况，现在需要计算该月销售量的总体方差，可在 C9 单元格内输入公式：

=COVARIANCE.P(B2:B7,C2:C7)

按"Enter"键确认即可。

	A	B	C	D	E
1	销售列表	上半月销售量	下半月销售量		
2	文件夹	70	79		
3	显示屏	80	77		
4	装饰画	56	127		
5	书夹	107	111		
6	打印机	89	103		
7	台灯	92	98		
8					
9	计算上下半月销售量的总体方差	-21.05555556			
10					

注意事项：

◆ 参数必须是数字或者包含数字的名称、数组或引用，如果数组或引用参数包含文本、逻辑值或空白单元格，则这些值将被忽略；但包含 0 值的单元格将计算在内。

- 如果参数 array1 和 array2 所含数据点的个数不等，则函数返回错误值 "#N/A"。
- 如果参数 array1 和 array2 中有一个为空，则函数返回错误值 "#DIV/0!"。

函数 64　COVARIANCE.S　返回样本协方差

函数功能：返回样本协方差，即两个数据集中每对数据点的偏差乘积的平均值。

函数格式：COVARIANCE.S(array1, array2)

参数说明：
- array1（必选）：第一个所含数据为整数的单元格区域。
- array2（必选）：第二个所含数据为整数的单元格区域。

应用范例　计算样本的协方差

例如，下图为某商店在一月内各商品上半月和下半月的销售量对比情况，现在需要计算该月销售量的协方差，可在 C9 单元格内输入公式：

=COVARIANCE.S(B2:B7,C2:C7)

按"Enter"键确认即可。

	A	B	C	D	E
1	销售列表	上半月销售量	下半月销售量		
2	文件夹	70	79		
3	显示屏	80	77		
4	装饰画	56	127		
5	书夹	107	111		
6	打印机	89	103		
7	台灯	92	98		
8					
9	计算上下半月销售量的协方差	-25.26666667			

注意事项：
- 参数必须是数字或者包含数字的名称、数组或引用，如果数组或引用参数包含文本、逻辑值或空白单元格，则这些值将被忽略；但包含 0 值的单元格将计算在内。
- 如果参数 array1 和 array2 具有不同数量的数据点，则函数返回错误值"#N/A"。
- 如果参数 array1 或 array2 为空，或者各自仅包含 1 个数据点，则函数返回错误值 "#DIV/0!"。

函数 65　CORREL　返回两个数据集之间的相关系数

函数功能：返回单元格区域 array1 和 array2 之间的相关系数。使用相关系数可以确定两种属性之间的关系。

函数格式：CORREL(array1, array2)

参数说明：
- array1（必选）：第一组数值单元格区域。
- array2（必选）：第二组数值单元格区域。

应用范例 计算员工工龄与销售量之间的相关系数

例如，下图为员工销售情况统计表，现在需要根据员工工龄和销售量返回销量与员工工龄之间的相关系数，可在 G1 单元格内输入公式：

=CORREL(B2:B7,C2:C7)

按"Enter"键确认即可。

注意事项：
- 如果数组或引用参数包含文本、逻辑值或空白单元格，则这些值将被忽略；但包含 0 值的单元格将计算在内。
- 如果参数 array1 和 array2 的数据点的个数不同，则函数返回错误值"#N/A"。
- 如果参数 array1 或 array2 为空，或者其数值的 s（标准偏差）等于 0，函数将返回错误值"#DIV/0!"。

函数 66

FISHER

返回 Fisher 变换值

函数功能：返回点 x 的 Fisher 变换。该变换生成一个正态分布而非偏斜的函数。使用此函数可以完成相关系数的假设检验。

函数格式：FISHER(x)

参数说明：x（必选）：要对其进行变换的数值。

应用范例 计算 Fisher 变换值

例如，下图为员工销售情况统计表，A 列为员工编号，B 列为员工工龄，C 列为与之对应的销售量，现在需要计算相关系数的 Fisher 变换值，可在 G1 单元格内输入公式：

=FISHER(CORREL(B2:B7,C2:C7))

按“Enter”键确认即可。

G1 =FISHER(CORREL(B2:B7,C2:C7))

	A	B	C	D	E	F	G	H
1	员工编号	工龄	销售量		Fisher变换值		1.300653	
2	AH001	2	70					
3	AH002	1	74					
4	AH003	1	56					
5	AH004	4	107					
6	AH005	3	89					
7	AH006	2	92					
8								

注意事项：

◆ 如果参数 x 为非数值型，则函数返回错误值“#VALUE!”。

◆ 如果参数 x 小于或等于-1 或者大于或等于 1，则函数返回错误值“#NUM!”。

函数 67 FISHERINV

返回 Fisher 变换的反函数

函数功能： 返回 Fisher 变换的反函数值。使用此变换可以分析数据区域或数组之间的相关性。

函数格式： FISHERINV(y)

参数说明： y（必选）：要对其进行反变换的数值。

应用范例 计算 Fisher 变换的反函数

例如，下图为员工销售情况统计表，A 列为员工编号，B 列为员工工龄，C 列为与之对应的销售量，现在需要计算相关系数的 Fisher 变换的反函数，可在 F2 单元格内输入公式：

=FISHERINV(F1)

按“Enter”键确认即可。

F2 =FISHERINV(F1)

	A	B	C	D	E	F	G
1	员工编号	工龄	销售量		Fisher变换值	1.300652807	
2	AH001	2	70		Fisher 变换的反函数	0.861891119	
3	AH002	1	74				
4	AH003	1	56				
5	AH004	4	107				
6	AH005	3	89				
7	AH006	2	92				
8							

| 函数 68 | PEARSON
返回 Pearson 乘积矩相关系数 | |

函数功能：返回 Pearson（皮尔逊）乘积矩相关系数 r，这是一个在-1.0~1.0 之间（包括-1.0 和 1.0）的无量纲指数，反映了两个数据集合之间的线性相关程度。

函数格式：PEARSON(array1, array2)

参数说明：
- array1（必选）：自变量集合。
- array2（必选）：因变量集合。

应用范例 计算工龄与销量之间的皮尔逊乘积矩相关系数

例如，下图为员工销售情况统计表，A 列为员工编号，B 列为员工工龄，C 列为与之对应的销售量，现在需要计算工龄与销量之间的皮尔逊乘积矩相关系数，可在 F1 单元格内输入公式：

=PEARSON(B2:B7,C2:C7)

按"Enter"键确认即可。

注意事项：
- 参数可以是数字或者包含数字的名称、数组常量或引用，如果数组或引用参数包含文本、逻辑值或空白单元格，则这些值将被忽略；但包含 0 值的单元格将计算在内。
- 如果参数 array1 和 array2 为空或其数据点个数不同，则函数返回错误值"#N/A"。

| 函数 69 | RSQ
返回 Pearson 乘积矩相关系数的平方 | |

函数功能：返回根据 known_y's 和 known_x's 中数据点计算得出的 Pearson 乘积矩相关系数的平方。

函数格式：RSQ(known_y's, known_x's)

参数说明：

- known_y's（必选）：数组或数据点区域。
- known_x's（必选）：数组或数据点区域。

应用范例 计算工龄与销量之间的皮尔逊乘积矩相关系数的平方

例如，下图为员工销售情况统计表，A 列为员工编号，B 列为员工工龄，C 列为与之对应的销售量，现在需要计算工龄与销量之间的皮尔逊乘积矩相关系数的平方，可在 F1 单元格内输入公式：

=RSQ(B2:B7,C2:C7)

按"Enter"键确认即可。

	A	B	C	D	E	F	G
1	员工编号	工龄	销售量		相关系数平方	0.742856	
2	AH001	2	70				
3	AH002	1	74				
4	AH003	1	56				
5	AH004	4	107				
6	AH005	3	89				
7	AH006	2	92				
8							

注意事项：
- 参数可以是数字或者包含数字的名称、数组或引用，逻辑值和直接输入到参数列表中代表数字的文本也被计算在内。如果数组或引用参数包含文本、逻辑值或空白单元格，则这些值将被忽略；但包含 0 值的单元格将计算在内。
- 如果参数 known_y's 和 known_x's 为空或其数据点个数不同，则函数返回错误值"#N/A"。
- 如果参数 known_y's 和 known_x's 只包含 1 个数据点，则函数返回错误值"#DIV/0!"。

函数 70 FORECAST
返回沿线性趋势的值

函数功能：根据已有的数值计算或预测未来值。

函数格式：FORECAST(x, known_y's, known_x's)

参数说明：
- x（必选）：需要进行值预测的数据点。
- known_y's（必选）：因变量数组或数据区域。
- known_x's（必选）：自变量数组或数据区域。

应用范例 预测特定工龄的销量

例如，下图为员工销售情况统计表，A 列为员工编号，B 列、C 列为相应的员工工龄和销售量，现在需要预测工龄为 5 时与之对应的员工销量，可在 F2 单元格内输入公式：

=FORECAST(F1,C2:C7,B2:B7)

按"Enter"键确认即可。

	A	B	C	D	E	F	G
1	员工编号	工龄	销售量		工龄	5	
2	AH001	2	70		销售量	119.3414634	
3	AH002	1	74				
4	AH003	1	56				
5	AH004	4	107				
6	AH005	3	89				
7	AH006	2	92				
8							

注意事项：
- 如果参数 x 为非数值型，则函数返回错误值"#VALUE!"。
- 如果参数 known_y's 和 known_x's 为空或含有不同个数的数据点，则函数返回错误值"#N/A"。
- 如果参数 known_x's 的方差为 0，则函数返回错误值"#DIV/0!"。

函数71 GROWTH
返回沿指数趋势的值

函数功能： 根据现有的数据预测指数增长值。

函数格式： GROWTH(known_y's, [known_x's], [new_x's], [const])

参数说明：
- known_y's（必选）：满足指数回归拟合曲线 $y=b \cdot m^x$ 的一组已知的 y 值。
- known_x's（可选）：满足指数回归拟合曲线 $y=b \cdot m^x$ 的一组已知的可选 x 值。如果省略 known_x's，则假设该数组为{1,2,3...}，其大小与 known_y's 相同。
- new_x's（可选）：需要通过 GROWTH 函数为其返回对应 y 值的一组新 x 值。如果省略 new_x's，则假设它和 known_x's 相同。如果 known_x's 与 new_x's 都被省略，则假设它们为数组{1,2,3...}，其大小与 known_y's 相同。
- const（可选）：一个逻辑值，用于指定是否将常量 b 强制设为 1。如果 const 为 TRUE 或省略，b 将按正常计算；如果 const 为 FALSE，b 将设为 1，m 值将被调整以满足 $y=m^x$。

应用范例 预测第四季度销售额

例如，下图为某部门今年前三个季度的销售情况，现在需要根据该销售表，预测第四季度的销售情况，在 B5 单元格内输入公式：

=GROWTH(B2:B4,A2:A4,A5)

按"Enter"键确认即可。

```
B5    fx  =GROWTH(B2:B4,A2:A4,A5)
    A       B        C   D   E
1   季度    销售额
2   1       54000
3   2       56120
4   3       57230
5   4       59102.84346
6
```

注意事项：
- 如果参数 known_y's 中的任何数为 0 或负数，函数将返回错误值"#NUM!"。
- 对于返回结果为数组的公式，在选定正确的单元格个数后，必须以数组公式的形式输入。
- 当为参数（如 known_x's）输入数组常量时，应当使用逗号分隔同一行中的数据，用分号分隔不同行中的数据。

函数 72	TREND	
	返回沿线性趋势的值	

函数功能： 返回一条线性回归拟合线的值，即找到适合已知数组 known_y's 和 known_x's 的直线（用最小二乘法），并返回指定数组 new_x's 在直线上对应的 y 值。

函数格式： TREND(known_y's, [known_x's], [new_x's], [const])

参数说明：
- known_y's（必选）：关系表达式 $y=mx+b$ 中已知的 y 值集合。
- known_x's（可选）：关系表达式 $y=mx+b$ 中已知的可选 x 值集合。如果省略 known_x's，则假设该数组为{1,2,3...}，其大小与 known_y's 相同。
- new_x's（可选）：需要函数 TREND 返回对应 y 值的新 x 值。如果省略 new_x's，则假设它和 known_x's 一样。如果 known_x's 和 new_x's 都省略，则假设它们为数组{1,2,3...}，大小与 known_y's 相同。
- const（可选）：一个逻辑值，用于指定是否将常量 b 强制设为 0。如果 const 为 TRUE 或省略，b 将按正常计算；如果 const 为 FALSE，b 将被设为 0，m 将被调整以使 $y=mx$。

应用范例 预测回归线上的销量

例如，下图为员工销售情况统计表，A 列为员工编号，B 列、C 列为相应的员工工龄和销售量，现在需要预测回归线上的销量，可选中 F2:F4 单元格，在函数框中输入公式：

=TREND(C2:C7,B2:B7,E2:E4)

按"Ctrl+Shift+Enter"组合键确认即可。

函数 73	LINEST
	返回线性趋势的参数

函数功能： 通过使用最小二乘法计算与现有数据最佳拟合的直线，来计算某直线的统计值，然后返回描述此直线的数组。直线的公式为 $y=mx+b$，或 $y=m_1x_1+m_2x_2+...+b$，其中因变量 y 是自变量 x 的函数，m 是与每个 x 相对应的系数，b 为常量。注意，y、x 和 m 可以是向量。

函数格式： LINEST(known_y's, [known_x's], [const], [stats])

参数说明：

◆ known_y's（必选）：关系表达式 $y=mx+b$ 中已知的 y 值集合。

◆ known_x's（可选）：关系表达式 $y=mx+b$ 中已知的 x 值集合。如果省略 known_x's，则假设该数组为 $\{1,2,3...\}$，其大小与 known_y's 相同。

◆ const（可选）：一个逻辑值，用于指定是否将常量 b 强制设为 0。如果 const 为 TRUE 或被省略，b 将按通常方式计算；如果 const 为 FALSE，b 将被设为 0，并同时调整 m 值使 $y=mx$。

◆ stats（可选）：一个逻辑值，用于指定是否返回附加回归统计值。如果 stats 为 TRUE，则函数返回附加回归统计值，此时返回的数组为 $\{m_n, m_{n-1},...,m_1, b;$ $se_n, se_{n-1},...,se_1, se_b; r^2, se_y; F, df; ss_{reg}, ss_{resid}\}$；如果 stats 为 FALSE 或被省略，则函数只返回系数 m 和常量 b。

应用范例 估算 12 月销售额

例如，下图为某部门今年前几个月的销售情况，现在需要根据该销售表，估算 12 月的销售额情况，可在 E1 单元格内输入公式：

=SUM(LINEST(B2:B9, A2:A9)*{12,1})

按"Enter"键确认即可。

注意事项：
- 对于返回结果为数组的公式，必须以数组公式的形式输入。
- 参数 known_y's 和 known_x's 的值必须为数字，否则函数将返回错误值"#VALUE!"。
- 参数 known_y's 中有任何数小于或等于 0，或者其中有空值，函数都将返回错误值"#NUM!"。

函数 74　LOGEST　返回指数趋势的参数

函数功能： 在回归分析中，计算最符合数据的指数回归拟合曲线，并返回描述该曲线的数值数组。因为此函数返回数值数组，所以必须以数组公式的形式输入。曲线的公式为 $y=b \cdot m^x$，或 $y=b \cdot m_1^{x_1} \cdot m_2^{x_2} \cdots$，$m$ 是各指数 x 的底，而 b 是常量。

函数格式： LOGEST(known_y's, [known_x's], [const], [stats])

参数说明：
- known_y's（必选）：关系表达式 $y=b \cdot m^x$ 中已知的 y 值集合。
- known_x's（可选）：关系表达式 $y=b \cdot m^x$ 中已知的 x 值集合。如果省略 known_x's，则假设该参数为数组{1,2,3...}，其大小与 known_y's 相同。
- const（可选）：一个逻辑值，用于指定是否将常量 b 强制设为 1。如果 const 为 TRUE 或省略，b 将按正常计算；如果 const 为 FALSE，则将 b 设为 1，而 m 的值满足公式 $y=m^x$。
- stats（可选）：一个逻辑值，用于指定是否返回附加回归统计值。如果 stats 为 TRUE，函数将返回附加回归统计值，返回的数组为 $\{m_n, m_{n-1},...,m_1,b; se_n, se_{n-1},...,se_1,se_b; r^2,se_y; F,df; ss_{reg},ss_{resid}\}$；如果 stats 为 FALSE 或省略，则函数只返回系数 m 和常量 b。

应用范例 返回半年内销售额趋势的参数

例如，下图为某部门今年前半年的销售情况，现在需要根据该销售表，统计出半年内销售额趋势的参数，可在 E1 单元格内输入公式：

=LOGEST(B2:B7,A2:A7,TRUE,TRUE)

按"Enter"键确认即可。

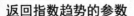

注意事项：
- 对于返回结果为数组的公式，必须以数组公式的形式输入。
- 参数 known_y's 和 known_x's 的值必须为数字，否则函数将返回错误值 "#VALUE!"。
- 参数 known_y's 中有任何数小于或等于 0，或者其中有空值，函数都将返回错误值 "#NUM!"。

函数 75	SLOPE	
	返回线性回归线的斜率	

函数功能： 返回根据 known_y's 和 known_x's 中的数据点拟合的线性回归直线的斜率。斜率为直线上任意两点的垂直距离与水平距离的比值，也就是回归直线的变化率。

函数格式： SLOPE(known_y's, known_x's)

参数说明：
- known_y's（必选）：数字型因变量数据点数组或单元格区域。
- known_x's（必选）：自变量数据点集合。

应用范例 计算工龄和销售量的斜率

例如，下图为员工销售情况统计表，A 列为员工编号，B 列、C 列为相应的员工工龄和销售量，现在需要计算工龄和销售量的斜率，可在 F1 单元格内输入公式：
=SLOPE(C2:C7,B2:B7)

按"Enter"键确认即可。

	A	B	C	D	E	F	G
1	员工编号	工龄	销售量		回归线斜率	14.97872	
2	AH001	2	70				
3	AH002	1.5	74				
4	AH003	1	56				
5	AH004	4	107				
6	AH005	3	89				
7	AH006	2	92				

注意事项：
- 参数可以是数字或者包含数字的名称、数组或引用，如果数组或引用参数包含文本、逻辑值或空白单元格，则这些值将被忽略；但包含 0 值的单元格将计算在内。
- 如果参数 known_y's 和 known_x's 为空或其数据点个数不同，则函数返回错误值 "#N/A"。

函数 76	INTERCEPT
	返回线性回归线的截距

函数功能：利用现有的 x 值与 y 值计算直线与 y 轴的截距。

函数格式：INTERCEPT(known_y's, known_x's)

参数说明：
- known_y's（必选）：因变的观察值或数据的集合。
- known_x's（必选）：自变的观察值或数据的集合。

应用范例 计算工龄和销售量的截距

例如，下图为员工销售情况统计表，A 列为员工编号，B 列、C 列为相应的员工工龄和销售量，现在需要计算工龄和销售量的截距，可在 F1 单元格内输入公式：
=INTERCEPT(C2:C7,B2:B7)

按"Enter"键确认即可。

	A	B	C	D	E	F	G
1	员工编号	工龄	销售量		回归线截距	47.63121	
2	AH001	2	70				
3	AH002	1.5	74				
4	AH003	1	56				
5	AH004	4	107				
6	AH005	3	89				
7	AH006	2	92				
8							

注意事项：
- 参数可以是数字或者包含数字的名称、数组或引用，如果数组或引用参数包含文本、逻辑值或空白单元格，则这些值将被忽略；但包含 0 值的单元格将计算在内。
- 如果参数 known_y's 和 known_x's 包含的数据点个数不相等或不包含任何数据点，则函数返回错误值"#N/A"。

函数 77	STEYX
	返回通过线性回归法预测每个 x 的 y 值时所产生的标准误差

函数功能：返回通过线性回归法计算每个 x 的 y 预测值时所产生的标准误差。标准误差用来度量根据单个 x 变量计算出的 y 预测值的误差量。

函数格式：STEYX(known_y's, known_x's)

参数说明：
- known_y's（必选）：因变量数据点数组或区域。
- known_x's（必选）：自变量数据点数组或区域。

> **应用范例** 计算回归线的标准误差

例如，下图为员工销售情况统计表，A 列为员工编号，B 列、C 列为相应的员工工龄和销售量，现在需要计算工龄和销售量的回归线的标准误差，可在 F1 单元格内输入公式：

=STEYX(C2:C7,B2:B7)

按"Enter"键确认即可。

	A	B	C	D	E	F	G
1	员工编号	工龄	销售量		回归线标准误差	9.18158	
2	AH001	2	70				
3	AH002	1.5	74				
4	AH003	1	56				
5	AH004	4	107				
6	AH005	3	89				
7	AH006	2	92				
8							

注意事项：

◆ 参数可以是数字或者包含数字的名称、数组或引用，逻辑值和直接输入到参数列表中代表数字的文本也被计算在内。如果数组或引用参数包含文本、逻辑值或空白单元格，则这些值将被忽略；但包含 0 值的单元格将计算在内。

◆ 如果参数 known_y's 和 known_x's 的数据点个数不同，则函数返回错误值"#N/A"。

◆ 如果参数 known_y's 和 known_x's 为空或其数据点个数小于 3，则函数返回错误值"#DIV/0!"。

8.5 数据的倾向性

函数 78	CHISQ.DIST
	返回 χ^2 分布

函数功能： 用于返回 χ^2 分布。

函数格式： CHISQ.DIST(x, deg_freedom, cumulative)

参数说明：

◆ x（必选）：用来计算分布的值。

◆ deg_freedom（必选）：自由度数。

◆ cumulative（必选）：决定函数形式的逻辑值。如果为 TRUE，则返回累积分布函数；如果为 FALSE，则返回概率密度函数。

应用范例 计算 χ^2 分布

例如，下图中列出了数据值，现在需要根据以下指定数值，计算 χ^2 的累积分布函数值，在 C2 单元格内输入公式：

=CHISQ.DIST(A2,B2,TRUE)

按"Enter"键确认并将公式向下填充即可。

注意事项：
◆ 参数可为单元格引用或直接输入，且必须为数值类型，即数字、文本格式的数字或逻辑值，如果任意参数为非数值型，则函数返回错误值"#VALUE!"。
◆ 如果参数 x 为负数，则函数返回错误值"#NUM!"。
◆ 如果参数 deg_freedom 小于 1 或大于 10^{10}，则函数返回错误值"#NUM!"。

函数 79	CHISQ.DIST.RT
	返回 χ^2 分布的右尾概率

函数功能： 用于返回 χ^2 分布的右尾概率。
函数格式： CHISQ.DIST.RT(x, deg_freedom)
参数说明：
◆ x（必选）：用来计算分布的值。
◆ deg_freedom（必选）：自由度数。

应用范例 计算 χ^2 分布的右尾概率

例如，下图中列出了数据值，现在需要根据以下指定数值，计算 χ^2 分布的右尾概率，在 C2 单元格内输入公式：

=CHISQ.DIST.RT(A2,B2)

按"Enter"键确认并将公式向下填充即可。

第 8 章 统计函数

注意事项：
- 参数可为单元格引用或直接输入，且必须为数值类型，即数字、文本格式的数字或逻辑值，如果任意参数为非数值型，则函数返回错误值"#VALUE!"。
- 如果参数 deg_freedom 小于 1 或大于 10^{10}，则函数返回错误值"#NUM!"。

函数 80	CHISQ.INV.RT
	返回 χ^2 分布的右尾概率的反函数

函数功能： 返回 χ^2 分布的右尾概率的反函数。
函数格式： CHISQ.INV.RT(probability, deg_freedom)
参数说明：
- probability（必选）：与 χ^2 分布相关的概率。
- deg_freedom（必选）：自由度数。

应用范例 计算 χ^2 分布右尾概率的反函数

例如，下图中列出了数据值，现在需要根据以下指定数值，计算 χ^2 分布的右尾概率的反函数，在 C2 单元格内输入公式：
=CHISQ.INV.RT(A2,B2)
按"Enter"键确认并将公式向下填充即可。

	A	B	C	D
1	x2分布概率	自由度	分布右尾概率反函数	
2	0.5	4	3.35669398	
3	0.55	9	7.843416309	
4	0.7	20	16.26585649	
5	0.3	50	54.72279397	
6				

注意事项：
- 参数可为单元格引用或直接输入，且必须为数值类型，即数字、文本格式的数字或逻辑值，如果任意参数为非数值型，则函数返回错误值"#VALUE!"。
- 如果参数 deg_freedom 小于 1 或大于 10^{10}，则函数返回错误值"#NUM!"。
- 如果参数 probability 小于 0 或大于 1，则函数返回错误值"#NUM!"。

函数 81	CHISQ.INV
	返回 χ^2 分布的左尾概率的反函数

函数功能： 返回 χ^2 分布的左尾概率的反函数。
函数格式： CHISQ.INV(probability, deg_freedom)
参数说明：

- probability（必选）：与 χ^2 分布相关的概率。
- deg_freedom（必选）：自由度数。

应用范例 计算 χ^2 分布左尾概率的反函数

例如，下图中列出了数据值，现在需要根据以下指定数值，计算 χ^2 分布左尾概率的反函数，在 C2 单元格内输入公式：

=CHISQ.INV(A2,B2)

按"Enter"键确认并将公式向下填充即可。

	A	B	C	D
1	x2分布概率	自由度	分布左尾概率反函数	
2	0.5	4	3.35669398	
3	0.55	9	8.863165794	
4	0.7	20	22.77454507	
5	0.3	50	44.31330698	
6				

注意事项：
- 参数可为单元格引用或直接输入，且必须为数值类型，即数字、文本格式的数字或逻辑值，如果任意参数为非数值型，则函数返回错误值"#VALUE!"。
- 如果参数 probability 小于 0 或大于 1，则函数返回错误值"#NUM!"。
- 如果参数 deg_freedom 小于 1 或大于 10^{10}，则函数返回错误值"#NUM!"。

函数 82 CHISQ.TEST 返回独立性检验值

函数功能： 用于返回独立性检验值。
函数格式： CHISQ.TEST(actual_range, expected_range)
参数说明：
- actual_range（必选）：包含观察值的数据区域，用于检验期望值。
- expected_range（必选）：包含行列汇总的乘积与总计值之比率的数据区域。

应用范例 计算独立性检验值

例如，下图为某公司一年的产品销售情况表，要根据上半年和下半年的销售额，计算上下半年产品销售额的独立性检验值。

可在 C9 单元格内输入公式：

=CHISQ.TEST(B2:B7,D2:D7)

按"Enter"键确认即可。

	A	B	C	D	E	F
1		上半年销售额		下半年销售额		
2	1月	100	7月	150		
3	2月	122	8月	122		
4	3月	125	9月	129		
5	4月	156	10月	136		
6	5月	120	11月	123		
7	6月	133	12月	140		
8						
9	产品销量度量检验值		0.001168707			
10						

C9 =CHISQ.TEST(B2:B7,D2:D7)

注意事项：

◆ 如果参数 actual_range 和 expected_range 中数据点的个数不同，则函数返回错误值"#N/A"。
◆ 参数 actual_range 和 expected_range 必须为数字，若为其他类型的值将被忽略。
◆ 如果参数 actual_range 和 expected_range 中任意一个为空值，则函数返回错误值"#DIV/0!"。

函数 83 F.DIST.RT
返回 F 概率分布

函数功能： 返回两个数据集的（右尾）F 概率分布（变化程度）。

函数格式： F.DIST.RT(x, deg_freedom1, deg_freedom2)

参数说明：

◆ x（必选）：用来进行计算的值。
◆ deg_freedom1（必选）：分子的自由度。
◆ deg_freedom2（必选）：分母的自由度。

应用范例 计算 F 概率分布

例如，下图中列出了数据值，现在需要根据以下指定数值，计算 D 列 x 变量的 F 概率分布值，可在 E2 单元格内输入公式：

=F.DIST.RT(D2,$B$1,$B$2)

按"Enter"键确认并将公式向下填充即可。

	A	B	C	D	E	F
1	自由度1	2		x	F概率分布	
2	自由度2	9		1	0.40534443	
3				0.5	0.622431112	
4				1.5	0.27401585	
5				2	0.191137635	
6				2.5	0.13693521	
7				3.5	0.075084686	
8				4.76	0.038878265	
9						

E2 =F.DIST.RT(D2,$B$1,$B$2)

注意事项：
- 参数可为单元格引用或直接输入，且必须为数值类型，即数字、文本格式的数字或逻辑值，如果任意参数为非数值型，则函数返回错误值"#VALUE!"。
- 如果参数 x 为负数，则函数返回错误值"#NUM!"。
- 如果参数 deg_freedom1 或 deg_freedom2 不是整数，则将被截尾取整。
- 如果参数 deg_freedom1 小于 1，或参数 deg_freedom2 小于 1，则函数返回错误值"#NUM!"。

函数84	F.DIST	
	返回 F 概率分布	

函数功能： 返回 F 概率分布。使用此函数可以确定两个数据集是否存在变化程度上的不同。

函数格式： F.DIST(x, deg_freedom1, deg_freedom2, cumulative)

参数说明：
- x（必选）：用来进行计算的值。
- deg_freedom1（必选）：分子的自由度。
- deg_freedom2（必选）：分母的自由度。
- cumulative（必选）：决定函数形式的逻辑值。如果为 TRUE，则返回累积分布函数；如果为 FALSE，则返回概率密度函数。

应用范例 计算 F 概率分布密度函数值

例如，下图中列出了数据值，现在需要根据以下指定数值，计算 D 列 x 变量的 F 概率分布密度函数值，可在 E2 单元格内输入公式：
=F.DIST(D2,$B$1,$B$2,FALSE)

按"Enter"键确认并将公式向下填充即可。

	A	B	C	D	E	F
1	自由度1	2		x	F概率分布	
2	自由度2	9		1	0.331645442	
3				0.5	0.560188001	
4				1.5	0.205511888	
5				2	0.132326055	
6				2.5	0.088029778	
7				3.5	0.042235136	
8				4.76	0.018893325	
9						

注意事项：
- 参数可为单元格引用或直接输入，且必须为数值类型，即数字、文本格式的数字或逻辑值，如果任意参数为非数值型，则函数返回错误值"#VALUE!"。
- 如果参数 x 为负数，则函数返回错误值"#NUM!"。

- 如果参数 deg_freedom1 或 deg_freedom2 不是整数，则将被截尾取整。
- 如果参数 deg_freedom1 小于 1，或参数 deg_freedom2 小于 1，则函数返回错误值"#NUM!"。

函数 85　F.INV.RT
返回 F 概率分布的反函数

函数功能： 返回（右尾）F 概率分布的反函数。

函数格式： F.INV.RT(probability, deg_freedom1, deg_freedom2)

参数说明：

- probability（必选）：与 F 累积分布相关的概率。
- deg_freedom1（必选）：分子的自由度。
- deg_freedom2（必选）：分母的自由度。

应用范例　计算 F 概率分布的反函数

例如，下图中列出了数据值，现在需要根据以下指定数值，计算 F 概率分布的反函数，可在 C4 单元格内输入公式：

=F.INV.RT($B$1,A4,B4)

按"Enter"键确认并将公式向下填充即可。

	A	B	C
1	概率值	0.018893325	
2			
3	自由度1	自由度2	F概率分布的反函数
4	1	2	51.43351392
5	13	2	52.35027059
6	2	8	6.789042195
7	4	3	18.41922445
8	6	5	7.96797513
9	4	7	6.170577397

注意事项：

- 参数可为单元格引用或直接输入，且必须为数值类型，即数字、文本格式的数字或逻辑值，如果任意参数为非数值型，则函数返回错误值"#VALUE!"。
- 如果参数 probability 小于 0 或大于 1，则函数返回错误值"#NUM!"。
- 如果参数 deg_freedom1 或 deg_freedom2 不是整数，则将被截尾取整。
- 如果参数 deg_freedom1 小于 1，或参数 deg_freedom2 小于 1，则函数返回错误值"#NUM!"。
- 如果参数 deg_freedom2 小于 1 或者大于或等于 10^{10}，则函数返回错误值"#NUM!"。

函数 86	F.INV
	返回 F 概率分布的反函数

函数功能：返回 F 概率分布的反函数。

函数格式：F.INV(probability, deg_freedom1, deg_freedom2)

参数说明：

- probability（必选）：与 F 累积分布相关的概率。
- deg_freedom1（必选）：分子的自由度。
- deg_freedom2（必选）：分母的自由度。

应用范例 计算 F 概率分布的反函数

例如，下图中列出了数据概率值、自由度 1 和自由度 2，现在需要根据这些指定数值，计算 F 概率分布的反函数，可在 C4 单元格内输入公式：

=F.INV($B$1,A4,B4)

按"Enter"键确认并将公式向下填充即可。

	A	B	C
1	概率值	0.018893	
2			
3	自由度1	自由度2	F概率分布的反函数
4	1	2	0.00071417
5	13	2	0.182813026
6	2	8	0.019119634
7	4	3	0.085349099
8	6	5	0.148275154
9	4	7	0.094327008

注意事项：

- 参数可为单元格引用或直接输入，且必须为数值类型，即数字、文本格式的数字或逻辑值，如果任意参数为非数值型，则函数返回错误值"#VALUE!"。
- 如果参数 probability 小于 0 或大于 1，则函数返回错误值"#NUM!"。
- 如果参数 deg_freedom1 或 deg_freedom2 不是整数，则将被截尾取整。
- 如果参数 deg_freedom1 小于 1，或参数 deg_freedom2 小于 1，则函数返回错误值"#NUM!"。

函数 87	T.DIST.2T
	返回学生的 t 分布的百分点（概率）

函数功能：返回学生的 t 分布的百分点。学生的 t 分布用于小样本数据集的假设检验。使用此函数可以代替 t 分布的临界值表。

函数格式：T.DIST.2T(x, deg_freedom)

参数说明：
- x（必选）：需要计算分布的数值。
- deg_freedom（必选）：一个表示自由度的整数。

应用范例　计算 t 分布的概率

例如，下图中列出了数据值，现在需要根据以下指定数值，计算 t 分布的概率，在 C2 单元格内输入公式：

=T.DIST.2T(B2,A2)

按"Enter"键确认并将公式向下填充即可。

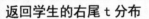

注意事项：
- 参数可为单元格引用或直接输入，且必须为数值类型，即数字、文本格式的数字或逻辑值，如果任意参数为非数值型，则函数返回错误值"#VALUE!"。
- 如果参数 deg_freedom 小于 1，则函数返回错误值"#NUM!"。
- 如果参数 x 小于 0，则函数返回错误值"#NUM!"。

函数 88　T.DIST.RT
返回学生的右尾 t 分布

函数功能： 返回学生的右尾 t 分布。
函数格式： T.DIST.RT(x, deg_freedom)
参数说明：
- x（必选）：需要计算分布的数值。
- deg_freedom（必选）：一个表示自由度的整数。

应用范例　计算 t 分布的右尾概率

例如，下图中列出了数据值，现在需要根据以下指定数值，计算 t 分布的右尾概率，在 C2 单元格内输入公式：

=T.DIST.RT(B2,A2)

按"Enter"键确认并将公式向下填充即可。

	A	B	C	D	E
1	自由度	x值	分布概率		
2	2	1.2	0.17650168		
3	2	1.25	0.16886691		
4	1	2.5	0.12111894		
5	6	2.5	0.02326412		
6	5	2.5	0.02724505		
7					

注意事项：
- 参数可为单元格引用或直接输入，且必须为数值类型，即数字、文本格式的数字或逻辑值，如果任意参数为非数值型，则函数返回错误值"#VALUE!"。
- 如果参数 deg_freedom 小于 1，则函数返回错误值"#NUM!"。
- 如果参数 x 小于 0，则函数返回错误值"#NUM!"。

函数 89　T.DIST
返回 t 分布的百分点（概率）

函数功能： 返回学生的 t 分布的百分点。该 t 分布用于小样本数据集的假设检验。使用此函数可以代替 t 分布的临界值表。

函数格式： T.DIST(x, deg_freedom, cumulative)

参数说明：
- x（必选）：用于计算分布的数值。
- deg_freedom（必选）：一个表示自由度的整数。
- cumulative（必选）：决定函数形式的逻辑值。如果为 TRUE，则返回累积分布函数；如果为 FALSE，则返回概率密度函数。

应用范例　计算 t 的累积分布函数

例如，下图中列出了数据值，现在需要根据以下指定数值，计算 t 的累积分布函数，在 C2 单元格内输入公式：

=T.DIST(B2,A2,TRUE)

按"Enter"键确认并将公式向下填充即可。

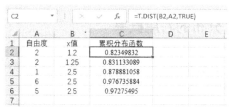

注意事项：
- 参数可为单元格引用或直接输入，且必须为数值类型，即数字、文本格式的

数字或逻辑值，如果任意参数为非数值型，则函数返回错误值"#VALUE!"。
- 如果参数 deg_freedom 小于 1，则函数返回错误值"#NUM!"。
- 如果参数 x 小于 0，则函数返回错误值"#NUM!"。

函数 90　F.TEST 返回 F 检验的结果

函数功能：返回 F 检验的结果，即当数组 1 和数组 2 的方差无明显差异时的双尾概率。可以使用此函数来判断两个样本的方差是否不同。

函数格式：F.TEST(array1, array2)

参数说明：
- array1（必选）：第一个数组或数据区域。
- array2（必选）：第二个数组或数据区域。

应用范例　计算学生成绩方差

例如，下图为两名学生在上半学期的考试成绩表，现在需要根据学生每次的考试情况，计算学生成绩方差，可在 F1 单元格内输入公式：

=F.TEST(B2:B9,C2:C9)

按"Enter"键确认，即可返回两名学生成绩差别程度。

编号	罗伞	蔡佳佳	学生成绩方差
1	99	96	0.39084623
2	98	86	
3	93	92	
4	88	91	
5	88	80	
6	91	79	
7	88	92	
8	98	97	

注意事项：
- 参数可以是数字或者包含数字的名称、数组或引用，如果数组或引用参数包含文本、逻辑值或空白单元格，则这些值将被忽略；但包含 0 值的单元格将计算在内。
- 如果数组 1 或数组 2 中数据点的个数少于 2，或者数组 1 或数组 2 的方差为 0，或者其中一个参数值为空，则函数返回错误值"#DIV/0!"。

函数 91　T.TEST 返回与学生的 t 检验相关的概率

函数功能：返回与学生的 t 检验相关的概率。可以使用此函数判断两个样本是否可能来自两个具有相同平均值的相同基础样本总体。

函数格式：T.TEST(array1, array2, tails, type)

参数说明：

- ◆ array1（必选）：第一个数据集。
- ◆ array2（必选）：第二个数据集。
- ◆ tails（必选）：指示分布曲线的尾数。如果 tails=1，函数使用单尾分布；如果 tails=2，函数使用双尾分布。
- ◆ type（必选）：要执行的 t 检验的类型。关于该参数的取值及对应的检验方法见表 8-2。

表 8-2　参数 type 取值及对应的检验方法

参数 type 取值	检 验 方 法
1	成对
2	等方差双样本检验
3	异方差双样本检验

应用范例　计算成对 t 检验概率

例如，下图为两名学生在上半学期的考试成绩表，现在需要根据学生每次的考试情况，返回其每次考试检验相关的概率，可在 F1 单元格内输入公式：

=T.TEST(B2:B9,C2:C9,2,1)

按“Enter”键确认即可。

F1　=T.TEST(B2:B9,C2:C9,2,1)

	A	B	C	D	E	F	G
1	编号	罗伞	蔡佳佳		学生成绩差别	0.134739	
2	1	99	96				
3	2	98	86				
4	3	93	92				
5	4	88	91				
6	5	88	80				
7	6	91	79				
8	7	88	92				
9	8	98	97				
10							

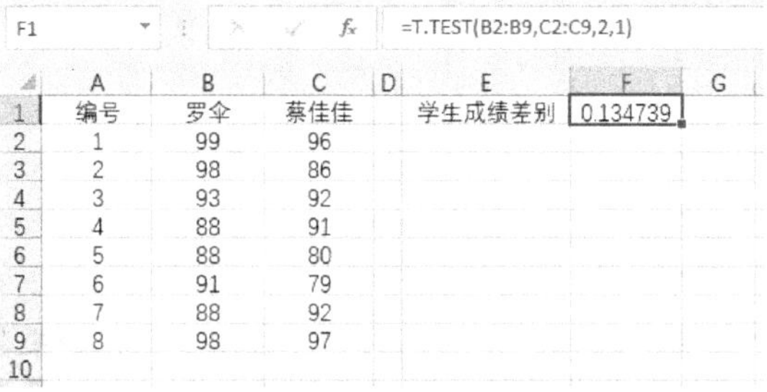

注意事项：

- ◆ 如果参数 array1 和 array2 的数据点个数不同，且 type=1（成对），则函数返回错误值“#N/A”。
- ◆ 如果参数 tails 或参数 type 为非数值型，则函数返回错误值“#VALUE!”。
- ◆ 如果参数 tails 不为 1 或 2，则函数返回错误值“#NUM!”。

函数 92 Z.TEST
返回 z 检验的单尾概率值

函数功能：返回 z 检验的单尾概率值。对于给定假设的总体平均值 x，返回样本平均值大于数据集（数组）中观察平均值的概率，即观察样本平均值。

函数格式：Z.TEST(array, x, [sigma])

参数说明：
- array（必选）：用来检验 x 的数组或数据区域。
- x（必选）：待检验的数值。
- sigma（可选）：样本总体（已知）的标准偏差，如果省略，则使用样本标准偏差。

应用范例 返回 z 检验结果

例如，下图为 2010 年某公司员工考核成绩随机抽取结果，单元格 A2:D6 包含 2010 年员工考核总成绩，单元格 C8 为 2010 年之前员工成绩的总体平均值，单元格 C9 为 2010 年之前员工成绩的总体标准偏差，现在需要检验 2010 年与之前员工考核成绩的平均记录。

在 C11 单元格内输入公式：
=Z.TEST(A2:D6,C8,C9)

按"Enter"键确认即可。

	A	B	C	D	E	F
1	2010年员工考核总成绩					
2	140	145	156	142		
3	145	180	188	159		
4	160	175	198	153		
5	158	166	167	188		
6	181	179	168	169		
7						
8	2010年前总体平均值		165			
9	2010年前总体标准偏差		15.58717421			
10						
11	总体平均值检验		0.403663979			
12						

注意事项：
- 参数 array 必须为数字，若为其他值将被忽略。
- 如果参数 array 为空，则函数返回错误值"#N/A"。
- 参数 sigma 和 x 必须为数值类型，即数字、文本格式的数字或逻辑值，如果为非数值型，则函数返回错误值"#VALUE!"。

第9章

工程函数

工程函数是指用于工程分析的函数。该类函数可进行进制间的换算和对复数进行处理。本章主要介绍工程函数的使用方法,通过本章的学习用户可以轻松简化程序。

本章导读

- 数据的换算
- 数据比较
- 数据计算
- 其他工程函数

9.1 数据的换算

函数 1	BIN2OCT
	将二进制数转换为八进制数

函数功能：将二进制数转换为八进制数。
函数格式：BIN2OCT(number, [places])
参数说明：

◆ number（必选）：希望转换的二进制数。number 的位数不能多于 10 位（二进制位），最高位为符号位，其余 9 位为数字位。负数用二进制数的补码表示。
◆ places（可选）：要使用的字符数。如果省略，函数将使用尽可能少的字符数。当需要在返回的值前置 0 时，places 尤其有用。

应用范例 将二进制数转换为八进制数

例如，下图录入了一部分数据，其中 A 列为二进制编码，现在需要将该列的二进制数转换为 4 个字符的八进制数，可通过 BIN2OCT 函数实现。

在 B2 单元格内输入公式：
=BIN2OCT(A2,4)

按"Enter"键确认并将结果向下填充，即可在 B 列单元格内显示转换后的结果。

	A	B
1	二进制编码	八进制编码
2	111100001	0741
3	101010110	0526
4	111111110	0776
5		

注意事项：

◆ 如果数字为非法二进制数或位数多于 10 位，函数将返回错误值"#NUM!"。
◆ 如果数字为负数，函数将忽略参数 places，返回以 10 个字符表示的八进制数。
◆ 如果函数需要比参数 places 指定的更多的位数，将返回错误值"#NUM!"。
◆ 如果参数 places 为非数值型，函数将返回错误值"#VALUE!"。
◆ 如果参数 places 为负值，函数将返回错误值"#NUM!"。

函数 2	BIN2DEC
	将二进制数转换为十进制数

函数功能：将二进制数转换为十进制数。

函数格式：BIN2DEC(number)

参数说明：number（必选）：希望转换的二进制数。number 的位数不能多于 10 位（二进制位），最高位为符号位，其余 9 位为数字位。负数用二进制数的补码表示。

应用范例 | 将二进制数转换为十进制数

例如，下图录入了一部分数据，其中 A 列为二进制编码，现在需要将该列的二进制数转换为十进制数，可通过 BIN2DEC 函数实现。

在 B2 单元格内输入公式：

=BIN2DEC(A2)

按"Enter"键确认并将结果向下填充，即可在 B 列单元格内显示转换后的结果。

注意事项：

◆ 参数必须为数值类型，即数字、文本格式的数字或逻辑值，如果是文本，则返回错误值"#VALUE!"。

◆ 如果数字为非法二进制数或位数多于 10 位（二进制位），则函数返回错误值"#NUM!"。

函数 3	BIN2HEX
	将二进制数转换为十六进制数

函数功能：将二进制数转换为十六进制数。

函数格式：BIN2HEX(number, [places])

参数说明：

◆ number（必选）：希望转换的二进制数。number 的位数不能多于 10 位（二进制位），最高位为符号位，其余 9 位为数字位。负数用二进制数的补码表示。

◆ places（可选）：要使用的字符数。如果省略，函数将使用尽可能少的字符数。当需要在返回的值前置 0 时，places 尤其有用。

应用范例 | 将二进制数转换为十六进制数

例如，下图录入了一部分数据，其中 A 列为二进制编码，现在需要将该列的二进制数转换为十六进制数，可通过 BIN2HEX 函数实现。

在 B2 单元格内输入公式：

=BIN2HEX(A2)

按"Enter"键确认并将结果向下填充，即可在 B 列单元格内显示转换后的结果。

	A	B	C	D
1	二进制编码	十六进制编码		
2	101100001	161		
3	101010111	157		
4	101111110	17E		
5	1100110110	FFFFFFFF36		
6	01110101	75		
7	100000110	106		

注意事项：

◆ 如果数字为非法二进制数或位数多于 10 位，则函数返回错误值"#NUM!"。
◆ 如果数字为负数，则函数忽略 places，返回以 10 个字符表示的十六进制数。
◆ 如果函数需要比 places 指定的更多的位数，将返回错误值"#NUM!"。
◆ 如果参数 places 为非数值型，则函数返回错误值"#VALUE!"。
◆ 如果参数 places 为负值，则函数返回错误值"#NUM!"。

函数 4	OCT2BIN 将八进制数转换为二进制数

函数功能： 将八进制数转换为二进制数。

函数格式： OCT2BIN(number, [places])

参数说明：

◆ number（必选）：待转换的八进制数。number 的位数不能多于 10 位（30 个二进制位），最高位（二进制位）是符号位，其余 29 位是数字位。负数用二进制数的补码表示。
◆ places（可选）：要使用的字符数。如果省略，则函数用能表示此数的最少字符来表示。当需要在返回的值前置 0 时，places 尤其有用。

应用范例 将八进制数转换为二进制数

例如，下图录入了一部分数据，其中 A 列为八进制编码，现在需要将该列的八进制数转换为二进制数，可通过 OCT2BIN 函数实现。

在 B2 单元格内输入公式：

=OCT2BIN(A2)

按"Enter"键确认并将结果向下填充，即可在 B 列单元格内显示转换后的结果。

注意事项：

◆ 如果参数 number 为负数，函数将忽略 places，返回 10 位二进制数。
◆ 如果参数 number 为负数，不能小于 7777777000；如果参数 number 为正数，不能大于 777。
◆ 如果参数 number 不是有效的八进制数，函数将返回错误值"#NUM!"。
◆ 如果函数需要比 places 指定的更多的位数，将返回错误值"#NUM!"。
◆ 如果参数 places 为非数值型，函数将返回错误值"#VALUE!"。
◆ 如果参数 places 为负数，函数将返回错误值"#NUM!"。

函数 5	OCT2DEC	
	将八进制数转换为十进制数	

函数功能：将八进制数转换为十进制数。

函数格式：OCT2DEC(number)

参数说明：number（必选）：待转换的八进制数。number 的位数不能多于 10 位（30 个二进制位），最高位（二进制位）是符号位，其余 29 位是数字位，负数用二进制数的补码表示。

应用范例 将八进制数转换为十进制数

例如，下图随机录入了一部分数据，其中 A 列为八进制编码，现在需要将该列的八进制数转换为十进制数，可通过 OCT2DEC 函数实现。

在 B2 单元格内输入公式：

=OCT2DEC(A2)

按"Enter"键确认并将结果向下填充，即可在 B 列单元格内显示转换后的结果。

注意事项：

◆ 参数必须为数值类型，即数字、文本格式的数字或逻辑值，如果是文本，则返回错误值"#VALUE!"。
◆ 如果参数不是有效的八进制数，则函数返回错误值"#NUM!"。

函数 6	OCT2HEX
	将八进制数转换为十六进制数

函数功能：将八进制数转换为十六进制数。

函数格式：OCT2HEX(number, [places])

参数说明：

◆ number（必选）：待转换的八进制数。number 的位数不能多于 10 位（30 个二进制位），最高位（二进制位）是符号位，其余 29 位是数字位，负数用二进制数的补码表示。
◆ places（可选）：要使用的字符数。如果省略，则函数用能表示此数的最少字符来表示。当需要在返回的值前置 0 时，places 尤其有用。

应用范例　将八进制数转换为十六进制数

例如，下图随机录入了一部分数据，其中 A 列为八进制编码，现在需要将该列的八进制数转换为十六进制数，可在 B2 单元格内输入公式：

=OCT2HEX(A2)

按"Enter"键确认并将结果向下填充，即可在 B 列单元格内显示转换后的结果。

	A	B	C	D
1	八进制编码	十六进制编码		
2	7777777533	FFFFFFFF5B		
3	55	2D		
4	101	41		
5	2	2		
6	776	1FE		
7				

注意事项：

◆ 如果参数 number 为负数，函数将忽略 places，返回 10 位十六进制数。
◆ 如果参数不是有效的八进制数，函数将返回错误值"#NUM!"。
◆ 如果函数需要比 places 指定的更多的位数，将返回错误值"#NUM!"。
◆ 如果参数 places 为非数值型，函数将返回错误值"#VALUE!"。
◆ 如果参数 places 为负数，函数将返回错误值"#NUM!"。

函数 7	DEC2BIN
	将十进制数转换为二进制数

函数功能：将十进制数转换为二进制数。

函数格式：DEC2BIN(number, [places])

参数说明：

◆ number（必选）：待转换的十进制整数。如果 number 是负数，则省略有效位值并返回10个字符的二进制数（10位二进制数），该数最高位为符号位，其余9位是数字位。负数用二进制数的补码表示。

◆ places（可选）：要使用的字符数。如果省略，则函数用能表示此数的最少字符来表示。当需要在返回的值前置0时，places 尤其有用。

应用范例 将十进制数转换为二进制数

例如，下图随机录入了一部分数据，其中 A 列为十进制编码，现在需要将该列的十进制数转换为二进制数，可在 B2 单元格内输入公式：

=DEC2BIN(A2)

按"Enter"键确认并将结果向下填充，即可在 B 列单元格内显示转换后的结果。

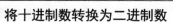

注意事项：

◆ 如果参数 number 小于-512 或大于 511，函数将返回错误值"#NUM!"。
◆ 如果参数 number 为非数值型，函数将返回错误值"#VALUE!"。
◆ 如果函数需要比 places 指定的更多的位数，将返回错误值"#NUM!"。
◆ 如果参数 places 为非数值型，函数将返回错误值"#VALUE!"。
◆ 如果参数 places 为 0 或负值，函数将返回错误值"#NUM!"。

函数 8	DEC2OCT
	将十进制数转换为八进制数

函数功能：将十进制数转换为八进制数。

函数格式：DEC2OCT(number, [places])

参数说明：

第 9 章 工程函数

- number（必选）：待转换的十进制整数。如果 number 是负数，则省略 places，并且函数返回 10 个字符的八进制数（30 位二进制数），其最高位为符号位，其余 29 位是数字位。负数用二进制数的补码表示。
- places（可选）：要使用的字符数。如果省略，则函数用能表示此数的最少字符来表示。当需要在返回的值前置 0 时，places 尤其有用。

应用范例 将十进制数转换为八进制数

例如，下图随机录入了一部分数据，其中 A 列为十进制编码，现在需要将 A 列的十进制数转换为八进制数，可在 B2 单元格内输入公式：
=DEC2OCT(A2)

按"Enter"键确认并将结果向下填充，即可在 B 列单元格内显示转换后的结果。

	A	B
1	十进制数	八进制数
2	-536,870,912	4000000000
3	50	62
4	4	4
5	536,870,911	3777777777
6	510	776

注意事项：

- 如果参数 number 小于-536870912 或大于 536870911，函数将返回错误值"#NUM!"。
- 如果参数 number 为非数值型，函数将返回错误值"#VALUE!"。
- 如果函数需要比 places 指定的更多的位数，将返回错误值"#NUM!"。
- 如果参数 places 为非数值型，函数将返回错误值"#VALUE!"。
- 如果参数 places 为负值，函数将返回错误值"#NUM!"。

函数 9   DEC2HEX   将十进制数转换为十六进制数

函数功能： 将十进制数转换为十六进制数。
函数格式： DEC2HEX(number, [places])
参数说明：

- number（必选）：待转换的十进制整数。如果 number 是负数，则省略 places，并且函数返回 10 个字符的十六进制数（40 位二进制数），其最高位为符号位，其余 39 位是数字位。负数用二进制数的补码表示。
- places（可选）：要使用的字符数。如果省略，则函数用能表示此数的最少字符来表示。当需要在返回的值前置 0 时，places 尤其有用。

应用范例 将十进制数转换为十六进制数

例如，下图随机录入了一部分数据，其中 A 列为十进制编码，现在需要将 A 列的十进制数转换为十六进制数，可在 B2 单元格内输入公式：
=DEC2HEX(A2)

按"Enter"键确认并将结果向下填充，即可在 B 列单元格内显示转换后的结果。

	A	B	C
1	十进制数	十六进制数	
2	-549,755,813,888	8000000000	
3	50	32	
4	4	4	
5	536,870	83126	
6	510	1FE	
7	120	78	
8			

注意事项：
- 如果参数 number 小于-549755813888 或大于 549755813887，则函数返回错误值"#NUM!"。
- 如果参数 number 为非数值型，函数将返回错误值"#VALUE!"。
- 如果函数需要比 places 指定的更多的位数，将返回错误值"#NUM!"。
- 如果参数 places 为非数值型，函数将返回错误值"#VALUE!"。
- 如果参数 places 为负值，函数将返回错误值"#NUM!"。

函数 10	HEX2BIN 将十六进制数转换为二进制数	

函数功能：将十六进制数转换为二进制数。

函数格式：HEX2BIN(number, [places])

参数说明：
- number（必选）：待转换的十六进制数。number 的位数不能多于 10 位，最高位为符号位（从右算起第 40 个二进制位），其余 39 位是数字位。负数用二进制数的补码表示。
- places（可选）：要使用的字符数。如果省略，则函数用能表示此数的最少字符来表示。当需要在返回的值前置 0 时，places 尤其有用。

应用范例 将十六进制数转换为二进制数

例如，下图随机录入了一部分数据，其中 A 列为十六进制编码，现在需要将 A 列的十六进制数转换为二进制数，可在 B2 单元格内输入公式：
=HEX2BIN(A2)

按"Enter"键确认并将结果向下填充,即可在 B 列单元格内显示转换后的结果。

注意事项:
- 如果参数 number 为负数,则函数将忽略 places,返回 10 位二进制数。
- 如果参数 number 为负数,不能小于 FFFFFFFE00;如果参数 number 为正数,不能大于 1FF。
- 如果参数 number 不是合法的十六进制数,则函数返回错误值"#NUM!"。
- 如果函数需要比 places 指定的更多的位数,将返回错误值"#NUM!"。
- 如果参数 places 为非数值型,则函数返回错误值"#VALUE!"。
- 如果参数 places 为负值,则函数返回错误值"#NUM!"。

函数 11	HEX2OCT 将十六进制数转换为八进制数	

函数功能: 将十六进制数转换为八进制数。

函数格式: HEX2OCT(number, [places])

参数说明:
- number(必选):待转换的十六进制数。number 的位数不能多于 10 位(40 个二进制位),最高位(二进制位)为符号位,其余 39 位(二进制位)是数字位。负数用二进制数的补码表示。
- places(可选):要使用的字符数。如果省略,则函数用能表示此数的最少字符来表示。当需要在返回的值前置 0 时,places 尤其有用。

应用范例 将十六进制数转换为八进制数

例如,下图随机录入了一部分数据,其中 A 列为十六进制编码,现在需要将 A 列的十六进制数转换为八进制数,可在 B2 单元格内输入公式:

=HEX2OCT(A2)

按"Enter"键确认并将结果向下填充,即可在 B 列单元格内显示转换后的结果。

注意事项：
- 如果参数 number 为负数，则函数将忽略 places，返回 10 位八进制数。
- 如果参数 number 为负数，不能小于 FFE0000000；如果参数 number 为正数，不能大于 1FFFFFFF。
- 如果参数 number 不是合法的十六进制数，则函数返回错误值"#NUM!"。
- 如果函数需要比 places 指定的更多的位数，将返回错误值"#NUM!"。
- 如果 places 为非数值型，则函数返回错误值"#VALUE!"。
- 如果 places 为负值，则函数返回错误值"#NUM!"。

函数 12	HEX2DEC	
	将十六进制数转换为十进制数	

函数功能： 将十六进制数转换为十进制数。

函数格式： HEX2DEC(number)

参数说明： number（必选）：待转换的十六进制数。number 的位数不能多于 10 位（40 个二进制位），最高位为符号位，其余 39 位是数字位。负数用二进制数的补码表示。

应用范例 将十六进制数转换为十进制数

例如，下图随机录入了一部分数据，其中 A 列为十六进制编码，现在需要将 A 列的十六进制数转换为十进制数，可在 B2 单元格内输入公式：

=HEX2DEC(A2)

按"Enter"键确认并将结果向下填充，即可在 B 列单元格内显示转换后的结果。

注意事项：

如果参数 number 不是合法的十六进制数，则函数返回错误值"#NUM!"。

9.2 数据比较

函数 13	DELTA	
	检验两个值是否相等	

函数功能： 测试两个数值是否相等。如果 number1=number2，则返回 1，否则返回 0。

函数格式：DELTA(number1, [number2])
参数说明：
- number1（必选）：第一个数字。
- number2（可选）：第二个数字。如果省略，假设其值为 0。

应用范例 计算员工实际销量是否达标

例如，下图为某公司销售部门的销量情况，A 列为员工编号，B 列为员工预测销量，C 列为员工实际销量，现在需要统计员工的实际销量是否达到预测销量，可使用 DELTA 函数，在 E2 单元格内输入公式：
=IF(DELTA(B2,C2),"达到","未达到")

按"Enter"键确认并将结果向下填充，即可在 E 列单元格内显示员工销量达标情况。

员工编号	预测销量	实际销量	是否达到销量
AH001	120	70	未达到
AH002	99	74	未达到
AH003	88	88	达到
AH004	116	107	未达到
AH005	89	89	达到
AH006	92	92	达到

注意事项：

如果参数 number1 或 number2 为非数值型，则函数返回错误值"#VALUE!"。

函数 14　GESTEP　检验数字是否大于阈值

函数功能：使用该函数可筛选数据，如果 number≥step，则返回 1，否则返回 0。
函数格式：GESTEP(number, [step])
参数说明：
- number（必选）：要针对 step 进行测试的值。
- step（可选）：阈值。如果省略，则函数假设其为 0。

应用范例 筛选销售额大于 200000 元的员工

例如，下图为某公司销售部门的销量情况，A 列为员工编号，B、C、D 列为与之对应的实际销售量、销售单价和销售总额，现在需要统计员工的实际销售额是否大于 20 万元，可将 GESTEP 函数和 IF 函数配合使用。

在 E2 单元格内输入公式：
=IF(GESTEP(D2,200000)=1,"达到","未达到")

按"Enter"键确认并将结果向下填充，即可在 E 列单元格内显示员工销量达标情况。

注意事项：

如果在函数中直接输入参数的值，那么参数必须为数值类型，即数字、文本格式的数字或逻辑值，如果是文本，则返回错误值"#VALUE!"。

9.3　数据计算

函数 15	COMPLEX 将实系数和虚系数转换为复数	

函数功能： 将实系数及虚系数转换为 $x+yi$ 或 $x+yj$ 形式的复数。
函数格式： COMPLEX(real_num, i_num, [suffix])
参数说明：
◆ real_num（必选）：复数的实部。
◆ i_num（必选）：复数的虚部。
◆ suffix（可选）：复数中虚部的后缀，如果省略，则认为它为 i。

应用范例　将任意实系数及虚系数转换为复数形式

例如，在工程计算中，如果需要将任意实系数及虚系数转换为复数形式，可使用 COMPLEX 函数来实现，在 C2 单元格内输入公式：
=COMPLEX(A2,B2,"j")

按"Enter"键确认并将结果向下填充，即可在 C 列单元格内显示将实系数及虚系数转换为复数形式。

注意事项：

◆ 所有复数函数均接受 i 和 j 作为后缀，但不接受 I 和 J，使用大写将导致错误值"#VALUE!"。使用两个或多个复数的函数要求所有复数的后缀一致。
◆ 如果参数 real_num 或 i_num 为非数值型，则函数返回错误值"#VALUE!"。
◆ 如果后缀不是 i 或 j，则函数返回错误值"#VALUE!"。

函数 16	IMREAL
	返回复数的实系数

函数功能： 返回以 $x+yi$ 或 $x+yj$ 文本格式表示的复数的实系数。
函数格式： IMREAL(inumber)
参数说明： inumber（必选）：需要计算其实系数的复数。

应用范例 | 返回复数的实系数

例如，在工程函数中，若需要返回复数的实系数，可在 B2 单元格内输入公式：
=IMREAL(A2)

按"Enter"键确认并将结果向下填充，即可在 B 列单元格内显示复数的实系数。

函数 17	IMAGINARY
	返回复数的虚系数

函数功能： 返回以 $x+yi$ 或 $x+yj$ 文本格式表示的复数的虚系数。
函数格式： IMAGINARY(inumber)
参数说明： inumber（必选）：需要计算其虚系数的复数。

应用范例 | 返回复数的虚系数

例如，下图中 A 列为工程函数中的复数形式，现在需要返回复数的虚系数，可在 B2 单元格内输入公式：
=IMAGINARY(A2)

按"Enter"键确认并将结果向下填充，即可在 B 列单元格内显示复数的虚系数。

函数 18	IMARGUMENT
	返回参数 Theta(θ)，即以弧度表示的角

函数功能：返回以弧度表示的角。
函数格式：IMARGUMENT(inumber)
参数说明：inumber（必选）：需要计算其弧度角的复数。

应用范例 计算复数弧度角

例如，下图中 C 列为工程函数中的复数形式，现在需要根据复数形式返回该复数的弧度角，可在 D2 单元格内输入公式：

=IMARGUMENT(C2)

按"Enter"键确认并将结果向下填充，即可在 D 列单元格内显示复数弧度角。

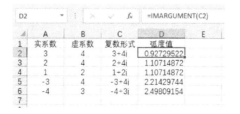

函数 19	IMCONJUGATE
	返回复数的共轭复数

函数功能：返回以 x+yi 或 x+yj 文本格式表示的复数的共轭复数。
函数格式：IMCONJUGATE(inumber)
参数说明：inumber（必选）：需要计算其共轭数的复数。

应用范例 返回复数的共轭复数

例如，下图中 A 列为工程函数中的复数形式，现在需要返回复数的共轭复数，可在 B2 单元格内输入公式：

=IMCONJUGATE(A2)

按“Enter”键确认并将结果向下填充，即可在 B 列单元格内显示复数的共轭复数。

B2 =IMCONJUGATE(A2)

	A	B	C	D	E
1	复数形式	共轭复数			
2	3+4i	3-4i			
3	2+4i	2-4i			
4	1+2i	1-2i			
5	-3+4i	-3-4i			
6	-4+3i	-4-3i			
7					

函数 20 IMABS

返回复数的绝对值（模数）

函数功能： 返回以 *x*+*y*i 或 *x*+*y*j 文本格式表示的复数的绝对值（模数）。

函数格式： IMABS(inumber)

参数说明： inumber（必选）：需要计算其绝对值的复数。

应用范例 计算复数的绝对值

例如，下图中 A 列为工程函数中的复数形式，现在需要返回复数的绝对值，可在 B2 单元格内输入公式：

=IMABS(A2)

按“Enter”键确认并将结果向下填充，即可在 B 列单元格内显示复数的绝对值。

B2 =IMABS(A2)

	A	B	C	D	E
1	复数形式	绝对值			
2	3+4i	5			
3	2+4i	4.47213595			
4	1+2i	2.23606798			
5	-3+4i	5			
6	0	0			
7					

函数 21 IMCOS

返回复数的余弦

函数功能： 返回以 *x*+*y*i 或 *x*+*y*j 文本格式表示的复数的余弦。

函数格式： IMCOS(inumber)

参数说明： inumber（必选）：需要计算其余弦的复数。

应用范例 计算复数的余弦值

例如，下图中 A 列为工程函数中的复数形式，现在需要返回复数的余弦值，可在 B2 单元格内输入公式：

=IMCOS(A2)

按"Enter"键确认并将结果向下填充,即可在 B 列单元格内显示复数的余弦值。

注意事项:

如果参数 inumber 为逻辑值,则函数返回错误值"#VALUE!"。

函数 22	IMDIV
	返回两个复数的商

函数功能:返回以 $x+yi$ 或 $x+yj$ 文本格式表示的两个复数的商。

函数格式:IMDIV(inumber1, inumber2)

参数说明:
- inumber1(必选):复数分子(被除数)。
- inumber2(必选):复数分母(除数)。

应用范例 计算复数的商

例如,在工程函数中,若需要计算两个复数的商,可使用 IMDIV 函数,在 C5 单元格内输入公式:

=IMDIV(C2,C3)

按"Enter"键确认即可。

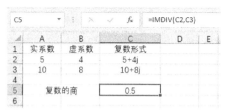

函数 23	IMEXP
	返回复数的指数

函数功能:返回以 $x+yi$ 或 $x+yj$ 文本格式表示的复数的指数。

函数格式:IMEXP(inumber)

参数说明:inumber(必选):需要计算其指数的复数。

应用范例 计算复数的指数

例如，下图中 A 列为工程函数中的复数形式，现在需要返回复数的指数，可在 B2 单元格内输入公式：

=IMEXP(A2)

按"Enter"键确认并将结果向下填充，即可在 B 列单元格内显示复数的指数。

函数 24	IMLN	
	返回复数的自然对数	

函数功能：返回以 $x+yi$ 或 $x+yj$ 文本格式表示的复数的自然对数。
函数格式：IMLN(inumber)
参数说明：inumber（必选）：需要计算其自然对数的复数。

应用范例 计算复数的自然对数

例如，下图中 A 列为工程函数中的复数形式，现在需要返回复数的自然对数，可在 B2 单元格内输入公式：

=IMLN(A2)

按"Enter"键确认并将结果向下填充，即可在 B 列单元格内显示复数的自然对数。

函数 25	IMLOG10	
	返回复数的以 10 为底的对数	

函数功能：返回以 $x+yi$ 或 $x+yj$ 文本格式表示的复数的常用对数（以 10 为底数）。
函数格式：IMLOG10(inumber)
参数说明：inumber（必选）：需要计算其常用对数的复数。

应用范例 计算复数的以 10 为底的对数

例如，下图中 A 列为工程函数中的复数形式，现在需要返回复数的以 10 为底的对数，可在 B2 单元格内输入公式：

=IMLOG10(A2)

按"Enter"键确认并将结果向下填充即可。

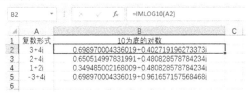

函数 26	IMLOG2
	返回复数的以 2 为底的对数

函数功能：返回以 $x+yi$ 或 $x+yj$ 文本格式表示的复数的以 2 为底数的对数。

函数格式：IMLOG2(inumber)

参数说明：inumber（必选）：需要计算以 2 为底数的对数值的复数。

应用范例 计算复数的以 2 为底的对数

例如，下图中 A 列为工程函数中的复数形式，现在需要返回复数的以 2 为底的对数，可在 B2 单元格内输入公式：

=IMLOG2(A2)

按"Enter"键确认并将结果向下填充即可。

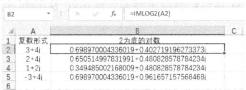

函数 27	IMPOWER
	返回复数的整数幂

函数功能：返回以 $x+yi$ 或 $x+yj$ 文本格式表示的复数的 n 次幂。

函数格式：IMPOWER(inumber, number)

参数说明：
- inumber（必选）：需要计算其幂值的复数。
- number（必选）：需要对复数应用的幂次。

应用范例 计算复数的整数幂

例如，下图中 A 列为工程函数中的复数形式，现在需要返回复数的整数幂，可在 B2 单元格内输入公式：

=IMPOWER(A2,2)

按"Enter"键确认并将结果向下填充即可。

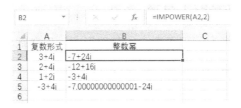

注意事项：

参数 number 可以为整数、分数或负数，但若为非数值型，函数将返回错误值"#VALUE!"。

函数 28	IMPRODUCT 返回多个复数的乘积	

函数功能： 返回以 $x+yi$ 或 $x+yj$ 文本格式表示的 1～255 个复数的乘积。
函数格式： IMPRODUCT(inumber1, [inumber2], ...)
参数说明：
- inumber1（必选）：需要计算乘积的第 1 个复数。
- inumber2, ...（可选）：需要计算乘积的第 2～255 个复数。

应用范例 计算复数的乘积

例如，在工程函数中，若需要计算两个复数的乘积，可使用 IMPRODUCT 函数，在 C5 单元格内输入公式：

=IMPRODUCT(C2,C3)

按"Enter"键确认即可。

| 函数 29 | IMSQRT 返回复数的平方根 | |

函数功能：返回以 x+yi 或 x+yj 文本格式表示的复数的平方根。
函数格式：IMSQRT(inumber)
参数说明：inumber（必选）：需要计算其平方根的复数。

应用范例 计算复数的平方根

例如，下图中 A 列为工程函数中的复数形式，现在需要返回复数的平方根，可在 B2 单元格内输入公式：
=IMSQRT(A2)

按"Enter"键确认并将结果向下填充即可。

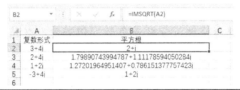

| 函数 30 | IMSUB 返回两个复数的差 | |

函数功能：返回以 x+yi 或 x+yj 文本格式表示的两个复数的差。
函数格式：IMSUB(inumber1, inumber2)
参数说明：
- inumber1（必选）：被减（复）数。
- inumber2（必选）：减（复）数。

应用范例 计算两个复数的差

例如，在工程函数中，若需要计算两个复数的差，可使用 IMSUB 函数，在 C5 单元格内输入公式：
=IMSUB(C2,C3)

按"Enter"键确认即可。

函数 31　IMSUM　返回多个复数的和

函数功能：返回以 $x+yi$ 或 $x+yj$ 文本格式表示的两个或多个复数的和。

函数格式：IMSUM(inumber1, [inumber2], ...)

参数说明：
- inumber1（必选）：第 1 个需要相加的复数。
- inumber2, ...（可选）：第 2～255 个需要相加的复数。

应用范例　计算多个复数的和

例如，在工程函数中，若需要计算多个复数的和，可使用 IMSUM 函数，在 C7 单元格内输入公式：

=IMSUM(C2,C3,C4,C5)

按"Enter"键确认即可。

9.4　其他工程函数

函数 32　CONVERT　将数字从一种度量系统转换为另一种度量系统

函数功能：将数字从一种度量系统转换到另一种度量系统中。

函数格式：CONVERT(number, from_unit, to_unit)

参数说明：
- number（必选）：以 from_unit 为单位的需要进行转换的数值。
- from_unit（必选）：数值 number 的单位。
- to_unit（必选）：结果的单位。表 9-1 列出了参数 from_unit 和 to_unit 的度量单位和代码。

表 9-1 from_unit 和 to_unit 的度量单位和代码

物 理 量	计 量 单 位	from_unit 和 to_unit
质量	克	g
	斯勒格	sg
	磅（常衡制）	lbm
	U（原子质量单位）	u
	盎司（常衡制）	ozm
距离	米	m
	法定英里	mi
	海里	Nmi
	英寸	in
	英尺	ft
时间	年	yr
	日	day
	小时	hr
	分钟	mn
	秒	sec
温度	摄氏度	C（或 cel）
	华氏度	F（或 fah）
	开氏温标	K（或 kel）

应用范例 将采购单位转换为实际单位

例如，某工厂计划采购一批员工工作服，需要将工作服的尺寸转换为实际的身高尺寸，可在 C3 单元格内输入公式：

=CONVERT(B3,"in","cm")

按"Enter"键确认并将结果向下填充即可。

	A	B	C	D	E	F
1	尺寸		身高		体重	
2		in	cm	lbm	kg	
3	34	55	140	100		
4	36	59	150	120		
5	38	63	160	140		
6						

又如，需要将体重单位转换为千克，可在 E3 单元格内输入公式：

=CONVERT(D3,"lbm","kg"))

按"Enter"键确认并将结果向下填充即可。

尺寸	身高		体重	
	in	cm	lbm	kg
34	55	140	100	45
36	59	150	120	54
38	63	160	140	64

E3 =CONVERT(D3,"lbm","kg")

注意事项：
- 如果输入数据的拼写有误，函数将返回错误值"#VALUE!"。
- 如果参数中的单位不存在、单位不支持缩写的单位前缀或单位在不同的组，函数将返回错误值"#N/A"。

函数 33　BESSELJ

返回 Bessel 函数 $J_n(x)$

函数功能： 返回 Bessel 函数值。

函数格式： BESSELJ(x, n)

参数说明：
- x（必选）：用来进行函数计算的数值。
- n（必选）：函数的阶数。如果 n 不是整数，则截尾取整。

应用范例　计算 Bessel 函数值

例如，需要计算数据的 3 阶修正 Bessel 函数的值 $J_n(x)$，可在 C2 单元格内输入公式：

=BESSELJ(A2,B2)

按"Enter"键确认即可。

	A	B	C	D
1	数据	阶数	修正Bessel函数值	
2	7.7	3	-0.27869709	

C2 =BESSELJ(A2,B2)

注意事项：
- 如果参数 x 为非数值型，则函数返回错误值"#VALUE!"。
- 如果参数 n 为非数值型，则函数返回错误值"#VALUE!"。
- 如果参数 n 小于 0，则函数返回错误值"#NUM!"。

| 函数 34 | BESSELY
返回 Bessel 函数 Yn(x) | |

函数功能：返回 Bessel 函数值。

函数格式：BESSELY(x, n)

参数说明：

- x（必选）：用来进行函数计算的值。
- n（必选）：函数的阶数。如果 n 不是整数，则截尾取整。

应用范例 计算 Bessel 函数值 Yn(x)

例如，需要计算数据的 3 阶修正 Bessel 函数的值 Yn(x)，可在 C2 单元格内输入公式：

=BESSELY(A2,B2)

按"Enter"键确认即可。

注意事项：

- 如果参数 x 为非数值型，则函数返回错误值"#VALUE!"。
- 如果参数 n 为非数值型，则函数返回错误值"#VALUE!"。
- 如果参数 n 小于 0，则函数返回错误值"#NUM!"。

| 函数 35 | BESSELI
返回修正的 Bessel 函数 In(x) | |

函数功能：返回修正的 Bessel 函数值，它与用纯虚数参数运算的 Bessel 函数值相等。

函数格式：BESSELI(x, n)

参数说明：

- x（必选）：用来进行函数计算的数值。
- n（必选）：Bessel 函数的阶数。如果 n 不是整数，则截尾取整。

应用范例 计算 Bessel 函数值 In(x)

例如，需要计算数据的 3 阶修正 Bessel 函数的值 In(x)，可在 C2 单元格内输入公式：

=BESSELI(A2,B2)

按"Enter"键确认即可。

注意事项：
- 如果参数 x 为非数值型，则函数返回错误值"#VALUE!"。
- 如果参数 n 为非数值型，则函数返回错误值"#VALUE!"。
- 如果参数 n 小于 0，则函数返回错误值"#NUM!"。

函数 36	ERF
	返回误差函数

函数功能： 返回误差函数在上下限之间的积分。

函数格式： ERF(lower_limit, [upper_limit])

参数说明：
- lower_limit（必选）：ERF 函数的积分下限。
- upper_limit（可选）：ERF 函数的积分上限。若省略，函数将在 0～lower_limit 之间进行积分。

应用范例 计算误差值

例如，某部门需要设计制作一个新的模型，下图统计出该模型的上下限值，现在需要计算该模型误差，可在 C2 单元格内输入公式：

=ERF(A2,B2)

按"Enter"键确认并将结果向下填充即可。

注意事项：

如果上限值或下限值为非数值型，则函数返回错误值"#VALUE!"。

函数 37	ERFC
	返回余误差函数

函数功能： 返回从 x 到 ∞（无穷）积分的 ERF 函数的补余误差函数。

函数格式：ERFC(x)

参数说明：x（必选）：函数的积分下限。

应用范例 | 计算模型的补余误差值

例如，需要计算模型的补余误差值，可使用 ERFC 函数，在 C2 单元格内输入公式：

=ERFC(A2)

按"Enter"键确认并将结果向下填充即可。

注意事项：

如果参数 x 是非数值型，则函数返回错误值"#VALUE!"。

第10章 信息函数

信息函数主要用于返回相应信息、检查数据和转换数据,如果将此类函数与逻辑函数配合使用,可以获得强大的功能。本章主要介绍信息函数的使用方法,以便帮助用户轻松获取信息。

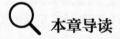
本章导读

- 返回信息
- 数据的变换
- 使用 IS 函数

10.1 返回信息

函数 1	CELL
	返回有关单元格格式、位置或内容的信息

函数功能：返回有关单元格的格式、位置或内容的信息。

函数格式：CELL(info_type, [reference])

参数说明：

- info_type（必选）：一个文本值，指定要返回的单元格信息的类型。表 10-1 显示了 info_type 参数的取值及相应的结果。
- reference（可选）：需要其相关信息的单元格。如果省略，则将 info_type 参数中指定的信息返回给最后更改的单元格。如果 reference 是某一单元格区域，则函数只将信息返回给该区域左上角的单元格。

表 10-1 info_type 参数的取值及相应的结果

info_type 取值	返 回 值	
address	引用中第一个单元格的引用，文本类型	
col	引用中单元格的列标	
color	如果单元格中的负值以不同颜色显示，则为 1；否则，返回 0	
contents	引用中左上角单元格的值——不是公式	
filename	包含引用的文件名（包括全部路径）、文本类型。如果包含目标引用的工作表尚未保存，则返回空文本（""）	
format	与单元格中不同的数字格式相对应的文本值。如果单元格中负值以不同颜色显示，则在返回的文本值的结尾处加 "-"；如果单元格中为正值或所有单元格均加括号，则在文本值的结尾处返回 "()"	
	内置数字格式	CELL 函数返回值
	常规	G
	0	F0
	#,##0	,0
	0.00	F2
	#,##0.00	,2
	$#,##0_);($#,##0)	C0
	$#,##0_);[Red]($#,##0)	C0-
	$#,##0.00_);($#,##0.00)	C2
	$#,##0.00_);[Red]($#,##0.00)	C2-
	0%	P0

第10章 信息函数

续表

info_type 取值		返 回 值
format	0.00%	P2
	0.00E+00	S2
	# ?/? 或 # ??/??	G
	yy-m-d 或 yy-m-d h:mm 或 dd-mm-yy	D4
	d-mmm-yy 或 dd-mmm-yy	D1
	mmm-yy	D2
	d-mmm 或 dd-mmm	D3
	dd-mm	D5
	h:mm AM/PM	D7
	h:mm:ss AM/PM	D6
	h:mm	D9
	h:mm:ss	D8
parentheses	如果单元格中为正值或所有单元格均加括号，则为 1；否则，返回 0	
prefix	与单元格中不同的"标志前缀"相对应的文本值。如果单元格文本左对齐，则返回单引号（'）；如果单元格文本右对齐，则返回双引号（"）；如果单元格文本居中，则返回插入字符（^）；如果单元格文本两端对齐，则返回反斜线（\）；如果是其他情况，则返回空文本（""）	
protect	如果单元格没有锁定，则为 0；如果单元格锁定，则返回 1	
row	引用中单元格的行号	
type	与单元格中的数据类型相对应的文本值。如果单元格为空，则返回"b"；如果单元格包含文本常量，则返回"l"；如果单元格包含其他内容，则返回"v"	
width	取整后的单元格的列宽。列宽以默认字号的一个字符的宽度为单位	

应用范例 查找当前工作簿保存路径

例如，需要查找当前工作簿保存路径，可使用 CELL 函数，在 B1 单元格内输入公式：

=CELL("filename")

按"Enter"键确认即可。

注意事项：

如果 CELL 函数中的 info_type 参数为"format"，并且以后向被引用的单元格应用了其他格式，则必须重新计算工作表以更新 CELL 函数的结果。

函数 2	INFO 返回有关当前操作环境的信息	

函数功能： 用于返回有关当前操作环境的信息。
函数格式： INFO(type_text)
参数说明： type_text（必选）：指定要返回的信息类型的文本。表 10-2 列出了该参数的取值与返回值。

表 10-2　type_text 参数取值与返回值

type_text 取值	返　回　值
directory	当前目录或文件夹的路径
numfile	打开的工作簿中活动工作表的数目
origin	以当前滚动位置为基准，返回窗口中可见的左上角单元格的绝对单元格引用，如带前缀"$A:"的文本。此值与 Lotus 1-2-3 3.x 版本兼容。返回的实际值取决于当前的引用样式设置。以 D9 为例，引用为 A1 引用样式时，返回值为 "$A:$D$9"；引用为 R1C1 引用样式时，返回值为 "$A:R9C4"
osversion	当前操作系统的版本号，文本值
recalc	当前的重新计算模式，返回"自动"或"手动"
release	Microsoft Excel 的版本号，文本值
system	以文本方式返回当前操作系统的名称，其中：Macintosh="mac"；Windows="pcdos"

应用范例　检查当前操作系统、Excel 版本

例如，需要检查当前操作系统和 Excel 版本，可在 C3 单元格内输入公式：
=INFO(B3)

按"Enter"键；再在 C4 单元格内输入公式：
=INFO(B4)

按"Enter"键确认，即可在单元格内显示出相应版本信息。

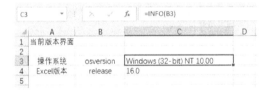

注意事项：

在旧版的 Microsoft Excel 中，"memavail""memused""totmem"的 type_text 值会返回内存信息。现在不再支持这些 type_text 值，而是返回错误值"#N/A"。

函数 3	TYPE
	返回表示数值的数据类型的数字

函数功能： 返回数值的类型。当某个函数的计算结果取决于特定单元格中数值的类型时，可使用该函数。

函数格式： TYPE(value)

参数说明： value（必选）：可以为任意 Microsoft Excel 数值，如数字、文本及逻辑值等。关于该参数的取值与返回值可参考表 10-3。

表 10-3 value 参数取值与返回值

value 取值	返 回 值
数字	1
文本	2
逻辑值	4
误差值	16
数组	64

应用范例 返回数值的类型

例如，下图中 A 列随机录入了几组数据，现在需要根据数据返回数值的类型，可在 B2 单元格内输入公式：

=TYPE(A2)

按"Enter"键确认并将结果向下填充，即可在 B 列单元格内显示出相应的数值类型序号。

函数 4

ERROR.TYPE
返回对应于错误类型的数字

函数功能：返回对应于 Microsoft Excel 中某一错误值的数字，如果没有错误则返回"#N/A"。

函数格式：ERROR.TYPE(error_val)

参数说明：error_val（必选）：需要查找其标号的一个错误值。尽管 error_val 可以为实际的错误值，但它通常为一个单元格引用，而此单元格中包含需要检测的公式。关于该参数的取值与函数返回值可参考表 10-4。

表 10-4　error_val 参数取值与返回值

error_val 取值	返 回 值
#NULL!	1
#DIV/0!	2
#VALUE!	3
#REF!	4
#NAME?	5
#NUM!	6
#N/A	7
#GETTING_DATA	8
其他值	#N/A

应用范例 判断公式的错误类型

例如，判断 A2 单元格是否包含 #NULL! 或 #DIV/0! 错误值，若包含错误值，则显示相应的提示信息；若不包含错误值，则返回 #N/A 错误值。此时可在需要显示判断结果的单元格中输入公式：

=IF(ERROR.TYPE(B2)<3,CHOOSE(ERROR.TYPE(B2),"区域没有交叉","除数为零"))

按"Enter"键确认即可。

10.2 数据的变换

函数 5	N 返回转换为数字的值	

函数功能： 返回转化为数值后的值。
函数格式： N(value)
参数说明： value（必选）：要转换的值。表 10-5 列出了参数取值与函数的返回值。

表 10-5 value 参数取值与函数返回值

value 取值	函数返回值
数字	该数字
日期（Microsoft Excel 的一种内部日期格式）	该日期的序列号
TRUE	1
FALSE	0
错误值，如 #DIV/0!	错误值
其他值	0

应用范例 返回指定员工薪资表

例如，下图为某公司在职员工收入情况调查表，其中 A 列为员工姓名，B 列到 D 列分别为员工相应部门、职位及收入情况，现在需要返回指定员工的薪资表，可将 OFFSET 函数和 N 函数配合使用。

在 G2:G5 单元格区域内输入公式：
=N(OFFSET($D$2,{2;4;6;8},0))

按 "Ctrl+Shift+Enter" 组合键确认，即可显示 F 列单元格内指定员工的薪资情况。该公式含义为，先使用 OFFSET 函数以单元格 D2 为圆点，依次向下偏移 2、4、6、8 行的数据，再使用 N 函数对数据进行转换。

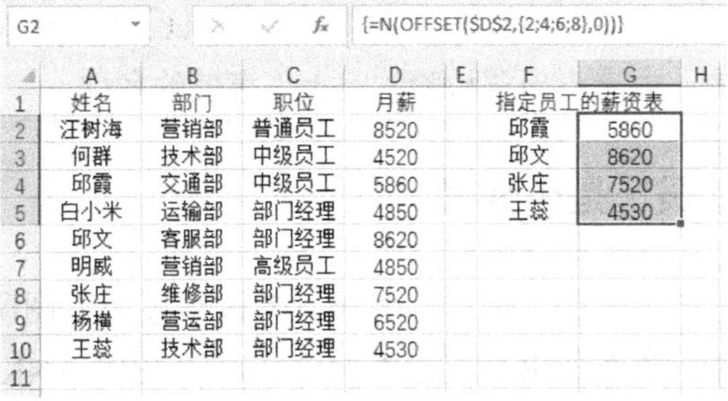

	A	B	C	D	E	F	G	H
1	姓名	部门	职位	月薪		指定员工的薪资表		
2	汪树海	营销部	普通员工	8520		邱霞	5860	
3	何群	技术部	中级员工	4520		邱文	8620	
4	邱霞	交通部	中级员工	5860		张庄	7520	
5	白小米	运输部	部门经理	4850		王蕊	4530	
6	邱文	客服部	部门经理	8620				
7	明威	营销部	高级员工	4850				
8	张庄	维修部	部门经理	7520				
9	杨横	营运部	部门经理	6520				
10	王蕊	技术部	部门经理	4530				

函数 6	NA	
	返回错误值 #N/A	

函数功能：返回错误值 #N/A。错误值 #N/A 表示"无法得到有效值"。
函数格式：NA( )
参数说明：该函数没有参数。

应用范例 统计缺货商品类别

例如，下图为某公司在月底商品的销售余量，A 列为商品类别，B 列、C 列为与之对应的商品价格和销售剩余的商品数量，现在需要统计缺货商品类别，可将 COUNTIF 函数和 #N/A 函数配合使用。在 E2 单元格内输入公式：

=COUNTIF(C2:C9,#N/A)

按"Enter"键确认即可。

	A	B	C	D	E	F
1	类别	价格	数量		缺货商品类别	
2	文件夹	180	233		2	
3	显示屏	900	450			
4	装饰画	490	#N/A			
5	书夹	19	#N/A			
6	打印机	3560	2			
7	台灯	488	452			
8	灯座	750	53			
9	书架	12300	9			

10.3 使用 IS 函数

函数 7	ISBLANK	
	判断指定值是否为空	

函数功能：判断指定值是否为空，如果为空，则返回 TRUE，否则返回 FALSE。
函数格式：ISBLANK(value)
参数说明：value（必选）：要检验的值。可以是空白（空单元格）、错误值、逻辑值、文本、数字、引用值，或者引用要检验的以上任意值的名称。

应用范例 统计员工是否缺考

例如，某公司在年底对员工进行了考核，考核结果如下图所示，现在需要计算出员工考核的总成绩，并统计出员工是否缺考，可将 ISBLANK 函数和多个函数配合使用。

在 D2 单元格内输入公式：
=IF(OR(ISBLANK(B2),ISBLANK(C2)),"缺考",SUM(B2:C2))

按下"Enter"键确认并将结果向下填充，即可在 D 列单元格内显示员工考试情况。

> **提示**
> 若单元格内包含空格或换行符，ISBLANK 函数将返回错误值 FALSE。

函数 8	ISLOGICAL
	判断测试对象是否为逻辑值

函数功能：判断测试对象是否为逻辑值，如果是，返回 TRUE，否则返回 FALSE。
函数格式：ISLOGICAL (value)
参数说明：value（必选）：要检验是否为逻辑值的值。

应用范例 判断检验对象是否为逻辑值

例如，下图中 A 列录入了几组数据及函数值，现在需要判断检验对象是否为逻辑值，可在 B2 单元格内输入公式：
=ISLOGICAL(A2)

按"Enter"键确认并将结果向下填充，即可在 B 列单元格内显示出相应的判断结果。

函数 9	ISNUMBER
	判断测试对象是否为数字

函数功能： 判断测试对象是否为数字，如果为数字，则返回 TRUE。
函数格式： ISNUMBER(value)
参数说明： value（必选）：要检验是否为数字的值。

应用范例 统计指定商品的销售总额

例如，下图为某商店按销售日期统计的商品销售记录表，为了清楚查看商品的销售情况，现在需要统计出指定商品，即"台灯、书夹、打印机"在该月内的销售总额。

在 F1 单元格内输入公式：
=SUM(ISNUMBER(FIND(B2:B9,E1))*C2:C9)

按"Ctrl+Shift+Enter"组合键即可。

日期	类别	金额		台灯+书夹+打印机	
2015/5/1	文件夹	180			15998
2015/5/2	显示屏	9090			
2015/5/12	装饰画	490			
2015/5/7	书夹	1950			
2015/5/5	打印机	13560			
2015/5/16	台灯	488			
2015/5/17	灯座	750			
2015/5/16	书架	12300			

函数 10	ISTEXT
	判断测试对象是否为文本

函数功能： 判断测试对象是否为文本，如果为文本，则返回 TRUE。
函数格式： ISTEXT(value)
参数说明： value（必选）：要检验是否为文本的值。

应用范例 判断测试对象是否为文本

例如，下图中 A 列录入了几组数据及函数，现在需要判断检验对象是否为文本，可在 B2 单元格内输入公式：
=ISTEXT(A2)

按"Enter"键确认并将结果向下填充，即可在 B 列单元格内显示出相应的判断结果。

函数 11	ISNONTEXT	
	判断测试对象是否为非文本	

函数功能：判断测试对象是否为非文本，如果为不是文本的任意项，则返回 TRUE。

函数格式：ISNONTEXT(value)

参数说明：value（必选）：要检验是否为非文本的值。

应用范例 判断员工是否在职

例如，某销售部管理人员分配销售区域，需要判断出正在公司内办工人员的人数，以便对在公司人员进行合理的任务分配，此时可将 IF 函数和 ISNONTEXT 函数配合使用。

在 C2 单元格内输入公式：
=IF(ISNONTEXT(B2),"在职","外勤中")

按"Enter"键确认并将结果向下填充，即可在 C 列单元格内显示出相应的判断结果。

函数 12	ISEVEN	
	判断测试对象是否为偶数	

函数功能：判断测试对象是否为偶数，如果为偶数，则返回 TRUE。

函数格式：ISEVEN (number)

参数说明：number（必选）：需要判断是否为偶数的数字。

应用范例　从身份证号码中获取性别

例如，下图中 B 列为员工姓名，C 列为与之对应的身份证号码，现在工作人员需要根据身份证号码获取员工性别，可以将 ISEVEN 函数和多个函数配合使用。

在 D2 单元格内输入公式：
=IF(ISEVEN(RIGHT(C2,1)),"女","男")

按"Enter"键确认并将结果向下填充即可。

	A	B	C	D
1	员工编号	员工姓名	身份证号码	性别
2	KH256	章书	******189009142381	男
3	KH257	张明	******770123564	女
4	KH258	吴宇彤	******199110143652	女
5	KH259	郑怡然	******750601235	男
6	KH260	王建国	******196507303266	女
7	KH261	罗伞	******791119086	女
8	KH262	蔡佳佳	******881121654	女

函数 13	ISODD
	判断测试对象是否为奇数

函数功能：判断测试对象是否为奇数，如果为奇数，则返回 TRUE。
函数格式：ISODD(number)
参数说明：number（必选）：待检验的数值。如果 number 不是整数，则截尾取整。

应用范例　统计部门男员工人数

例如，下图中 B 列为员工姓名，C 列为与之对应的身份证号码，现在工作人员需要根据身份证号码获取该部门男员工人数，可以将 ISODD 函数和多个函数配合使用。

在 F1 单元格内输入公式：
=SUM(ISODD(MID(C2:C8,15,3))*1)

按"Ctrl+Shift+Enter"组合键确认即可。

	A	B	C	D	E	F
1	员工编号	员工姓名	身份证号码		男员工人数	2
2	KH256	章书	******189009142381			
3	KH257	张明	******770123564			
4	KH258	吴宇彤	******199110143652			
5	KH259	郑怡然	******750601235			
6	KH260	王建国	******196507303266			
7	KH261	罗伞	******791119086			
8	KH262	蔡佳佳	******881121654			

注意事项：

参数必须为数值类型，即数字、文本格式的数字或逻辑值，如果是文本，则返回错误值 "#VALUE!"。

函数 14	ISNA
	判断测试对象是否为错误值 #N/A

函数功能： 判断测试对象是否为错误值 #N/A，如果为错误值 #N/A，则返回 TRUE。
函数格式： ISNA(value)
参数说明： value（必选）：需要判断是否为错误值 #N/A 的数字。

应用范例 判断数据是否为错误值 #N/A

例如，下图中 A 列录入了几组数据及函数，现在需要判断检验对象是否为错误值#N/A，可在 B2 单元格内输入公式：

=ISNA(A2)

按 "Enter" 键确认并将结果向下填充，即可在 B 列单元格内显示出相应的判断结果。

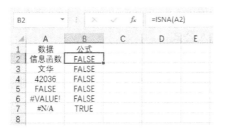

函数 15	ISREF
	判断测试对象是否为引用

函数功能： 判断测试对象是否为引用，如果为引用值，则返回 TRUE。
函数格式： ISREF(value)
参数说明： value（必选）：需要判断是否为引用的值。

应用范例 判断单元格是否为单元格引用

例如，下图中 A 列随机录入了几组数据，现在需要判断检验对象是否为单元格引用，可在 B2 单元格内输入公式：

=ISREF(A2)

按"Enter"键确认,然后在 B3 单元格内输入公式:
=ISREF(文华)

按"Enter"键确认,即可在 B 列单元格内显示出相应的判断结果。

函数 16	ISERR	
	判断测试对象是否为错误值 #N/A 以外的其他错误值	

函数功能:判断测试对象是否为 #N/A 以外的其他错误值,如果为 #N/A 以外的任何错误值,则返回 TRUE。

函数格式:ISERR(value)

参数说明:value(必选):需要判断的值。

应用范例 判断数据是否为错误值 #N/A 以外的其他错误值

例如,下图中随机录入了几组数据及函数,现在需要判断检验对象是否为错误值 #N/A 以外的其他错误值。

可在 B2 单元格内输入公式:
=ISERR(A2)

按"Enter"键确认并将结果向下填充,即可在 B 列单元格内显示出相应的判断结果。

函数 17	ISERROR	
	判断测试对象是否为错误值	

函数功能:判断测试对象是否为错误值,如果为任何错误值,则返回 TRUE。

函数格式:ISERROR(value)

参数说明:value(必选):需要判断是否为错误值的值。

应用范例 判断数据是否为错误值

例如，下图中随机录入了几组数据及函数，现在需要判断检验对象是否为错误值，可在 B2 单元格内输入公式：

=ISERROR(A2)

按“Enter”键确认并将结果向下填充，即可在 B 列单元格内显示出相应的判断结果。

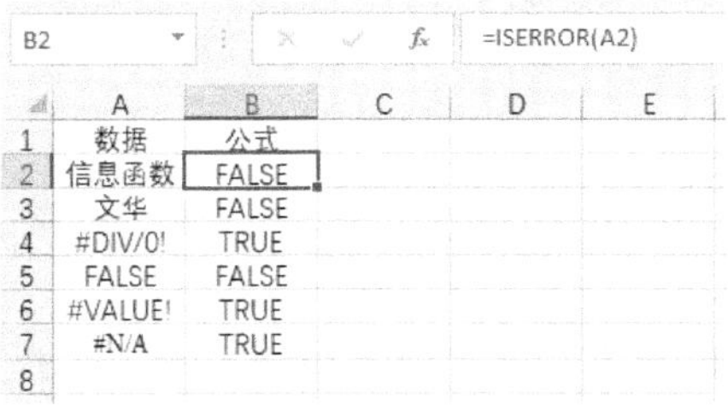

B2 =ISERROR(A2)

	A	B	C	D	E
1	数据	公式			
2	信息函数	FALSE			
3	文华	FALSE			
4	#DIV/0!	TRUE			
5	FALSE	FALSE			
6	#VALUE!	TRUE			
7	#N/A	TRUE			
8					

第11章
数据库函数

数据库函数是指当需要分析数据清单中的数值是否符合特定条件时使用的特定工作表函数,而数据库则是包含一组相关数据的列表。Excel 提供了 12 个数据库函数,本章将介绍此类函数的使用方法。

本章导读

- 数据库的计算
- 数据库的统计
- 对数据库中的数据进行散布度统计

11.1 数据库的计算

函数 1	DSUM
	对数据库中符合条件的记录的字段（列）中的数字求和

函数功能：返回列表或数据库中满足指定条件的记录字段（列）中的数字之和。
函数格式：DSUM(database, field, criteria)
参数说明：
- database（必选）：构成列表或数据库的单元格区域。
- field（必选）：指定函数所使用的列。输入两端带双引号的列标签，如"使用年数"或"产量"；或是代表列在列表中的位置的数字（不带引号），1 表示第一列，2 表示第二列，依次类推。
- criteria（必选）：包含指定条件的单元格区域。

应用范例 计算 A 组总成绩

例如，某公司年底举行业务活动，在销售部门 A、B 组中各选取多个员工进行业务能力测试，测试结果如下图所示，现在需要计算 A 组业务总成绩，可通过 DSUM 函数实现。

在 B13 单元格内输入公式：
=DSUM(A1:F9,6,A11:F12)

按"Enter"键确认，即可得到 A 组员工的业务总成绩。

	A	B	C	D	E	F	G
1	姓名	团队	成绩1	成绩2	成绩3	总成绩	
2	王月	A	85	79	89	253	
3	徐汐诺	B	91	89	96	276	
4	刘希彦	A	72	78	85	235	
5	平原	B	70	85	89	244	
6	李翔	A	93	89	92	274	
7	黄希	B	90	92	89	271	
8	唐云	A	85	81	87	253	
9	穆云峰	B	82	76	85	243	
10							
11	姓名	团队	成绩1	成绩2	成绩3	总成绩	
12		A					
13	A组总成绩	1015					
14							

注意事项：
- 可以为参数 criteria 指定任意区域，只要此区域包含至少一个列标签，并且列标签下方包含至少一个用于指定条件的单元格。例如，如果区域 G1:G2 在 G1 中包含列标签 Income，在 G2 中包含数量¥10000，可将此区域命名为

MatchIncome，那么在数据库函数中就可使用该名称作为条件参数。
◆ 虽然条件区域可以位于工作表的任意位置，但不要将条件区域置于列表的下方。如果向列表中添加更多信息，新的信息将会添加在列表下方的第一行。如果列表下方的行不是空的，Excel 将无法添加新的信息。

函数 2	DPRODUCT	
	将数据库中符合条件的记录的特定字段（列）中的值相乘	

函数功能：返回列表或数据库中满足指定条件的记录字段（列）中的数值的乘积。
函数格式：DPRODUCT(database, field, criteria)
参数说明：
◆ database（必选）：构成列表或数据库的单元格区域。
◆ field（必选）：指定函数所使用的列。输入两端带双引号的列标签，如"使用年数"或"产量"；或是代表列在列表中的位置的数字（不带引号），1 表示第一列，2 表示第二列，依次类推。
◆ criteria（必选）：包含指定条件的单元格区域。

应用范例 计算员工的总销售额

例如，下图为员工的销售情况表，1 行为员工姓名，2 行与 3 行分别为员工销量与销售单价，现在需要计算员工的总销售额，可将 COLUMN 函数和 DPRODUCT 函数配合使用。

在 B9 单元格内输入公式：
=DPRODUCT(A1:E3,COLUMN(B1),A5:E7)

按"Enter"键确认，即可得到第 1 个员工的总销售额。将公式复制到 C9:E9 单元格区域，并修改 COLUMN 函数对应的列号，即可计算出所有员工的总销售额。

	A	B	C	D	E
1	姓名	查书	蔡佳佳	李子渊	黄希
2	销售量	258	109	210	140
3	单价	80	80	80	80
4					
5	姓名				
6	销售量				
7	单价				
8					
9	总销售额	20640			

注意事项：
◆ 可以为参数 criteria 指定任意区域，只要此区域包含至少一个列标签，并且列标签下方包含至少一个用于指定条件的单元格。例如，如果区域 G1:G2

在 G1 中包含列标签 Income，在 G2 中包含数量¥10000，可将此区域命名为 MatchIncome，那么在数据库函数中就可使用该名称作为条件参数。
◆ 如果需要对数据库中指定数据列的所有单元格进行计算，则参数 criteria 中对应的列应留空。

11.2 数据库的统计

函数 3	DAVERAGE
	返回所选数据库条目的平均值

函数功能：对列表或数据库中满足指定条件的记录字段（列）中的数值求平均值。
函数格式：DAVERAGE(database, field, criteria)
参数说明：
◆ database（必选）：构成列表或数据库的单元格区域。
◆ field（必选）：指定函数所使用的列。输入两端带双引号的列标签，如"使用年数"或"产量"；或是代表列表中列的位置的数字（没有引号），1 表示第一列，2 表示第二列，依次类推。
◆ criteria（必选）：包含指定条件的单元格区域。

应用范例 计算销售 A 组平均成绩

例如，某公司年底举行业务活动，在销售部门 A、B 组中各选取多个员工进行业务能力测试，测试结果如下图所示，现在需要计算 A 组员工的平均成绩，可通过 DAVERAGE 函数实现。

在 C13 单元格内输入公式：
=DAVERAGE(A1:F9,6,A11:F12)

按"Enter"键确认，即可得到 A 组员工的平均成绩。

注意事项：

可以为参数 criteria 指定任意区域，只要此区域包含至少一个列标签，并且列标签下方包含至少一个用于指定条件的单元格。例如，如果区域 G1:G2 在 G1 中包含列标签 Income，在 G2 中包含数量¥10000，可将此区域命名为 MatchIncome，那么在数据库函数中就可使用该名称作为条件参数。

函数 4	DMAX
	返回所选数据库条目的最大值

函数功能： 返回列表或数据库中满足指定条件的记录字段（列）中的最大数字。

函数格式： DMAX (database, field, criteria)

参数说明：
- database（必选）：构成列表或数据库的单元格区域。
- field（必选）：指定函数所使用的列。输入两端带双引号的列标签，如"使用年数"或"产量"；或是代表列在列表中的位置的数字（不带引号），1 表示第一列，2 表示第二列，依次类推。
- criteria（必选）：包含指定条件的单元格区域。

应用范例 统计某个单项成绩大于 90 分的最高总成绩

例如，某公司年底举行业务活动，在销售部门 A、B 组中各选取多个员工进行业务能力测试，测试结果如下图所示，现在需要计算某个单项成绩大于 90 分的员工的最高总成绩，可通过 DMAX 函数实现。

在 D13 单元格内输入公式：
=DMAX(A1:F9,6,A11:F12)

按"Enter"键确认，即可得到"成绩 3"大于 90 分的员工的最高总成绩。

	A	B	C	D	E	F
1	姓名	团队	成绩1	成绩2	成绩3	总成绩
2	王月	A	85	79	89	253
3	徐汐诺	B	91	89	96	276
4	刘希彦	A	72	78	85	235
5	平原	B	70	85	89	244
6	李翔	A	93	89	92	274
7	黄希	B	90	92	89	271
8	唐云	A	85	81	87	253
9	穆云峰	B	82	76	85	243
10						
11	姓名	团队	成绩1	成绩2	成绩3	总成绩
12					>90	
13	大于90分的最高总成绩			276		

注意事项：

参数 criteria 的说明同 DAVERAGE 函数。

第 11 章 数据库函数

函数 5	DMIN
	返回所选数据库条目的最小值

函数功能：返回列表或数据库中满足指定条件的记录字段（列）中的最小数字。

函数格式：DMIN(database, field, criteria)

参数说明：
- database（必选）：构成列表或数据库的单元格区域。
- field（必选）：指定函数所使用的列。输入两端带双引号的列标签，如"使用年数"或"产量"；或是代表列在列表中的位置的数字（不带引号），1 表示第一列，2 表示第二列，依次类推。
- criteria（必选）：包含指定条件的单元格区域。

应用范例 统计员工最低销售额

例如，下图为某销售部 6 月销售情况表，其中 A 列为员工姓名，E 列为对应的员工当月销售额，现在需要统计出最低销售额。

可在 C13 单元格内输入公式：
=DMIN(A1:E9,5,A11:E12)

按"Enter"键确认，即可得到员工的最低销售额。

	A	B	C	D	E
1	姓名	性别	年龄	联系电话	销售额
2	章书	男	32	18726957563	59880
3	张明	男	29	15959876354	69200
4	吴宇彤	女	21		39870
5	徐汐箬	女	34	15836974024	53400
6	王建国	男	37		47000
7	蔡佳佳	女	26	15259800125	45980
8	苏安	女	28		67800
9	李子渊	男	30	13593846852	46890
10					
11	姓名	性别	年龄	联系电话	销售额
12					
13	最低销售额		39870		
14					

注意事项：

参数 criteria 的说明同 DAVERAGE 函数。

函数 6	DCOUNT
	计算数据库中包含数字的单元格的数量

函数功能：返回列表或数据库中满足指定条件的记录字段（列）中包含数字的单元格的个数。

函数格式：DCOUNT(database, field, criteria)

参数说明：

◆ database（必选）：构成列表或数据库的单元格区域。
◆ field（必选）：指定函数所使用的列。输入两端带双引号的列标签，如"使用年数"或"产量"；或是代表列在列表中的位置的数字（不带引号），1表示第一列，2表示第二列，依次类推。
◆ criteria（必选）：包含指定条件的单元格区域。

应用范例 统计部门男员工的人数

例如，下图为某销售部6月销售情况表，其中A列为员工姓名，B列为员工性别，现在需要统计该部门男员工的人数。

可在C14单元格内输入公式：
=DCOUNT(A1:E9,3,A11:E12)

按"Enter"键确认，即可得到该部门男员工的人数。

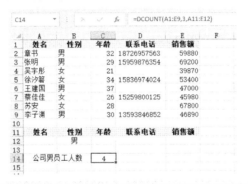

注意事项：

参数criteria的说明同DAVERAGE函数。

函数7	DCOUNTA 计算数据库中非空单元格的数量	

函数功能： 返回列表或数据库中满足指定条件的记录字段（列）中非空的单元格的个数。

函数格式： DCOUNTA(database, field, criteria)

参数说明：

◆ database（必选）：构成列表或数据库的单元格区域。
◆ field（必选）：指定函数所使用的列。输入两端带双引号的列标签，如"使用年数"或"产量"；或是代表列在列表中的位置的数字（不带引号），1表示第一列，2表示第二列，依次类推。
◆ criteria（必选）：包含指定条件的单元格区域。

应用范例 统计部门有"联系电话"的员工人数

例如，下图为某销售部 6 月销售情况表，其中 A 列为员工姓名，B 列到 E 列为对应的员工信息及销售额，现在需要统计该部门有"联系电话"的员工人数。

可在 D14 单元格内输入公式：
=DCOUNTA(A1:E9,4,A11:E12)

按"Enter"键确认，即可得到有"联系电话"的员工人数。

	A	B	C	D	E	F
1	姓名	性别	年龄	联系电话	销售额	
2	章书	男	32	18726957563	59880	
3	张明	男	29	15959876354	69200	
4	吴宇彤	女	21		39870	
5	徐沙箐	女	34	15836974024	53400	
6	王建国	男	37		47000	
7	蔡佳佳	女	26	15259800125	45980	
8	苏安	女	28		67800	
9	李子渊	男	30	13593846852	46890	
10						
11	姓名	性别	年龄	联系电话	销售额	
12						
13						
14	公司所有留有电话的员工数			5		
15						

注意事项：

参数 criteria 的说明同 DAVERAGE 函数。

函数 8	DGET
	从数据库中提取符合指定条件的单个记录

函数功能： 从列表或数据库的列中提取符合指定条件的单个值。
函数格式： DGET(database, field, criteria)
参数说明：
- database（必选）：构成列表或数据库的单元格区域。
- field（必选）：指定函数所使用的列。输入两端带双引号的列标签，如"使用年数"或"产量"；或是代表列在列表中的位置的数字（不带引号），1 表示第一列，2 表示第二列，依次类推。
- criteria（必选）：包含指定条件的单元格区域。

应用范例 提取指定商品的销售价格

例如，下图为某公司在一个月内商品的销售情况，包括员工姓名、销售的商品类别和相应的销售金额，现在需要根据指定的员工姓名及销售的商品类别提取出商品的销售价格。

在 F9 单元格内输入公式：
=DGET(A1:C9,3,E1:F2)

按"Enter"键确认，即可提取指定商品的销售价格。

公式中，A1:C9 单元格区域用于 DGET 函数的 database 参数，即原始数据库，在该数据库中提取指定员工所售特定商品类别的价格；在 E1:F2 单元格区域列出提取条件，即员工姓名为"苏安"，商品类别为"灯座"，然后使用 DGET 函数，提取相应的价格即可。

注意事项：

可以为参数 criteria 指定任意区域，只要此区域包含至少一个列标签，并且列标签下方包含至少一个用于指定条件的单元格。

11.3 对数据库中的数据进行散布度统计

函数 9	DSTDEV	
	基于所选数据库条目的样本估算标准偏差	

函数功能： 返回利用列表或数据库中满足指定条件的记录字段（列）中的数字作为一个样本估算出的总体标准偏差。

函数格式： DSTDEV(database, field, criteria)

参数说明：

- ◆ database（必选）：构成列表或数据库的单元格区域。
- ◆ field（必选）：指定函数所使用的列。输入两端带双引号的列标签，如"使用年数"或"产量"；或是代表列在列表中的位置的数字（不带引号），1 表示第一列，2 表示第二列，依次类推。
- ◆ criteria（必选）：包含指定条件的单元格区域。

应用范例 计算部门员工的年龄标准差

例如，下图为某销售部 6 月销售情况表，其中 A 列为员工姓名，B 列到 E 列为对应的员工信息和销售额，现在需要统计该部门员工的年龄标准差。

可在 D14 单元格内输入公式：

=DSTDEV(A1:E9,3,A11:E12)

按"Enter"键确认，即可得到员工的年龄标准差。

公式中，A1:E9 单元格区域用于函数的 database 参数，即原始数据库，在该数据库中计算部门员工的年龄标准差；在 A11:E12 单元格区域列出提取条件，然后使用 DSTDEV 函数计算员工的年龄标准差。

注意事项：

可以为参数 criteria 指定任意区域，只要此区域包含至少一个列标签，并且列标签下方包含至少一个用于指定条件的单元格。

函数 10	DSTDEVP
	基于所选数据库条目的样本总体计算标准偏差

函数功能： 返回利用列表或数据库中满足指定条件的记录字段（列）中的数字作为样本总体计算出的总体标准偏差。

函数格式： DSTDEVP(database, field, criteria)

参数说明：

◆ database（必选）：构成列表或数据库的单元格区域。
◆ field（必选）：指定函数所使用的列。输入两端带双引号的列标签，如"使用年数"或"产量"；或是代表列在列表中的位置的数字（不带引号），1 表示第一列，2 表示第二列，依次类推。
◆ criteria（必选）：包含指定条件的单元格区域。

应用范例 计算部门员工的总体年龄标准差

例如，下图为某销售部 6 月销售情况表，其中 A 列为员工姓名，B 列到 E 列为对应的员工信息和销售额,现在需要统计该部门员工的总体年龄标准差。

可在 D14 单元格内输入公式:
=DSTDEVP(A1:E9,3,A11:E12)

按"Enter"键确认,即可得到员工的总体年龄标准差。

公式中,A1:E9 单元格区域用于函数的 database 参数,即原始数据库,在该数据库中计算部门员工的总体年龄标准差;在 A11:E12 单元格区域列出提取条件,然后使用 DSTDEVP 函数计算员工的总体年龄标准差。

	A	B	C	D	E	F
1	姓名	性别	年龄	联系电话	销售额	
2	章书	男	32	18726957563	59880	
3	张明	男	29	15959876354	69200	
4	吴宇彤	女	21		39870	
5	徐汐簪	女	34	15836974024	53400	
6	王建国	男	37		47000	
7	蔡佳佳	女	26	15259800125	45980	
8	苏安	女	28		67800	
9	李子渊	男	30	13593846852	46890	
10						
11	姓名	性别	年龄	联系电话	销售额	
12						
13						
14	员工的总体年龄标准差			4.608077148		
15						

注意事项:

可以为参数 criteria 指定任意区域,只要此区域包含至少一个列标签,并且列标签下方包含至少一个用于指定条件的单元格。

函数 11	DVAR	
	基于所选数据库条目的样本估算方差	

函数功能: 返回利用列表或数据库中满足指定条件的记录字段(列)中的数字作为一个样本估算出的总体方差。

函数格式: DVAR(database, field, criteria)

参数说明:
- database(必选):构成列表或数据库的单元格区域。
- field(必选):指定函数所使用的列。输入两端带双引号的列标签,如"使用年数"或"产量";或是代表列在列表中的位置的数字(不带引号),1 表示第一列,2 表示第二列,依次类推。
- criteria(必选):包含指定条件的单元格区域。

应用范例 计算部门女员工产品销售量方差

例如,下图为某销售部 6 月销售情况表,其中 A 列为员工姓名,B 列到 E 列为对应的员工信息和产品销售量,现在需要统计该部门女员工产品销售量方差。

可在 D14 单元格内输入公式:

=DVAR(A1:E9,5,A11:E12)

按"Enter"键确认即可。

公式中,A1:E9 单元格区域用于函数的 database 参数,即原始数据库,在该数据库中计算部门女员工产品销售量方差;在 A11:E12 单元格区域列出提取条件,即性别为"女"的员工,然后使用 DVAR 函数计算女员工产品销售量方差。

注意事项:

可以为参数 criteria 指定任意区域,只要此区域包含至少一个列标签,并且列标签下方包含至少一个用于指定条件的单元格。

函数 12　DVARP
基于所选数据库条目的样本总体计算方差

函数功能: 返回利用列表或数据库中满足指定条件的记录字段(列)中的数字作为样本总体计算出的总体方差。

函数格式: DVARP(database, field, criteria)

参数说明:

◆ database(必选):构成列表或数据库的单元格区域。
◆ field(必选):指定函数所使用的列。输入两端带双引号的列标签,如"使用年数"或"产量";或是代表列表中列的位置的数字(不带引号),1 表示第一列,2 表示第二列,依次类推。
◆ criteria(必选):包含指定条件的单元格区域。

应用范例 计算部门男员工销售额的总体方差

例如,下图为某销售部 6 月销售情况表,其中 A 列为员工姓名,B 列到 E 列为对应的员工信息和产品销售额,现在需要统计该部门男员工销售额的总体方差。

可在 D14 单元格内输入公式:

=DVARP(A1:E9,5,A11:E12)

按"Enter"键确认即可。

公式中,A1:E9 单元格区域用于函数的 database 参数,即原始数据库,在该数据库中计算部门男员工销售额的总体方差;在 A11:E12 单元格区域列出提取条件,即性别为"男"的员工,然后使用 DVARP 函数计算男员工销售额的总体方差。

	A	B	C	D	E	F
1	姓名	性别	年龄	联系电话	销售额	
2	章书	男	32	18726957563	59880	
3	张明	男	29	15959876354	69200	
4	吴宇彤	女	21		39870	
5	徐汐篝	女	34	15836974024	53400	
6	王建国	男	37		47000	
7	蔡佳佳	女	26	15259800125	45980	
8	苏安	女	28		67800	
9	李子渊	男	30	13593846852	46890	
10						
11	姓名	性别	年龄	联系电话	销售额	
12		男				
13						
14	男员工销售额的总体方差			88255318.75		
15						

注意事项:

可以为参数 criteria 指定任意区域,只要此区域包含至少一个列标签,并且列标签下方包含至少一个用于指定条件的单元格。